高等院校土建专业互联网+新形态创新系列教材

环境工程概论
(第2版)

马红芳　主　编

苑宝玲　崔海琴　副主编

U0362175

清华大学出版社

北京

内 容 简 介

　　本书系统地介绍了水、大气、固体废物、噪声和光热等污染控制的基本原理和方法，并于各章节突出了土木工程行业常见的环境问题及污染控制措施。在此基础上，深入探讨了城市发展过程中常见的土地生态环境问题、城市黑臭水体和城市内涝等水系生态环境问题以及海绵城市建设的相关内容，并从节能型建筑、节水型建筑、绿色施工等方面阐述了绿色建筑建设的技术要求，从而建立符合土木工程可持续理念教育的知识结构。

　　本书突出了环境生态保护、资源节约在土木工程中的应用，体现了在土木工程领域积极建设环境友好型和资源节约型社会的新思想、新理念。本书可作为普通高等学校土木工程、交通工程、工程管理、给排水科学与工程、建筑学、城市规划等专业的教学用书，也可作为环境保护爱好者、建筑施工企业技术人员和管理人员的参考用书。

图书在版编目(CIP)数据

环境工程概论/马红芳主编. —2 版. —北京：清华大学出版社，2023.12(2025.3 重印)
高等院校土建专业互联网+新形态创新系列教材
ISBN 978-7-302-64968-7

Ⅰ. ①环… Ⅱ. ①马… Ⅲ. ①环境工程—概论—高等学校—教材 Ⅳ. ①X5

中国国家版本馆 CIP 数据核字(2023)第 226003 号

责任编辑：孙晓红
封面设计：刘孝琼
责任校对：徐彩虹
责任印制：曹婉颖

出版发行：清华大学出版社
　　　　　网　　　址：https://www.tup.com.cn, https://www.wqxuetang.com
　　　　　地　　　址：北京清华大学学研大厦 A 座　　　邮　　编：100084
　　　　　社 总 机：010-83470000　　　　　　　　　　邮　　购：010-62786544
　　　　　投稿与读者服务：010-62776969, c-service@tup.tsinghua.edu.cn
　　　　　质量反馈：010-62772015, zhiliang@tup.tsinghua.edu.cn
　　　　　课件下载：https://www.tup.com.cn, 010-62791865

印 装 者：北京同文印刷有限责任公司
经　　销：全国新华书店
开　　本：185mm×260mm　　　印　张：18.25　　　字　数：444 千字
版　　次：2013 年 8 月第 1 版　2023 年 12 月第 2 版　　印　次：2025 年 3 月第 2 次印刷
定　　价：56.00 元

产品编号：095633-01

前　言

　　《环境工程概论》自 2013 年出版以来，已历经十年的时间。期间，我国的环境保护已有长足进步，与环境工程、土木工程建设有关的标准、规范、法规和政策等也经历了程度不一的修订和增补。同时，伴随着城市的快速发展，城市的土地生态系统、水系生态系统也面临着严峻挑战，一些包括水土流失、地陷、滑坡、黑臭水体、城市内涝等在内的城市"顽疾"频频发生，严重影响了城市居民的生活品质和城市的可持续发展。

　　基于第 1 版教材的整体框架，第 2 版在以下几方面做了修订。首先，将第 7 章调整为城市发展中常见的生态环境问题与防治，删减了第 1 版教材中与土地环境问题有关的概念、防治方法等基本知识，增加了近年来屡屡出现的城市黑臭水体、城市一雨即涝等水系生态环境问题及其防治，并同步增加了海绵城市建设等内容，以便科学地应对城市水问题，补齐城市生态文明建设与城市基础设施建设的短板，不断促进社会发展持续向好。其次，教材中涉及较多的标准、规范、法规和政策，第 2 版更新了相关内容及其概念，如环境空气质量指数及计算方法、固体废物及其管理制度、噪声等内容。再次，根据内容的相关性、系统性和工程应用的实践性，在第 8 章中增加了绿色建筑一节，同步删减第 1 章中的有关内容；删减了第 2 章中的污泥处理的相关内容，有关污泥利用的内容增至第 4 章中的固体废物在土木工程中的综合利用；删减了第 3 章中的污染物在大气中的扩散的相关内容，并在第 6 章和第 1 章分别删减了电磁污染及控制和我国面临的环境问题等内容。最后，对第 1版中语言描述欠缺之处也进行了更正。

　　本书由华侨大学的马红芳、苑宝玲和崔海琴共同编写。其中，马红芳担任主编，负责第 1~8 章的编写；苑宝玲担任副主编，负责统稿工作；崔海琴担任副主编，协助主编完成大量标准、规范、法规和政策等的修订工作。在书稿修订编写过程中，参阅并引用了中华人民共和国住房和城乡建设部、中华人民共和国生态环境部等部门的文件和技术指南，并引用了国内外多位学者的文献、研究成果及图表等，在此向各位学者致以谢意。

　　由于本书内容涉及领域广泛，编者水平有限，书中难免存在疏漏和不妥之处，敬请广大读者批评指正。

编　者

目　　录

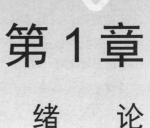

第1章

绪　论

学习目标

- 掌握环境、环境问题及环境保护的概念。
- 熟悉环境问题分类及我国面临的主要环境问题。
- 了解环境问题和我国环境保护的发展历程。
- 了解环境工程学的形成和主要内容。
- 掌握可持续发展的基本思想和实施途径。
- 熟悉土木与建筑工程的新方向。

本章要点

本章主要学习环境、环境问题、环境保护的基本概念；环境问题及其发展；我国环境保护的发展历程；环境工程学的形成和主要内容；可持续发展的内涵、原则和实施途径；环境工程是土木工程分支；环境工程中的土建工程以及绿色建筑。

导读

环境、环境问题、环境保护是一个有机的整体，有了环境问题便有了环境保护，环境工程学是在解决环境问题和环境保护的实践中产生和发展起来的。当严酷的环境问题摆在人类面前时，人们不得不重新审视自己在自然界中的位置，并努力寻求长期生存和发展的道路。可持续发展概念的提出，彻底改变了传统的发展观和思维方式，并迅速得到了世界各国的普遍接受和认同，进而成为全球促进经济发展的动力和追求文明进步的目标。实施可持续发展战略有利于实现经济与环境协调发展，促进经济和社会健康发展，实现人与自然和谐相处。因此，在土木工程学科中坚持可持续发展理念，在工程建设中贯穿环境原则，使土木工程和环境工程有机融合，设计可持续的未来，已成为土木工程领域新的发展方向。

1.1　概　　述

1.1.1　环境

1. 环境的内涵

环境的内涵可从广义和狭义两方面来理解。从广义上，环境是某一中心事物周围的境况。它是一个相对的概念，当中心事物变化了，环境的内涵也就发生了变化。例如，在生物科学中，生物是主体或中心事物，那么环境是指生物所存在的空间以及空间中其他事物的总和；而在环境科学中，人类则是主体和中心，环境是指围绕着人群的空间，以及空间中直接或间接影响着人类生活和发展的各种因素的总和。由此可见，离开主体或中心事物讨论环境没有实际意义。

狭义的环境是指以人为中心的环境，即人类生存、繁衍所必需的相适应的环境，一般由自然环境和人工环境两部分组成。自然环境指的是人类周围的各种自然因素的总和，包括大气、水、光、热、土壤、动植物、微生物、森林、矿藏等，是人们赖以生存和发展的必要物质条件，也是非人类创造的物质所构成的地理空间。而人工环境则是人类参与自然或人类活动的产物，包括社会环境和工程环境两部分。社会环境由经济、政治、文化等组成，如经济制度、上层建筑、人的行为、风俗习惯、法律和语言等，虽是人类活动的产物，但反过来又成为人类活动的制约条件。工程环境指的是人类在利用和改造自然环境的过程中创造出来的人工环境，如建筑物、道路、工厂、驯化及驯养的植物和动物等。

2. 环境工程学中的环境

本课程阐述的是环境工程内容，所提及的环境指的是上述狭义内涵中的自然环境与人工环境中的工程环境。《中华人民共和国环境保护法》中关于"环境"概念的规定也充分体现了环境工程学中的环境含义："本法所称的环境是指影响人类生存和发展的各种天然的和经过人工改造的自然因素的总和，包括大气、水、海洋、土地、矿藏、森林、草原、野生动物、自然遗迹、人文遗迹、自然保护区、风景名胜区、城市和乡村等。"

1.1.2　环境问题

1. 环境问题的定义

环境问题是指由自然力或人类不恰当的生产生活活动引起环境质量的下降和恶化，以及这种变化反过来影响人类生存和发展的一切问题。由自然环境自身变化引起的环境问题称为原生环境问题，又称第一环境问题，包括地震、洪涝、干旱、滑坡、泥石流、台风、火山活动等自然灾害问题。由人类活动作用于周围环境引起的环境问题称为次生环境问题，也称第二环境问题，例如，人们对森林过度砍伐造成的水土流失和荒漠化，向环境排放过多污染物造成的水体污染或大气污染等。环境工程与环境保护所提及的环境问题，主要是人为因素引起的次生环境问题。

2. 环境问题的分类

环境问题的分类方法很多，按照性质可分为两类，一是生态环境质量恶化或自然资源枯竭引起的生态破坏；二是人口激增、经济高速发展引起的环境污染。人类进行生产生活活动，都必须从自然环境中索取各种资源，同时又必须向环境排放生产生活中产生的各种废物。当索取资源时，不考虑自然界的资源承载力而过度利用或不合理开发利用，就会引发生态破坏；当排放各种废物时，不顾及环境容量而过度排放污染物，就会引发环境污染。

3. 环境问题的发展

人类从诞生开始，与环境就产生了千丝万缕的联系，一方面依赖自然环境而生存，另一方面通过劳动和智慧改造或创造新的环境。由于人类认知能力有限，并受当时科学技术水平的限制，在利用自然、改造环境的过程中，常常会引起各种环境问题，老的环境问题解决了，新的环境问题又产生了。因此，环境问题是由人类活动引起的，并伴随着人类社会的发展而不断变化，呈现一定的阶段性。

【知识拓展 1-1】　环境问题的发展阶段

1.1.3　环境保护

1. 环境保护的提出和发展

早在 19 世纪，环境污染就在一些国家发生，如英国泰晤士河的污染事件，日本足尾铜矿的污染事件等。人们虽然对环境污染也采取过治理措施，并以法律、行政等手段限制污染物的排放，但在 20 世纪 50 年代以前，还未明确提出环境保护概念。20 世纪 50 年代末 60 年代初，发达国家环境污染问题日益突出，于是在一些国家中出现了反污染运动，人们对环境保护的概念有了一些初步理解，各发达国家也相继成立环境保护专门机构，但因当时的环境问题还只是被看作工业污染问题，所以环境保护工作大多被认为是对产生的大气污染和水污染等进行治理，对固体废物进行处理和利用，以及排除噪声干扰等技术措施和管理措施。虽然在法律、经济等方面也采取了措施，颁布了一系列环境保护的法规和标准，但所采取的治理措施，从根本上来说是被动的，因而收效并不理想。1972 年，联合国召开了人类环境会议，这次会议成为人类环境保护工作的历史转折点，它加深了人们对环境问题和环境保护的认识。作为该次会议的背景材料——《只有一个地球》一书提出：环境问题不仅仅是环境污染问题，还应该包括生态破坏问题；不仅是工程技术问题，更主要的是社会经济问题；不是局部问题，而是全球性问题。于是，环境保护成为科学技术与社会经济相结合的问题，这一术语被广泛采用。到了 20 世纪 70 年代中期，人们逐渐从发展与环境的对立统一关系来认识环境保护的含义，认为环境保护不仅是控制污染，更重要的是合理开发利用资源，经济发展不能超出环境容许的极限。20 世纪 70 年代末期，有环境专家提出"环境保护从某种意义上来说，是对人类总资源进行最佳利用的管理工作"，因此环境保护被认为不单是治理污染的技术问题，更是一个经济问题和政治问题。20 世纪 80 年代中期以后，环境保护的广泛含义被越来越多的人所接受，越来越多的国家认识到环境保护与经济相关的重要性，经济发展、科学技术进步必须和环境保护、恢复生产相协调的重要性。1992 年 6 月，联合国在巴西里约热内卢召开了环境与发展大会，这标志着世界环境保护工作的新起点，即探求环境与人类社会发展的协调方法，实现人类与环境的可持续发展。至此，环境保护工作已从单纯的污染问题扩展到人类生存发展、社会进步这个更广阔的范围，"环境与发展"成为世界环境保护工作的主题。

综上所述，环境保护就是采取法律的、行政的、经济的、科学技术的措施，来解决和防治环境问题，以实现人与自然的和谐统一，经济发展、社会发展和环境建设的和谐统一，促进人类社会的持续发展。从环境保护的概念可以看出环境保护的任务，《中华人民共和国环境保护法》中也明确提出了环境保护的基本任务是保护和改善生活环境和生态环境，防止污染和公害，保障人体健康，促进社会主义现代化建设的发展。

2. 环境保护是我国的一项基本国策

我国的环境保护工作是从 20 世纪 70 年代初起步的，历届环境保护会议重要时期以及历史贡献如图 1-1 所示。

1973 年 8 月 5 日至 20 日，在北京召开的第一次环境保护会议标志着我国环保事业的开端。第一次全国环境保护会议确定了环境保护的"32 字方针"，即：全面规划，合理布局，综合利用，化害为利，依靠群众，大家动手，保护环境，造福人民。

1983 年 12 月 31 日至 1984 年 1 月 7 日召开的第二次环境保护会议，明确提出"环境保护是我国的一项基本国策"，确定了"三同步""三统一"的战略方针，确定了"预防为主、防治结合、综合治理""谁污染谁治理""强化环境管理"等符合国情的三大环境保护政策，成为我国环保事业的转折点。

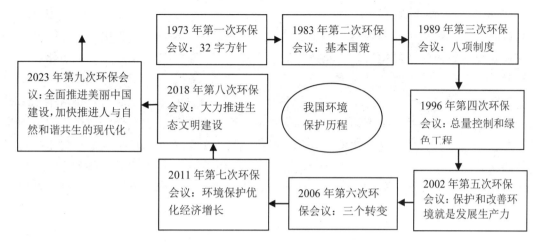

图 1-1　我国历届环境保护会议

1989 年 4 月 28 至 5 月 1 日，在北京召开的第三次环境保护会议形成了"八项有中国特色的环境管理制度"，即环境影响评价制度、"三同时"制度、污染集中控制制度、限期治理制度、排污许可证制度、排污收费制度、环境保护目标责任制、城市环境综合整治定量考核制度。其中，环境影响评价制度和"三同时"制度结合起来形成了防止新污染产生的两个有力的制约环节。为保证环境建设与经济建设同步实施，达到同步协调发展的目标，1992 年我国在世界上率先制定了环境与发展十大对策，将可持续发展作为一项国家战略实施。

1996 年 7 月 15 日至 17 日，在北京召开的第四次环境保护会议提出了两项重大举措，即实施主要污染物排放总量控制和绿色工程，对实施可持续发展的战略和实现跨世纪环境目标具有十分重要的作用。该次会议后，国务院发布了《国务院关于环境保护若干问题的决定》，提出了"33211 工程"，它是该时期我国环境保护工作的重点。3 湖(太湖、巢湖和滇池)3 河(淮河、海河和辽河)2 区(酸雨控制区和二氧化硫控制区)1 海(渤海)1 市(北京市)分别代表了水污染防治、大气污染防治、海洋环境保护以及城市生态环境整治的重点。

2002 年 1 月 8 日，第五次环境保护会议在北京召开，会议提出了保护环境是政府的一项重要职能，强调保护环境和改善环境就是发展生产力。

2006 年 4 月 17 日至 18 日，第六次全国环境保护大会在北京召开。大会明确提出了新形势下环境保护工作的"三个转变"：一是从重经济增长轻环境保护转变为保护环境与经济增长并重，在保护环境中求发展；二是从环境保护滞后于经济发展转变为环境保护和经济发展同步，努力做到不欠新账，多还旧账，改变先污染后治理、边治理边破坏的状况；三是从主要用行政办法保护环境转变为综合运用法律、经济、技术和必要的行政办法解决环境问题，自觉遵循经济规律和自然规律，提高环境保护工作水平。

2011 年 12 月 20 日至 21 日，在国家实施"十二五"规划的开局之年，第七次全国环境保护大会在北京召开。会议强调坚持在发展中保护、在保护中发展，积极探索环境保护新道路，切实解决影响科学发展和损害群众健康的突出环境问题，全面开创环境保护工作新局面。

2018 年 5 月 18 日至 19 日，第八次全国生态环境保护大会在北京召开。中共中央总书记、国家主席、中央军委主席习近平出席会议并发表重要讲话。会议提出加大力度推进生态文明建设、解决生态环境问题，坚决打好污染防治攻坚战，推动中国生态文明建设迈上新台阶。

2023 年 7 月 17 日至 18 日，第九次全国生态环境保护大会在北京召开。中共中央总书记、国家主席、中央军委主席习近平出席会议并发表重要讲话，强调全面推进美丽中国建设，加快推进人与自然和谐共生的现代化，并提出要做好未来生态环境保护需要正确处理的"五个重大关系"，即：①高质量发展和高水平保护的关系；②重点攻坚和协同治理的关系；③自然恢复和人工修复的关系；④外部约束和内生动力的关系；⑤"双碳"承诺和自主行动的关系。

上述历届环境保护会议以及一系列重大决策部署大大推进了中国的环境保护事业进程，也积累了比较丰富的经验，并充分论证了环境保护是我国的一项基本国策。

分析与思考：

环境影响评价制度和"三同时"制度结合起来，有效地制约了新污染的产生。

1.1.4　环境工程学

1. 环境工程学的形成

环境工程学是人类在保护和改善生存环境、治理环境污染的过程中逐步形成的。在水污染控制方面，中国在公元前 2000 多年以前就用陶土管修建了地下排水道，在明朝以前就开始采用明矾净水；英国在 19 世纪初开始用砂滤法净化自来水，19 世纪中叶开始建立污水处理厂，19 世纪末采用漂白粉对水进行消毒，20 世纪初开始采用活性污泥法处理污水。在大气污染控制方面，美国在 1885 年发明了离心除尘器以消除工业生产造成的粉尘污染；20 世纪以后，除尘、燃烧装置技术改造以及工业气体净化等工程技术逐渐得到了推广应用。在噪声控制方面，人们进行了大量研究，并从 20 世纪 50 年代起，逐步建立了噪声控制的基础理论，进而形成了环境声学。人们在利用多学科理论和各种工程技术手段解决废气、废水、固体废物、噪声污染等问题的过程中，也逐步使各单项治理技术有了较大的发展，并逐渐形成了治理技术的单元操作、单元过程以及污染处理工艺系统。之后，随着资源综合利用观念的深入和环境影响评价制度的推进，人们越来越深刻地认识到环境污染的控制不仅要靠单项治理技术，更重要的是要采取综合防治措施，并对措施进行综合的技术经济分析。在这种情况下，针对环境污染综合防治的研究迅速发展起来，之后陆续出现了环境工程学的专门著作，环境工程成为一门新的学科。

综上所述，环境工程学是运用工程技术和有关学科的原理和方法，保护和合理利用自然资源，防治环境污染，以改善环境质量的学科。

2. 环境工程学的内容

在环境工程中，一般将污染问题分为水污染、大气污染、空气污染、固体废弃物污染、噪声污染、电磁污染和放射性污染等。因此，环境工程学的主要研究内容包括水污染防治工程、大气污染防治工程、固体废物的处理和利用、噪声控制、电磁波以及放射性污染控制等综合防治的方法和措施。除此以外，环境工程学还包括利用系统工程方法，从区域环境的整体上寻求解决环境问题的最佳方案，使人类和环境相协调，从而实现可持续发展。

重点提示：

掌握"33211 工程"的含义和意义。

1.2　可持续发展战略

环境问题随着人类的发展而发展，呈现不同的阶段性。在认识和防治环境问题的长期探索中，人们经历了早期的反思与忧虑，面临中期的审视和考虑，最终迎来了 20 世纪 80 年代可持续发展概念的提出。可持续发展战略奠基于《寂静的春天》《增长的极限》，脱胎于《世界保护战略》《我们共同的未来》，最终在里约《环境与发展大会》、南非《可持续发展世界首脑会议》上得到了国际社会的确认和实施。通过审视人类走过的足迹，世界各国逐渐认识到单靠污染控制技术是解决不了日趋复杂的环境问题的，只有按照自然发展规律，依据生态可持续和经济可持续的发展要求，转变传统的以单纯追求经济增长为主线的高资源能源消耗、高污染排放的经济增长模式，在生产和消费中采取优化生产结构、改进工艺技术、节约和循环使用资源、减少污染排放、强化过程管理等措施，才有可能实现社会、经济和环境的协调发展，进而实现人类自身的可持续发展。

1.2.1　可持续发展的基本思想

1. 可持续发展的定义

1987 年，联合国世界环境与发展委员会，把经过长达四年研究和充分论证的长篇报告《我们共同的未来》提交给联合国大会，正式提出了可持续发展的模式。在该专题报告中，可持续发展被定义为"既满足当代人的需求，又不危及后代满足其需求能力的发展"，该定义简单明了，受到国际社会的普遍赞同和广泛接受。之后，国内外许多学者或机构对其从不同的角度进行了论述和解释，但是在可持续发展的根本思想方面的理解却是一致的，即可持续发展包含了两个基本要点。一是人类要发展，尤其是穷人要发展。但同时强调人类应当在坚持与自然相和谐的方式下去追求发展，而不应当是在耗竭资源、破坏生态和污染环境的基础上去实现。二是发展要有限度。强调当代人和后代创造幸福生活的机会是平等的，当代人不能一味地、片面地和自私地为了追求今世的发展与消费，而剥夺后代本应享有的同等发展和同等消费的机会。

2. 可持续发展的内涵

从上述可持续发展的定义和要点可以看出，可持续发展是从环境和资源的角度提出的关于人类长期发展的战略模式。它特别强调环境和资源的长期承载力对发展进程的重要性，以及发展对改善生活质量的重要性，从理论上结束了把发展经济与资源环境保护割裂开来的错误观点。因此，它是一个涉及经济、社会、文化、技术及自然环境的综合概念，是一个具有时代意义且内涵丰富的概念，主要包括资源与环境的可持续发展、经济的可持续发展、社会的可持续发展三个方面。

(1) 资源与环境的可持续发展。发展离不开资源的供给与环境的保障，因此，资源的持续利用和良好的生态环境是可持续发展的标志。可持续发展要求在严格控制人口增长、提高人口素质和保护环境、资源永续利用的条件下，进行经济建设，将人类生产生活控制在地球的承载力之内。也就是说，可持续发展强调发展是要有限制条件的，没有限制条件就没有可持续发展。只有在经济决策中将资源和环境影响全面系统地考虑进去，使自然资源的消耗速率低于资源的再生速率，污染物总量低于环境容量，才能从根本上解决环境问题，也才能实现人类的可持续发展。

(2) 经济的可持续发展。可持续发展不仅要重视经济增长的数量，更要追求经济增长的质量。因为单纯的数量增长常常会使人类以一种追求高投入、高消费、高速度的粗放型增长方式，去过分重视生产总值，而忽视资源与环境的价值，甚至以破坏环境为代价去追求经济的"无限增长"，这样的"无限增长"必然会因受到自然环境的限制而变成有限增长，是短期的和暂时的。只有依靠科学技术进步，提高经济活动中的效益和质量，采取科学的经济增长方式，实施清洁生产和文明消费，经济增长才具有可持续的意义。因此，可持续发展鼓励经济增长，但更要求人类重新审视如何实现经济增长。

(3) 社会的可持续发展。社会发展的实际意义是人类社会的进步、人们生活水平和生活质量的整体提高。当前世界大多数人仍处于贫困和半贫困状态，这不符合人类社会发展的目的，因此，可持续发展必须消除贫困问题，缩小不同地区之间生活水平的差距，让贫困的人们更容易获得他们赖以生存的各种资源，从而达到消除贫困的目的。这是符合大多数人的利益的。

综上所述，可持续发展应该是以自然资源的可持续利用和良好的生态环境为基础，以经济的可持续发展为前提，以推动社会的全面进步为目标的多角度多方位的发展。就其社会观而言，主张公平分配，以满足当代人和后代的基本需求；就其经济观而言，主张建立在保护自然系统基础上的持续经济增长；就其自然观而言，主张人与自然的和谐相处。

3. 可持续发展的基本原则

可持续发展丰富的内涵中，体现了以下几个基本原则。

(1) 可持续发展的公平性原则。可持续发展的公平性是指发展机会选择的平等性，包括两层含义。一是当代人的公平，即不同区域不同国家之间的公平。可持续发展要满足全世界人民的基本需求，要给全世界所有人民平等的机会，满足全世界人民拥有较好生活的愿望，而不是让发达国家人民在满足他们的需求时，损害发展中国家或落后国家的利益，要给世界公平的分配权和发展权。二是代际之间的公平，即当代人和后代之间的公平。当代人要认识到自然资源是有限的，不要为了自己的发展而过度地利用自然资源，过多地往环境中排放污染物质，从而破坏了后代满足其需要的条件，要给世世代代公平利用自然资源的权利。

(2) 可持续发展的持续性原则。资源与环境是人类生存与发展的基础和条件。可持续发展的持续性指的是发展不应损害支持生命系统的自然基础系统，一旦破坏了这些基础，如大气、土壤、水、生物等，人类本身难以为继，生存和发展也就无从谈起。因此，资源的持续利用和生态系统的可持续保持是人类社会可持续发展的首要条件，人类发展必须充分考虑资源的临界性，必须根据资源与环境的承载能力来确定自身的消耗标准，而不是盲目地、过度地生产和消费。持续性原则的核心是指人类的经济发展和社会发展不能超过资源和环境的承载力。

(3) 可持续发展的共同性原则。人类居住在一个地球上，全人类是一个相互联系、相互依存的整体，没有哪一个国家能脱离国际市场而达到全部自给自足。当前世界上的许多资源问题和环境问题已超越了国界和地区界限，具有明显的全球规模。所以说要想达到全球的可持续发展，需要全人类的共同努力，必须建立稳固的国际秩序和合作关系。但是各国的历史、文化和经济发展水平存在差异，所以可持续发展的具体目标、政策和实施不可能完全一样，对于发展中国家来说，发展经济、消除贫困是当前的主要任务，国际社会应给予帮助和支持。保护环境和珍惜资源虽是全人类的共同任务，但经济发达的国家应负有更大的责任，要使其自身活动不危及其他国家或地区的环境。

1.2.2　可持续发展的实施

1992 年联合国环境与发展大会通过的《21 世纪议程》，是人类由传统的发展模式向可持续发展模式转变的行动蓝图，是全球范围实施可持续发展的主要参照方案。它要求世界各国积极采取行动，探求和制定适合本国国情的可持续发展的规划和政策，联合国还于 1993 年成立了可持续发展委员会，每年召开一次会议，检查《21 世纪议程》的执行情况。由于各国在自然、经济、社会和文化等方面的差异性，不可能存在统一的、普遍适用的可持续发展模式，但是从国际社会和各国提出的可持续发展目标和战略来看，可持续发展的主要实施途径有以下几方面。

1. 将环境保护纳入综合决策，转变传统经济增长方式

传统的经济增长方式是以粗放生产和过度消费为基本特征，单纯追求经济产出的增长，这种着眼点最终形成了高资源消耗、高能源消耗、高污染排放的工业生产体系和大批量生产、大批量消费的模式，造成了资源与环境两难的局面。例如，如果用 GDP 衡量一个国家或地区的经济发展水平，甚至考核地方政府工作的政绩，就会导致人们片面追求经济效益，甚至以牺牲环境为代价追逐高额利润。因此，要想转变经济增长方式，首先就必须逐步修正传统的国民经济核算方式，把 GDP 变为绿色 GDP，把自然资源的投入和环境的污染纳入经济核算，建立合理的经济发展目标和指标体系，以综合效益而不是仅仅以产值来衡量地区、部门和企业的优劣。其次，应增加对污染的收费，使污染者完全补偿污染环境的成本。

最后，还要逐步取消各种使用资源的补贴，使资源价格充分反映其稀缺性。

2．积极做好工业污染防治，大力推行污染治理 "三个转变"

工业化进程的进一步加快，必然会给环境和资源带来更大的压力。因此，经济发展应通过调整产业结构和优化工业布局来进一步提高科技含量和规模效益，增强竞争能力。在产业政策上，要严格限制或禁止能源消耗高、资源浪费大、污染排放重、技术落后的企业发展，优先发展高新技术产业。对现有的重污染小型企业，围绕经济结构进行调整或实行关停，在源头上控制经济发展对资源和环境的过高消耗。

在工业污染防治方面，积极做好污染控制模式的转变，由末端控制转为生产全过程控制，由单纯的排放浓度控制转为排污总量控制，由分散治理逐步转为分散和集中控制相结合。因此，首先应大力发展清洁生产和循环经济，通过推广生态环境技术，大力支持企业开发利用低废技术、无废技术和循环技术等措施，使企业在生产过程中，提高资源和能源的利用效率，减少对原材料、能源以及有毒原材料的使用量，减少废水、废气及废渣的排放量。同时做好产品的设计研发，积极开发清洁产品，使产品从原料到最终处理的整个生命周期，都能减少对人类健康和环境的影响，使污染由末端控制逐步转为生产全过程控制。其次，在对污染企业的排放行为进行控制时，要实施"浓度"和"总量"双控，单单浓度达标排放，并不能减少排入环境中的污染物总量。应根据当地区域环境容量的大小，合理计算排入该区域的污染物总量，并合理分摊到各污染企业，使每个企业都有相应的总量控制指标。只有排放浓度和排放总量都达标才是达标排放，以此来实现控制区域内环境质量的目标。最后，还应通过建立区域性供热中心、热电联产等方式进行集中供热，控制小工业锅炉的盲目发展；通过建立区域性污水处理厂，实行污水集中处理；通过建立固体废物处理场、处置厂和综合利用设施，对固体废物进行集中控制等，实现污染治理由分散向分散和集中控制相结合方式的转变，使有限的资金充分发挥作用。

3．更新社会消费观念，推行可持续消费方式

消费本身无所谓好坏，分析消费需要分析其可持续性或不可持续性。现行的大众消费模式产生于西方国家，以大批量物质消费和"用过即扔"的过度消费为特点。在这种模式下，大批量物质消费和大规模生产相互促进，构成了传统经济增长模式的社会动力。大量的物质产出带动了大量的物质消费，在惊人的消费增长中，人类正在消耗着世界上与其人口不成比例的自然资源和物质产品，正在产生着"对于环境危机的压力并威胁着地球支持生命的能力"，因而是一种不可持续的消费模式。有学者估计，如果21世纪初的70亿人口都按照现行的西方消费模式来消耗能源和资源，那么，为满足人们的消费需求将需要10个地球的资源与环境。因此，改变现行的不可持续的消费模式已成为国际与发展领域的重要议题。

可持续消费的定义是2002年联合国规划署在布拉格召开的第七次清洁生产会议上提出的，它是指在产品或服务的整个生命周期中，自始至终对天然资源和有毒材料的使用最小化、废物与污染物的产生最小化，满足对服务和产品的基本需求，带来高质量生活的同时

又不会危及后代的需要。这是一个新的消费模式，《21世纪议程》提出，世界上所有国家均应全力促进可持续消费模式，发达国家应率先改变目前的这种超出必要物质消费限度的消费模式，应率先致力于减少产品和服务对环境的不利影响，减少相应的资源消耗、能源消耗和环境污染，发展中国家应在其发展过程中谋求与环境协调的，低资源、低能源消耗，高消费质量的适度消费体系，避免工业化国家的那种过分危害环境、无效率和浪费的消费模式。从消费品特征来说，提倡持久耐用、可回收、易于处理的消费品的使用，而不是一次性、不可回收、不可降解以及过度包装的产品的大量使用。

4. 不断完善环境保护法规和政策，在经济活动领域体现环境原则

环境问题的预防和解决离不开各个国家和政府的干预，无论是采取直接的行政干预还是间接的经济手段干预，都需要有完善的环境保护政策和法规对社会活动、经济活动进行引导和约束。环境政策和环境保护法规，就是各个国家为了调整人们在保护环境和资源、防治污染和其他公害的活动中产生的各种社会关系的行为准则和法律规范，是为了保护和改善环境而逐步制定的。从发达国家有关自然资源和环境保护的法律体系发展过程来看，20世纪70年代以后，这些国家的环境状况有了很大的改善，说明各国所采取的法律制度是有效的，但是需要正视的是，目前还有一些环境问题依然存在。因此，各个国家或政府需要根据国情，继续发展和完善自然资源和环境保护法律法规，使之更好地为保护和改善环境服务，为可持续发展的长远目标服务。

除此之外，国际组织和各国政府都应在国际贸易、工业发展、经济决策、银行贷款等各类经济活动领域体现环境原则。比如，银行本身是没有什么污染的，但是银行的放贷行为，对于企业的发展方向有很强的促进作用。因此，银行在放贷时，需要充分考虑环境保护原则，要以环保的标准考察借贷方，对开发强度超出所在地区环境承载力的项目不予贷款，对明显损害环境的项目不予贷款，而对有利于保护和改善环境的项目可给予更多的优惠。近年来，面对严峻的环境污染和生态环境恶化趋势，中国也在经济活动领域出台了众多体现环境原则的政策和制度。如对于限制和禁止开发的地区，实行严格的环境准入制度；从严淘汰落后产能；实行排污权交易制度、环境影响评价制度、"三同时"制度、区域限批、流域限批等，这些政策和制度是中国走可持续发展道路的具体体现。

5. 加强环境宣传教育，提高全社会环境意识

可持续发展的决定因素是人类的活动及经济发展方式，而影响人类活动及经济发展方式的是人们的思想和意识。一旦人们具备了环境意识，就会产生保护环境的要求，并采取行动积极保护自己的环境权益，这样就会为环境保护提供持久的动力。因此，改变人们的传统习惯和旧的发展模式，积极开展全民环保科普活动，提高全社会环境意识是环保工作的基础性工作。首先，可通过创新"六五"世界环境日宣传形式，多渠道、多角度、多形式地加大环境保护政策和环境法制教育的宣传力度，弘扬环境文化，倡导生态文明，努力营造节约资源和保护环境的舆论氛围。其次，也可建立以新闻单位为主体，环保等有关部门共同推进的环境宣传工作机制，利用广播、电视、报纸等媒介开设环保专栏，深化环境

法制宣传和环境警示教育，让保护生态环境深入人心、家喻户晓，发挥社会各界的作用，促进公众的积极参与。具体到土木工程专业，则应加强土木工程中的环境保护新闻报道、环境警示教育和环境普法教育，倡导符合绿色文明的建筑设计和施工习惯，提高环境保护素质，促进土木工程的可持续发展。

分析与思考:

国内生产总值(GDP)作为衡量一个国家或地区的经济发展水平指标，以及被用于考核地方政府工作政绩，有什么负面影响。

【知识拓展 1-2】 《中国 21 世纪议程》内容简介

重点提示: 掌握可持续发展的内涵和实施途径。

1.3　土木与建筑工程的新方向

长期以来，土木工程在为社会创造既安全又实用的建筑发挥了至关重要的作用，但与此同时，它也给生态环境带来了负面影响，或改变了动植物的栖息地，或影响了动植物的正常行为和繁衍能力，或扰乱了土地生态系统的稳定性等。因此，在岌岌可危的环境面前，土木工程如何发展才能不造成或尽可能少造成对生态环境的不良后果，使人与环境和谐相处? 出于这个原因，环境工程这一更加专业的领域从土木工程中孕育而生。

1.3.1　环境工程——土木工程的分支

土木工程包括建筑的设计和建造，其历史源远流长，如埃及的金字塔、中国的长城和罗马的斗兽场等都是土木工程的伟大成就。随着工业、交通运输业、城市建设等的迅猛发展，排入环境中的废水、废气、废渣越来越多，对环境造成了严重的污染，导致有些国家或地区出现了环境公害，直接威胁到人们的身体健康乃至生命安全。人们开始关注和运用工程措施治理环境污染，一些工程师开始投入到环境治理工程的设计和建造中，从而使环境工程从土木工程中逐步分离出来而得以发展。现今的土木工程内容，已随其发展涉及方方面面，如道路、桥梁、建筑物、机场、隧道、铁路、港口、石油或天然气管道、给水管道和净水厂、排水管道和污水处理厂、固体废物处理和利用工程、垃圾填埋场、用于处理废气污染的设施等。由此可以看出，环境工程是土木工程的一个分支，是利用对生态环境更加有利的新型工程模式，预防和解决各种环境问题，使人与自然和谐相处，因而具有广阔的发展前景。

在土木工程中，土木工程师设计和建造的目标是既安全又实用的建筑结构，所以土木工程师通常会考虑周围环境对工程的影响，如在不良地质地段，为了保证建筑的持久性，工程师们在设计时会考虑地质的风险因素，或直接选择避开这种危险地带进行施工。而在环境工程中，环境工程师设计建筑的目标，则是造福环境或将建筑对环境的影响降至最低。在这个过程中，他们也考虑周围环境对土木工程(环境工程设施)的影响，但同时会更加关注人类工程活动对周围环境的影响。他们的着眼点是如何通过土木工程(环境工程设施)的建设和实施，控制工程活动产生的污染和对自然资源的破坏，使生态环境处于良性循环之中。因此，在这个意义上来说，环境工程又是将土木工程与环境科学结合起来的工程学科，二者之间有着不可分割的联系。

实际上，随着自然资源的枯竭和环境的不断恶化，越来越多的土木工程师开始强调环境的重要性，开始强调建筑要尽可能多地与环境协作、为环境服务。例如，致力于节能、节材和环保材料的绿色建筑的设计；可以减少总行驶里程的环境友好型高速公路、道路或立体交通的设计；能够减少燃油消耗或交通噪声污染的路面的设计；可以减少人们对汽车需求的便利运输系统的规划等。这些可持续性设计的出现和快速发展，一方面反映了土木工程的时代精神，另一方面，也给土木工程师提出了新的要求，即土木工程师需要具备一个或多个领域的专长，才能设计和建造出对人类和环境都安全的建筑，这些领域包括空气污染、固体废弃物、供水排水、污水处理、噪声污染、光污染以及辐射防护等。

1.3.2　环境工程中的土建工程

环境工程旨在解决环境问题，是通过治理工程的设计和建造，来控制环境污染，改善环境质量。它的有效实施，需要环境工程、土木工程等多个专业的密切配合才能完成。其中，环境工程专业负责整个工程的工艺设计，并对工程提出土建要求，而土木工程专业则是为建设构筑物即环境工程中的土建工程进行结构设计和施工图设计，并通过土建施工将图纸变成实际工程。因而，环境工程、土木工程既是统一的整体，又有明确的分工，土木工程是实施环境工程不可缺少的工程手段。

环境工程中的土建工程通常包括：污水处理系统的土建工程，如格栅井、沉砂池、泵房、初次沉淀池、反应池、二次沉淀池、鼓风机房、配水井、污泥储泥井、污泥浓缩池、消化池、污泥脱水机房等；废气处理系统的土建工程，如烟囱、除尘设施、脱硫塔、吸附塔、吸收塔等；固体废弃物处理系统的土建工程，如垃圾填埋场、焚烧炉、堆肥场等；噪声控制的土建工程，如隔声屏、吸音墙，吸声路面等。这些土建工程涉及场地平整、测量定位放线、土方工程、桩基工程、混凝土结构工程、钢结构工程、防水工程、防腐工程等土木工程内容。

在环境工程中，土建工程的设计、施工，基本上还是应用土木工程设计、施工的原理、技术和方法进行的，一些规范、规程和规定也是沿用土木工程设计和施工规范、规程的内容。但是，环境工程中，很多情况下又会出现特种土建结构的工程，如双曲线型冷却塔、高排气筒、倒锥型水塔等，而且质量控制也不完全相同于土木工程，如清水池的防渗、污水池的防渗防腐、垃圾填埋场渗滤水的收集系统以及填埋气的集气系统等，再加上土建工程的设计和施工中，需要与管道、设备等其他专业相互协作，需要兼顾环境工程工艺设计的相关要求。这些难度高、专业性强的特点，使得环境工程中的土建工程，在设计和施工时，应该由具备一定环境工程知识和技术的高素质土木工程师来承担或主持。因此，为适应土木工程的新方向——环境治理工程的需要，土木工程师除了能够设计经久耐用的建筑外，还应接受环境工程相关的原理、技术和方法的教育和培训。

分析与思考：

环境工程与土木工程的联系与区别。

1.3.3　绿色建筑——建筑业的可持续发展

近年来，随着经济的快速发展，资源紧张、能源短缺等问题已成为制约人类社会经济可持续发展的战略问题。建筑全过程对全球资源和环境的影响，据欧盟的测算标准表明：在资源消耗方面，能源为50%，水资源为42%，原材料为50%，耕地为48%；在污染方面，空气污染为50%，温室气体排放为42%，水污染为50%，固体废物为48%，氟氯化物为50%。由此可以看出，建筑全过程消耗了大量的资源和能源，产生了大量的污染。

我国拥有世界上最大的建筑市场，每年新增建筑面积达18亿～20亿平方米，建筑能耗约占全社会总能耗的1/3，单位建筑面积能耗是发达国家的2～3倍。目前，我国正处于城镇化快速发展阶段，城乡建设规模空前，伴随而来的是严峻的能源和资源问题以及生态环境问题。因此，我国建筑业必须改变当前高投入、高消耗、高污染、低效率的模式，承担起可持续发展的社会责任和义务，实现建筑业的可持续发展。

绿色建筑指的是在建筑的全寿命周期内，节约资源、保护环境、减少污染，为人们提供健康、适用、高效的使用空间，最大限度地实现人与自然和谐共生的高质量建筑。21世纪人类共同的主题是可持续发展，这是应对全球性气候变暖、生态环境恶化、能源与资源短缺等危机的根本途径。对于城市建筑来说，必须由传统高消耗型发展模式转向高效绿色型发展模式，绿色建筑正是实施这一转变的必由之路，是当今世界建筑发展的必然趋势。

本 章 小 结

本章着重介绍了环境的内涵，环境问题的定义、分类和发展阶段，环境保护的定义和我国环境保护的发展历程，可持续发展的基本思想和实施途径，绿色建筑的概念。此外，还简要介绍了环境工程学的形成和内容、环境工程中的土建工程、建筑业的发展方向等。

思 考 题

1. 什么是环境问题？从环境问题的性质来看，主要有哪几类环境问题？
2. 环境保护的实质是什么？简述我国环境管理制度中的"三同时"制度的含义。
3. 为什么说"三同时"制度和环境影响评价制度结合起来构成了防止新污染产生的有力制约环节？
4. 简述可持续发展的内涵和基本原则。
5. 何谓绿色建筑？

第 2 章

水污染及控制

学习目标

- 掌握水环境、水资源、水体污染、水质指标和水体自净的概念；熟悉水的社会循环及其健康循环理念。
- 熟悉常见的水体污染源和水质指标、水中常见的污染物及其危害。
- 了解水体自净的机制、水环境容量以及相关的水环境标准。
- 熟悉水污染的控制技术及其常见的处理构筑物；熟悉废水的三级处理和废水处理系统。
- 熟悉土木工程中可能产生废水的活动及其污染控制方法。
- 掌握建筑中水的概念，了解建筑中水系统的类型、组成和常见的中水处理工艺流程。

本章要点

本章主要学习水环境和水资源的概念；水体污染和水体自净的相关内容；水环境的有关标准；废水的污染控制方法和常见的废水处理系统。在此基础上，重点学习土木工程中的水污染及其控制措施；建筑中水；建筑中水系统的类型、组成、水质和水量；建筑中水处理工艺流程等内容。

中国是一个水资源短缺的国家，从人均水资源占有量来看，是全球水资源最贫乏的国家之一。尽管如此，中国的江河湖泊却是工厂倾倒有毒废水以及生活污水排放的下水道，造成水污染事件不断发生。从松花江苯泄漏到广东北江镉污染，从滇池水葫芦疯长到太湖蓝藻泛滥，一桩又一桩的无情事实在不断地挑战脆弱的水环境能力。水污染不仅造成了数额巨大的经济损失，更是直接危害到了老百姓的饮水安全。

2.1 概　　述

2.1.1 水环境与水资源

1. 水环境

水体是指水的集合体，包括江、河、湖、海、冰川、积雪、水库、池塘、土壤岩石空隙中的地下水和大气中的水汽。水体不仅包括水，还包括其中存在的悬浮物、溶解物、胶体物、水生生物和底泥等。在环境污染中，对水与水体的概念进行区分很重要，因为有的污染物质从水中转移到底泥中，水的污染并不严重，但从水体来看，则可能受到了严重污染。

水环境包括地球表面上的各种水体。按水体所处的位置，水环境可粗略地分为地面水环境、地下水环境和海洋水环境三类。各种水环境与人们的生活和生产活动密切相关，水环境的污染和破坏已成为当今世界主要的环境问题之一。

2. 水资源

从广义上讲，水资源是指地球表面上一切水体中的一切形态的水。但是限于当前的经济技术条件，对含盐量高的海水和分布在南北两极的冰川的大规模开发利用还有许多困难。狭义的水资源是指在一定时期内，能被人们直接或间接开发取用的淡水，包括大气降水补给的各种地表水、地下水等。地球上的总水量约为13.86亿立方千米，其分布如图2-1所示。其中，海水约占97.41%，冰帽和冰河约占1.984%，除去生物体、土壤、大气中的水量外，可利用的淡水总量不足世界总储水量的0.6%。

水资源是一种可再生的资源，它的可再生性缘于水的自然循环。自然界中，水的循环运动维持着水量和水质的精妙平衡，使水成为可再生资源，但这并不等于水是一种取之不尽用之不竭的资源，人类对水的社会循环方式影响着水资源的可持续利用。

水的社会循环是指在水的自然循环中，人类不断地利用其中的地下或地表径流满足生活与生产活动之需而产生的人为水循环，如图2-2所示。

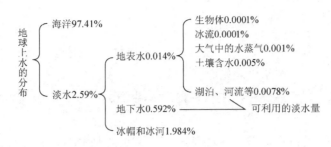

图 2-1　地球上水的分布

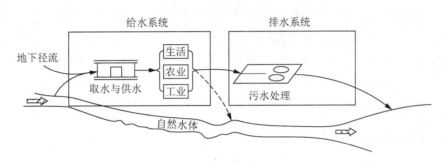

图 2-2　水的社会循环

城市从自然水体中取水，经过净化处理后供给工业、商业、市政和居民使用，形成的废水经排水系统收集输送到污水处理厂，处理后又排回到自然水体。水的自然循环和社会循环交织在一起，社会循环既依赖于自然循环，又对自然循环造成了不可忽略的多方面影响。要想使水资源永续地满足人类社会发展的需求，就必须减少水的社会小循环对水的自然大循环的干扰。因此，在水的社会循环过程中，应建立水的健康循环理念，即人们在生产生活中，首先应有节制地开采水资源，不能过度地使用水资源。其次，用后排到水体中的水，应该是为水体自净所能允许的、经过净化了的处理水。最后，净化后的再生水尽可能用到生产生活中去。通过上述合理科学地使用水资源，使得上游地区的用水循环不影响下游水域的水体功能，从而维系或恢复城市乃至流域的良好水环境，实现水资源的可持续利用。

分析与思考：

健康的用水理念包含哪些要点？

2.1.2　水体污染及危害

1. 水体污染

《中华人民共和国水污染防治法》中对水体污染给出了明确定义，即水体因某种物质的介入，而导致其化学、物理、生物或者放射性等方面特征的改变，从而影响水的有效利用，危害人体健康或者破坏生态环境，造成水质恶化的现象，称为水体污染。

2. 水体污染源

水体污染源是指向水体排放污染物的场所、设备和装置等，有时也包括污染物进入水体的途径。水体污染主要是由人类的生产生活活动引起的,常见的有以下几种污染源。

(1) 工业废水:各种企业在生产过程中排出的废水,包括工艺过程用水、冷却水、烟气洗涤水、设备及场地清洗水以及生产废液等。

(2) 生活污水:日常生活中产生的各种污水混合液,包括厨房、洗涤室、浴室、集体单位公用事业排出的污水。

(3) 农业排水:农作物栽培、牲畜饲养、食品加工过程中排出的污水和液态废物。

(4) 交通运输:铁路、公路、航空等交通运输过程,除了直接排放各种作业废水外,还有船舶在运输过程中的油类泄漏、汽车尾气中的铅通过大气降水而进入水体等。

(5) 固体废弃物:固体废弃物直接向江河湖泊倾倒,不仅减少了水域面积、淤塞航道,而且污染水体,使水质下降。当固体废弃物长期不适当堆放时,会受到雨水的淋溶或地下水的浸泡,使废弃物中的有毒有害成分析出,析出的有毒有害成分会随着地表径流进入江河湖泊等水体,造成地面水污染,同时也会随着雨水下渗,造成地下水污染。

3. 水体中的主要污染物及其危害

1) 需氧污染物

废水中能通过生物作用和化学作用而消耗水中溶解氧的物质,统称为需氧污染物。需氧污染物排放到水体中,会消耗水中的氧气,造成溶解氧的大量减少,影响鱼类、水生生物的生长发育,甚至威胁生命。当溶解氧耗尽后,污染物会进行厌氧分解,产生 H_2S、NH_3、醇类等物质,不但味道难闻,而且水的颜色也会变黑。

需氧污染物绝大多数是有机物,如蛋白质、碳水化合物、脂肪、氨基酸、醛类、酚类以及酮类等。因为这类物质种类繁多,组成成分复杂,现有的分析技术很难对其中的某个成分进行定量定性分析。如果没有特殊要求的话,一般不对它们进行单项测定,而是利用共性,间接反映水中需氧污染物的总量。在工程实际中,通常采用以下几个综合指标来反映需氧污染物的含量。

COD:即化学需氧量,是指在酸性条件下,用化学氧化剂氧化单位体积水中的有机污染物时所需的氧量,以每升水消耗氧的毫克数表示。目前常用的氧化剂主要是重铬酸钾或高锰酸钾。COD 基本上可以代表水中的有机污染物含量,但在 COD 测定条件下,有机污染物中的苯、氨、硫等物质不能被氧化,故对很多有机物来说,所测定的 COD 一般仅为理论值的 95%左右。

BOD:即生物化学需氧量,简称生化需氧量,表示在有氧条件下,好氧微生物通过生物作用氧化分解单位体积水中的有机物所消耗的氧量。有机物的生物化学作用分为两个阶段完成:一是碳化阶段,有机物转化为无机物的二氧化碳、水和氨;二是硝化阶段,氨被转化为亚硝酸盐与硝酸盐。生物完成这两个阶段往往需要 100 天以上(第一阶段 20 天以上),并与环境温度有关。目前水质标准采用在 20℃下分解 5 天所需消耗的氧量,以 BOD_5 表示,它通常是 BOD 总量的 70%左右,用以表示水中可以被微生物降解的有机污染物含量。BOD_5 和 COD_{Cr} 的比值常常被用作判断废水是否适宜采用好氧生物法处理的指标。

TOD：即总需氧量，当有机物在高温氧化燃烧时，C、H、N、S 分别被氧化为 CO_2、H_2O、NO_2 和 SO_2，此时所消耗的氧量称为 TOD。在 TOD 的测定条件下，几乎所有的有机物能被全部氧化燃烧，因而几乎能反映出全部有机物被燃烧后所需的氧量，它更接近理论需氧量。

TOC：即总有机碳，是指水中有机污染物中的碳含量。在高温燃烧氧化过程中，有机物中所含的有机碳被氧化成 CO_2，用红外气体分析仪测定在燃烧过程中产生的 CO_2，再折算出其中的碳含量。

TOC 和 TOD 这两个指标均可由仪器快速测定，几分钟即可完成。BOD 和 COD 不能反映有机物的全部含量，再加上测定 BOD 和 COD 都比较费时间，不能快速测定水体被需氧有机物污染的程度。因此，国内外提倡用 TOC 和 TOD 作为衡量水中有机污染的指标。

2) 营养性污染物

营养性污染物主要包括 N、P、K、S 及其化合物，它们是植物生长发育所需的养料。这类营养物质排入湖泊、水库、河流等水流缓慢的水体中，会造成某些藻类大量繁殖，使水生生态系统被破坏，这种现象被称为水体富营养化。

大量藻类的生长覆盖了大片水面，减少了鱼类的生存空间，藻类死亡腐败后会消耗溶解氧，导致溶解氧含量下降，并释放出更多的营养物质，死亡的藻类还会产生并释放有毒物质等。如此周而复始地循环，最终导致水质恶化，鱼类死亡，水草丛生，水体外观呈红色或其他色泽。另外，硝酸盐超过一定量时有毒性，当亚硝酸盐进入人体后，有致畸、致癌的危险。

3) 有毒污染物

废水中对生物有毒性的化学物质，称为有毒污染物。工业上使用的有毒化学物已经超过 12 000 种，而且以每年增加 500 种的速度递增。废水中的有毒污染物可分为无机有毒物质和有机有毒物质。

无机有毒物质包括金属毒物和非金属毒物两类。

(1) 金属毒物。金属毒物主要指汞、铬、铅、镉、锌、铜等重金属。这些重金属不能被生物所分解，容易沿着食物链富集，在生物体和人体内浓度增大，是危害较大的污染物质。汞在生物作用下会形成甲基汞，对中枢神经系统、运动系统都有影响。铬是人体必需的微量元素，但三价铬和六价铬危害较大，尤其是六价铬。铬容易在肺中积累，形成癌症，还可以引起皮肤溃疡、鼻穿孔等疾病。铅一般通过饮水和食物进入消化道，形成不溶性磷酸铅沉积于骨骼中。发病时，酸碱失衡，磷酸铅转化为磷酸氢铅进入血液循环中，使得骨髓造血系统及神经系统出现病症，还会导致贫血现象。

(2) 非金属毒物。非金属毒物主要包括砷、氟、硫、氰化物以及亚硝酸根等。砷进入人体后，可在毛发、指甲中蓄积，引起慢性中毒，对神经细胞的危害最大，除此以外，还会引起消化系统症状和皮肤病变等。氰化物是剧毒物质，人中毒后的症状表现为呼吸困难，继而出现痉挛、呼吸衰竭直至死亡。

有机有毒物质大多是人工合成的有机物，难以被生物降解，而且大多具有致癌、致突变和致畸形等作用，毒性很大。有机有毒物质一般包括酚类化合物、多氯联苯、有机农药、洗涤剂等。

(1) 酚类化合物。酚类化合物广泛存在于自然界中。各类工业废水，包括煤气、焦化、石油化工、制药、油漆等生产过程大量排放的主要含苯酚，即挥发酚。苯酚有臭味，能溶于水，毒性较大，能使白细胞蛋白质发生变性和沉淀。当水体中酚的浓度为 0.1～0.2 mg/L 时，鱼肉产生酚味，酚浓度高时可使鱼类死亡。若人们长期饮用含苯酚的水，可引起头昏、贫血及各种神经系统症状，严重时甚至会中毒。

(2) 有机农药。有机农药及其降解产物对水环境的污染十分严重。引起水体污染的代表性农药有 DDT、六六六、艾氏剂、对硫磷等。有机氯农药是一种高残留农药，其化学性质稳定，可长久存留在环境中，很难降解。由于有机氯农药的高残留性和富集性，使得农药在鱼类、虾类甚至人体体内积累，积累到一定程度就会危害生物体的神经系统、破坏内脏功能，造成生理障碍，影响生殖和遗传，严重危害生物体的生存。有机磷农药由于具有药效高、应用范围广、品种多、降解快、残毒低等特点，逐步取代曾经大量使用的有机氯农药，成为世界范围内使用最广泛的一类杀虫剂。虽然有机磷农药的半衰期较短，但是大多数水生生物对有机磷农药十分敏感，某些种类的有机磷农药在降解过程中还能产生毒性更大的产物。因此，有机磷农药的大量使用必然会给水环境带来较高的污染危险，危及许多生物的生存，对水生态产生多方面不利影响。

(3) 多氯联苯。多氯联苯广泛应用于生产电器绝缘材料和塑料增塑剂等，已成为环境污染影响最具代表性物质，它不仅污染地表水，还可污染海洋。多氯联苯是一种稳定性极高的合成化学物质，一旦侵入生物肌体就不易排泄，容易集聚在脂肪组织、肝和脑中，损害皮肤和肝脏。

(4) 洗涤剂。洗涤剂在广泛用于生产生活中之后，排入水体的量越来越大，逐渐显示出对水环境的危害。当水体中的洗涤剂浓度达到 0.5 mg/L 时，水面上就会浮起一层泡沫，不仅破坏水体的自然景观，而且影响水体溶解氧的复氧过程。当水体中的洗涤剂浓度达到 10 mg/L 时，鱼类就难以生存；达到 45 mg/L 时，水稻的生长就会受到严重危害，甚至死亡。除此以外，洗涤剂中的表面活性剂会使水生动物的感官功能减退，甚至丧失觅食或避开有毒物质的能力，使水生动物失去生存本能。

4) 油类污染物

油类污染物包括石油类污染物和动植物油类污染物两类。沿海和河口石油的开发、油轮运输、炼油工业废水的排放、内河水运以及生活污水的排放等，都可导致水体受到油类污染。

水体受到油类污染后，通常表现为以下环境危害性：水和水生生物带有强烈的异味；一些油类物质属于难降解物质，可通过食物链进入人体引起癌症；大片油膜覆盖在海洋、湖泊水体表面，阻碍海水的蒸发，干扰大气、海洋的水分循环和热交换；油膜影响氧气进入水体，破坏了水体的复氧条件，使耗氧大于复氧，则水中的溶解氧逐渐减少，导致鱼类和其他水生生物的死亡；油类附着在动植物体表，影响动植物的养分吸收和体内废物的排出，油类污染还破坏了海滩修养地、风景区的景观。

5)　酸碱污染物

酸碱污染物主要来源于工业废水的排放以及酸雨。各种生物都有自己的 pH 适应范围，超过该范围就会影响其生存。因此，水体受到酸碱污染后，会抑制一些微生物的生长，破坏水体的自净能力、缓冲能力，使水质恶化。除此之外，用污染的水灌溉，还会造成土壤酸化、盐碱化。酸性废水对金属、混凝土材料有一定的腐蚀性，也是不可忽视的环境问题。

6)　生物污染物

生物污染物主要是指废水中的致病性微生物及其他有害的生物体，包括致病细菌、病毒和寄生虫以及水草、藻类、铁菌等。生物污染物主要来自生活污水、医院污水、垃圾和屠宰厂、肉类加工厂、制革厂等工业废水。

常见的致病细菌是肠道传染病菌，主要通过人和动物排泄的粪便进入水体，随水流而传播。一些病毒(如肠道病毒和肝炎病毒等)和某些寄生虫(如血吸虫、蛔虫等)也可通过水流传播。水体受到生物污染导致的传染病主要有细菌引起的痢疾、伤寒、霍乱等；病毒引起的小儿麻痹、传染性肝炎等；其他病原体引起的姜片虫病、血吸虫病、阿米巴痢疾等。如印度新德里在 1955—1956 年发生了一次传染性肝炎，全市 102 万人口，将近 10 万人患肝炎，其中黄疸型肝炎患者 29 300 人。

7)　热污染

热污染主要来源于工矿企业(如热电厂)向江河排放的冷却水。热污染首当其冲的受害者是水生生物，由于水温升高导致水中溶解氧减少，同时水温升高使水生生物代谢速率增大而需要更多的氧，造成鱼类和水生生物在热效力作用下发育受阻或死亡，从而影响环境和生态平衡；水体升温给一些致病微生物提供了一个人工温床，使其得以滋生、泛滥，增加了后续水处理的费用；水温升高还会加快水体中的化学反应速度，使离子浓度、电导率、腐蚀性发生变化，可导致对管道、容器的腐蚀。此外，热污染还可加快藻类繁殖速度，从而加快水体的富营养化过程。

8)　固体污染物

固体污染物在水中以三种状态存在：直径小于 1 nm 的溶解态、直径介于 1~100 nm 的胶体态和直径大于 100 nm 的悬浮态。在水质分析中，固体污染物分为悬浮物固体(SS)和溶解性固体(DS)两类。常用一定孔径的滤膜对固体污染物过滤，被滤膜截流的为 SS，透过滤膜的为 DS，两者合并称为总固体(TS)。从以上定义可知，一部分胶体包括在 SS 中，另一部分胶体包括在 DS 内，这种分类仅仅是为了水处理技术的需要。

各种废水中均含有固体污染物质，排入水体后会造成以下几方面危害：①漂浮在水面上的悬浮物不仅破坏了水的外观，而且增加了水体的浑浊度，导致给水净化工艺的复杂性；②水面悬浮物降低了光的穿透能力，妨碍水生生物的生长，也妨碍了水体的自净作用；

③水中悬浮物可能会堵塞鱼鳃，导致鱼死亡；④沉于河底的悬浮固体形成污泥层，会危害底栖生物的繁殖，影响渔业生产；⑤水中的悬浮物可能成为各种污染物的载体，吸附水中的污染物并随水流迁移，扩大了污染区域。

9) 放射性污染物

放射性物质是指各种放射性元素，这类物质通过自身的衰变而放射一定能量的射线，如 α 射线、β 射线和 γ 射线，能使生物和人体组织受电离辐射而损伤，某些放射性元素还可被水生生物浓缩，通过食物链进入人体，使人体受到内照射损伤。

放射性污染物主要来源于原子能工业和反应堆设施的废水，核武器制造和放射性同位素应用产生的废水，天然铀矿开采和选矿、精炼厂的废水等。水中的放射性污染物可以附着在生物体表面，也可以进入生物体内蓄积。

4．水质指标

水质指标是衡量水的品质好坏的指标，通常用来表征水体受到污染的程度。水体污染有时可以直接被察觉到，如水改变了颜色，变得浑浊，散发出难闻的气味，某种生物的出现或猛增等，但有时需要借助仪器观察分析或调查研究才能作出判断。水质指标项目繁多，一般可分为物理性水质指标、化学性水质指标和生物学水质指标三类。

(1) 物理性水质指标。物理性水质指标一般包括温度、色度、臭味、悬浮物、浊度等。

(2) 化学性水质指标。化学性水质指标一般包括有机物的化学性指标和无机物的化学性指标两类。①有机物的化学性指标主要包括生化需氧量(BOD)、化学需氧量(COD)、总需氧量(TOD)、总有机碳(TOC)、溶解氧(DO)。DO 是指水中溶解的氧量，它是水生生物生存的基本条件，一般含量低于 1 mg/L 时大部分鱼类就会窒息死亡。②无机物的化学性指标包括氨氮、亚硝酸氮、硝酸氮、总氮、磷酸盐和总磷、pH、有毒物质。

我国已制定了"地面水中有害物质的最高容许浓度"的指标，列出了汞、镉、铅、铬、铜、锌、镍、砷、氰化物、氟化物、挥发性酚、石油类、六六六、DDT 等 40 种有毒物质。

(3) 生物学水质指标。生物学水质指标一般包括细菌总数、大肠菌群等。在水处理工程中，对污水进行细菌分析时主要用两种指标表示水体被细菌污染的程度。细菌总数是指 1 mL 水样在普通琼脂培养基中，于 37℃下培养 24 h 后所生长细菌菌落的总数，大肠菌群为 1 L 水中所含的大肠杆菌数。

2.1.3 水体自净和水环境容量

1．水体自净

污水排入水体后，一方面污水对水体产生污染，另一方面水体本身具有一定的净化污水的能力，使污水中污染物的浓度降低。水体自净指的是受污染的水体自身由于物理、化学、生物等方面的作用，使污染物浓度和毒性逐渐下降，经过一段时间后恢复到受污染前的状态。

水体自净可以发生在水中,如污染物在水中的稀释、扩散和生物化学分解;也可以发生在水与大气的界面,如酚的挥发;还可以发生在水与水底间的界面,如水中污染物的沉淀、底泥的吸附和底质中污染物的分解等。自然界各种水体都具有一定的自净能力,如果我们能够科学有效地利用水体的自净能力,就可以降低水体的污染程度,使有限的水资源发挥最大的经济效益、社会效益和环境效益。

2. 水体自净机制

水体自净主要通过物理、化学和生物三方面的作用来实现,它们同时发生,相互影响,共同作用。

(1) 物理作用。物理作用主要包括稀释、扩散、混合和沉淀等过程。废水排入到水体后,由于水具有流动性,废水逐渐和清水混合,被水体所稀释,废水中的悬浮体、胶体和溶解性污染物质因混合、稀释作用浓度逐渐降低;可沉性固体在水流较弱的地方逐渐沉入水底,形成底泥。污水稀释程度通常用稀释比表示,对河流来说,用参与混合的河水流量与污水流量之比表示。污水排入河流需要经过相当长的距离,才能完全混合。完全混合的距离受许多因素的影响,如稀释比、河流水文情势、河道弯曲程度、污水排放口的位置和形式等。

(2) 化学作用。化学作用包括氧化还原、酸碱反应、分解与化合、吸附与凝聚等。如流动的水体从水面大气中溶入氧气,使污染物中铁、锰等重金属离子氧化,生成难溶物质并析出、沉降;某些元素在一定的酸性环境中,形成易溶性化合物,随水漂移而稀释;在中性或碱性条件下,某些元素形成难溶化合物而沉降;天然水体中的胶体和悬浮物微粒,吸附和凝聚水中的污染物逐渐沉降等。

(3) 生物作用。生物作用是指微生物对水中有机物的降解作用和一些特殊生物的吸收作用。废水排入水体后,在微生物的代谢活动中,一部分有机物被分解或转化为简单的无机物,另一部分有机物被微生物作为营养成分合成为自身的细胞物质,长大繁殖。微生物降解有机物需要大量消耗水中的溶解氧,使河水亏氧;同时空气中的氧气通过河流水面不断地溶于水中,使溶解氧逐步得到恢复。耗氧和复氧是同时存在的,耗氧和复氧两个过程的速率决定着水中的溶解氧含量。另外,水中一些特殊的微生物种群和高等水生植物能吸收水中的重金属,使水体逐渐得到净化。例如,金鱼藻能从水中选择吸收砷,凤眼莲能从水中选择吸收锌等。

在水体自净过程中,以上三种作用是同时发生的,哪一方面起主导作用,取决于污染物性质、水体水文学和生物学特征。一般来说,物理作用和生物作用在水体自净中占主要地位。当污水排入水体时,水体污染过程和水体自净过程是同时产生和存在的,但在某一水体的部分区域或一定的时间内,这两种过程总有一种过程占主导地位,它决定着水体污染的总特征。

分析与思考:

简述生物降解作用与水中溶解氧的关系。溶解氧为什么能作为有机物的化学性指标表征水质?

3. 水环境容量

水体所具有的自净能力就是水环境接纳一定量污染物的能力。一定水体所能容纳污染物的最大负荷称为水环境容量。正确认识和利用水环境容量对水污染控制有重要意义。水环境容量的计算如式(2-1)所示。

$$W=V(C_s-C_i)+C \qquad (2-1)$$

式中:W——某地面水体对某污染物的水环境容量,kg;

V——该地面水体的体积,m^3;

C_s——地面水中某污染物的环境标准(水质指标),mg/L;

C_i——地面水中某污染物的浓度,mg/L;

C——地面水对该污染物的自净能力,kg。

从式(2-1)可见,水环境容量的大小与水体的用途和功能、水体特性和水污染物特性等因素有关。

(1) 水体的用途和功能。在我国地表水环境质量标准中,按照水体的用途和功能将水体分为五类,每类水体规定有不同的水质标准。水体的功能越强,对其要求的水质目标就越高,其水环境容量将越小;反之,当对水体的水质指标要求不甚严格时,水环境容量可能会大一些。

(2) 水体特性。水体本身的特性,如水体大小、河宽、河深、流量、流速以及天然水质等,对水环境容量影响很大。

(3) 水污染物特性。污染物的特性包括扩散性、降解性等。一般情况下,污染物的物理、化学性质越稳定,水环境容量越小,耗氧性有机物的水环境容量比难降解性有机物的水环境容量大得多,而重金属污染物的水环境容量则甚微。

2.1.4 水环境标准

1. 水环境质量标准

水环境质量标准是指为保护人体健康和水的正常使用而对水体中污染物或其他物质的最高容许浓度所作出的规定。按照水体类型,水环境质量标准可分为地表水环境质量标准、地下水环境质量标准和海水环境质量标准;按照水资源的用途,水环境质量标准可分为生活饮用水水质标准、渔业用水水质标准、农业用水水质标准、娱乐用水水质标准、各种工业用水水质标准等;按照制定的权限,水环境质量标准可分为国家水环境质量标准和地方水环境质量标准。

1)　地表水环境质量标准

2002 年国家环境保护总局修订并颁布了《地表水环境质量标准》(GB 3838—2002),该标准将标准项目分为:地表水环境质量标准基本项目、集中式生活饮用水地表水源地补充项目和集中式生活饮用水地表水源地特定项目。地表水环境质量标准基本项目适用于全国江河、湖泊、运河、渠道、水库等具有使用功能的地表水水域;集中式生活饮用水地表水源地补充项目和特定项目适用于集中式生活饮用水地表水源地一级保护区和二级保护区。集中式生活饮用水地表水源地特定项目由县级以上人民政府环境保护行政主管部门根据本地区地表水水质特点和环境管理的需要进行选择。集中式生活饮用水地表水源地补充项目和选择确定的特定项目作为基本项目的补充指标。

本标准项目共计 109 项,其中地表水环境质量标准基本项目 24 项、集中式生活饮用水地表水源地补充项目 5 项、集中式生活饮用水地表水源地特定项目 80 项。

依据地表水水域功能和保护目标,将其划分为五类。

Ⅰ类　主要适用于源头水、国家自然保护区。

Ⅱ类　主要适用于集中式生活饮用水地表水源地一级保护区、珍稀水生生物栖息地、鱼虾类产卵场、仔稚幼鱼的索饵场等。

Ⅲ类　主要适用于集中式生活饮用水地表水源地二级保护区、鱼虾类越冬场、洄游通道、水产养殖区等渔业水域及游泳区。

Ⅳ类　主要适用于一般工业用水区及人体非直接接触的娱乐用水区。

Ⅴ类　主要适用于农业用水区及一般景观要求水域。

对应地表水上述五类水域功能,将地表水环境质量标准基本项目标准值分为五类,不同功能类别分别执行相应类别的标准值。水域功能类别高的标准值严于水域功能类别低的标准值。同一水域兼有多类使用功能的,执行最高功能类别对应的标准值。

2)　海水水质标准

为防止和控制海水污染,保护海洋生物资源和其他海洋资源,有利于海洋资源的可持续利用,维护海洋生态平衡,保障人体健康,原国家环境保护总局制定并颁布了《海水水质标准》(GB 3097—1997)。该标准适用于中华人民共和国管辖的海域,对不同海水的用途规定了水质污染的最高容许限度。按照海域的不同使用功能和保护目标,我国将海水水质分为四类。

第一类适用于海洋渔业水域、海上自然保护区和珍稀濒危海洋生物保护区。

第二类适用于水产养殖区、海水浴场、人体直接接触海水的海上运动或娱乐区,以及与人类食用直接有关的工业用水区。

第三类适用于一般工业用水区、滨海风景旅游区。

第四类适用于海洋港口水域、海洋开发作业区。

劣于国家海水水质标准中的四类海水水质,为劣四类水。

【知识拓展 2-1】　地表水环境质量标准基本项目标准限值

2. 废水排放标准

保护各类水体免受污染是整个环境保护工作的重要任务之一,它直接影响水资源的合理开发和有效利用。因此,一方面需要制定水体的环境质量标准,另一方面还需要制定废水的排放标准,根据废水排放标准的要求,对排放的污废水进行必要且适当的处理。

我国在废水排放标准的执行方面,坚持国家《污水综合排放标准》与国家行业排放标准不交叉执行的原则,有行业水污染排放标准的,执行本行业的水污染排放标准,没有的则执行国家《污水综合排放标准》。如造纸工业执行《制浆造纸工业水污染物排放标准》(GB 3544—2008),船舶工业执行《船舶工业污染物排放标准》(GB 4286—1984),船舶水排放执行《船舶水污染物排放控制标准》(GB 3552—2018),海洋石油开发工业执行《海洋石油开发工业含油污水排放标准》(GB 4914—1985),纺织染整工业执行《纺织染整工业水污染物排放标准》(GB 4287—2012),肉类加工工业执行《肉类加工工业水污染物排放标准》(GB 13457—1992),合成氨工业执行《合成氨工业水污染物排放标准》(GB 13458—2013),钢铁工业执行《钢铁工业水污染物排放标准》(GB 13456—2012),航天推进剂使用执行《航天推进剂水污染物排放与分析方法标准》(GB 14374—93),兵器工业执行《兵器工业水污染物排放标准 火炸药》(GB 14470.1—2002)、《兵器工业水污染物排放标准 火工药剂》(GB 14470.2—2002)、《弹药装药行业水污染物排放标准》(GB 14470.3—2011),磷肥工业执行《磷肥工业水污染物排放标准》(GB 15580—2011),烧碱、聚氯乙烯工业执行《烧碱、聚氯乙烯工业水污染物排放标准》(GB 15581—2016),医疗机构执行《医疗机构水污染物排放标准》(GB 18466—2005),煤炭工业执行《煤炭工业污染物排放标准》(GB 20426—2006),皂素工业执行《皂素工业水污染物排放标准》(GB 20425—2006),毛纺工业执行《毛纺工业水污染物排放标准》(GB 28937—2012),其他水污染物排放均执行《污水综合排放标准》(GB 8978—1996)。

1) 《污水综合排放标准》的污染物分类

《污水综合排放标准》把水中常见的污染物根据其性质和控制方式分为两类。第一类污染物是指能在环境或动植物体内蓄积,长期下去会对人体健康产生不良影响的污染物质,包括总汞、烷基汞、总镉、总铬、六价铬、总砷、总铅、总镍、苯并[a]芘、总铍、总银、总 α 放射性、总 β 放射性共 13 种。第二类污染物是指长远影响小于第一类污染物的污染物质,包括溶解氧、生化需氧量、化学需氧量、悬浮固体、大肠菌、石油类、挥发酚、总氰化物、硫化物、氨氮等物质。

如上所述,第一类污染物都是危害严重的物质,在环境中容易造成很大的破坏,必须严格控制。因此,第一类污染物不分行业和污水排放方式,也不分受纳水体的功能类别,一律在车间或车间处理设施排放口采样,其最高允许排放浓度必须符合该标准中列出的"第一类污染物最高允许排放浓度"的规定。第二类污染物因其长远影响小于第一类,故在排污单位排放口取样,其最高允许排放浓度必须符合该标准中列出的"第二类污染物最高允许排放浓度"的规定。按地面水域使用功能要求和废水排放去向,第二类污染物的最高允许排放浓度分别执行一、二、三级标准。

2)　《污水综合排放标准》的标准分级

GB 3838 中Ⅰ类水域、Ⅱ类水域和Ⅲ类水域中划定的保护区，GB 3097 中一类海域，禁止新建排污口，现有排污口应按水体功能要求，实行污染物总量控制，以保证受纳水体水质符合规定用途的水质标准。

排入 GB 3838 中Ⅲ类水域(划定的保护区和游泳区除外)和排入 GB 3097 中二类海域的污水，执行一级标准。

排入 GB 3838 中Ⅳ类水域、Ⅴ类水域和排入 GB 3097 中三类海域的污水，执行二级标准。

排入设置了二级污水处理厂的城镇排水系统中的污水，执行三级标准。

排入未设置二级污水处理厂的城镇排水系统中的污水，必须根据排水系统出水受纳水域的功能要求，分别执行一级标准和二级标准的规定。

按照污水排放去向，本标准中的第二类污染物最高允许排放浓度按年限执行不同的标准。1997 年 12 月 31 日之前建设(包括改、扩建)的单位，执行"第二类污染物最高允许排放浓度(1997 年 12 月 31 日之前建设的单位)"，1998 年 1 月 1 日之后建设(包括改、扩建)的单位，执行"第二类污染物最高允许排放浓度(1998 年 1 月 1 日之后建设的单位)"。与前者相比，后者不仅在污染物种类方面更加丰富(由 26 种增加到 56 种)，而且同一污染物的最高允许排放浓度限值也更趋于严格。

【知识拓展 2-2】　污染物最高允许排放浓度

重点提示：

《污水综合排放标准》与行业排放标准在执行上遵循不交叉执行的原则；第一类污染物一律在车间或车间处理设施排放口采样。

2.2　水污染控制技术

为了消除或减少废水对环境造成的危害，必须采取各种措施和办法，将"防、管、治"三者有机地结合起来，严格控制废水的排放。

"防"主要是指对污染源的控制，即通过有效控制使污染源排放的污染物减少到最小量。如对生活污染源，可以通过提高民众节水意识、推广使用节水洁具、合理调整水费、建立中水回用设施等措施降低用水量，从而减少生活污水排放量。对工业污染源，最有效的控制方法是推行清洁生产，即进行从原料到产品整个生命周期的分析和管理，而不是只强调末端处理。清洁生产采用的主要技术路线有：改革原料选择及产品设计，以无毒无害的原料和产品代替有毒有害的原料和产品；改革生产工艺，减少对原料、水及能源的消耗；采用循环用水系统，减少废水的排放量；回收利用废水中的有用成分，使废水浓度降低等。而对农田污水这样的污染源，应提倡农田的科学施肥和农药的合理使用，以减少农田中残留的化肥和农药,进而减少农田径流中所含的氮、磷及农药的量。

"管"是指对污染源、水体及处理设施进行管理,它在水污染防治中占据着十分重要的地位,一般包括对污染源的污水处理设施运行情况和排放状况进行监测和管理,对污水处理厂的运行和排放水质进行监测和管理,以及对水体卫生特征的监测和管理。

"治"是控制废水排放中不可缺少的一环。通过各种"防、管"措施,污染源的排放行为可以得到有效控制,但要实现零排放,特别是生活污水的零排放几乎是不可能的。因此,为确保废水在排入水体前达到规定的排放标准,必须要对废水进行必要而妥善的处理。

废水处理方法按其原理可分为物理法、化学法、物理化学法和生物法。废水中的污染物多种多样,其物理和化学性质各不相同,存在的形式、浓度也不相同,仅用一种方法来净化水中所有的污染物是不可能的。一般需要根据废水水质,将多种方法相互组合,构成具体的工艺来处理某种废水。废水水质千变万化,即便是同一种废水,也可能会出现不同的处理工艺。因此,一般是按照废水处理原理介绍基本的废水处理方法。

2.2.1　废水的物理处理法

废水的物理处理法是利用物理作用,将废水中呈悬浮状态的物质(漂浮物、悬浮物、油类等)分离出来,在整个处理过程中污染物质的性质不发生变化。废水的物理处理法主要有筛滤法、重力分离法和过滤法,相应的处理设备或单体构筑物有格栅或筛网、沉淀池或沉砂池、浮选池或气浮池和过滤池。

1. 筛滤法

使用格栅和筛网筛滤一般是污水处理厂的第一个处理工序,主要目的是去除废水中粗大的悬浮物组分,以保证处理设施或管道等不产生堵塞或淤积。

(1) 格栅。格栅是用金属材料制成的,是一组或多组呈纵向平行的栅条,栅条间隙一般为 15~75 mm。按格栅的形状可分为平面格栅和曲面格栅两种;按栅条的间隙,可分为粗格栅、中格栅、细格栅三种。格栅一般是斜置在废水流经的渠道上(见图 2-3)或泵站集水池的进口处。如城市污水处理厂在泵站和沉砂池前设置各种规格的格栅,以去除大块悬浮物并保护污水泵和防止管道堵塞。格栅所能截留的污染物数量随选用的栅条间隙和水的性质不同而有很大的区别。格栅的清渣方法分为人工清除和机械清除两种,人工清渣格栅一般应用在废水量较小、清污工作量不大的场合,大中型污水处理厂一般使用机械清渣格栅。

(2) 筛网。筛网是用金属丝或化纤丝编织的过滤网或穿孔板,孔径一般小于 5 mm,最小为 0.2 mm。它主要用于截留几毫米到几十毫米的细碎悬浮态杂物(纤维、纸浆、藻类等),尤其适用于分离和回收废水中的纤维类悬浮物和动植物残体碎屑。这类污染物容易堵塞管道、孔洞或缠绕于水泵叶轮上。如屠宰厂和造纸厂废水处理中,在沉淀池前使用金属筛网对废水中毛发和纤维进行有效分离,并回收动物毛发与纸浆纤维。

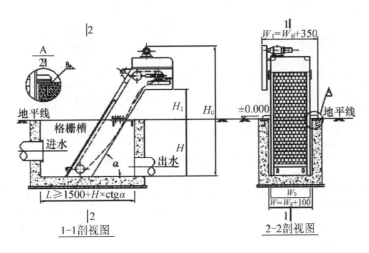

图 2-3　格栅示意图

2. 重力分离法

重力分离法是利用悬浮颗粒与水的密度差进行分离的基本方法。当悬浮物的密度大于水时，在重力作用下悬浮物下沉形成沉淀物，当悬浮物的密度小于水时，浮至水面形成浮渣或浮油，通过收集沉淀物和浮渣或浮油使水得到净化。沉淀法可以去除水中的无机砂粒、有机悬浮体、生物处理形成的生物污泥、化学处理形成的沉淀物以及混凝处理形成的絮体，也可以用于污泥的浓缩。根据处理对象的不同，沉淀法的处理构筑物主要有沉砂池、沉淀池(初次沉淀池、二次沉淀池、位于化学或混凝反应池后的沉淀池)以及重力污泥浓缩池等。上浮法主要用于分离水中轻质悬浮物(油、苯等)，也可以采用悬浮物黏附气泡上浮的方法(即气浮法)进行分离。

(1) 沉砂池。沉砂池的作用是去除水中砂粒、煤渣等密度较大的无机颗粒物，一般设在沉淀池之前，可以使沉淀池中的污泥具有较好的流动性，并且不磨损污泥处理设备。常用的沉砂池有平流式、曝气式和旋流式三种类型。①平流沉砂池的平面为长方形，污水在池内沿水平方向流动，砂子在重力作用下下沉，具有构造简单、截留无机颗粒效果较好的优点，但也存在沉砂中夹带 15%左右的有机物，使沉砂后续处理难度增加的缺点。②曝气沉砂池的平面也是长方形，在渠道壁下部一侧设置空气扩散装置，在与水平流速垂直的方向鼓入压缩空气，可使渠中的污水在池中呈螺旋状向前流动。由于旋流和上升泡的冲刷作用，黏附在砂粒表面的有机物容易脱离，使沉砂中的有机物含量仅为 5%左右，便于后续处理。③旋流沉砂池是利用机械力控制水流流态与流速、加速沙粒的沉淀并使水流带走有机物的沉砂装置。旋流沉砂池具有占地少、除砂效率高、操作环境好、设备运行可靠等特点，但对水量的变化有较严格的要求，对细格栅的运行效果要求较高。

(2) 沉淀池。沉淀池的作用是依靠重力作用使密度大于水的悬浮杂质与水分离。一般粒径大小在 20～100 μm 的颗粒可以直接通过沉淀池去除，较小的颗粒特别是胶体颗粒则不能直接利用沉淀池分离。根据沉淀池内的水流方向，沉淀池通常有平流沉淀池、竖流沉淀池和辐流沉淀池三种基本形式，如图 2-4 所示。

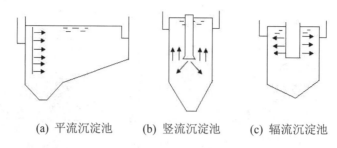

(a) 平流沉淀池   (b) 竖流沉淀池   (c) 辐流沉淀池

图2-4 沉淀池的三种基本形式

平流沉淀池应用于地下水位较高及地质条件较差的地区，适用于大、中、小型污水处理厂；竖流沉淀池一般适用于处理水量不大的小型污水处理厂，具有占地少、深度大的特点，应用于地质情况较好、地下水位较低的地区；大、中型污水处理厂则广泛采用辐流沉淀池。另外，根据浅层沉淀池的原理在沉淀池内设置斜管或斜板构成斜管或斜板沉淀池，它一般适用于小型污水处理厂，在给水处理厂应用较多。沉淀池的排泥有重力排泥、泵吸排泥等不同的方式，有些沉淀池还设有机械驱动设备以带动池表面的刮渣板和池底的刮泥板。

(3) 隔油池。石油开采与炼制、煤化工、石油化工等行业的生产过程中，会排出大量的含油废水。此外，食堂污水以及施工过程中车辆的冲洗水中也含有大量的油性物质。油的相对密度一般小于1，只有重焦油的相对密度大于1，如果油珠粒径较大，在水中呈悬浮状态，可利用重力进行分离，这类构筑物称为隔油池。隔油池的种类很多，常用的有平流隔油池和斜板隔油池。

平流隔油池与沉淀池相似，废水从池的一端进入，从另一端流出，由于池内水平流速很小，进水中的油滴在浮力作用下上浮，并聚集于池的表面，被设在池表面的集油管和刮油机收集。斜板隔油池的结构如图2-5所示。

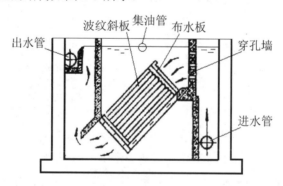

图2-5 斜板隔油池

(4) 气浮池。气浮池是向废水中通入空气，产生足够多、高度分散的细小气泡，使得水中悬浮颗粒和气泡相结合，利用高度分散的微小气泡作为载体黏附于废水中的悬浮污染物，使其浮力大于重力和阻力，从而使污染物上浮至水面，形成泡沫，然后用刮渣设备自水面刮除泡沫，实现固液或液液分离。气浮过程包括气泡产生、气泡与颗粒物附着、上浮分离等连续步骤。实现气浮法分离要具备三个必要条件：一是必须向水中提供足够数量的微细气泡;二是去除的目标污染物必须呈悬浮状态;三是必须使目标污染物具有疏水性质。当水中某些悬浮物具有亲水性时,需要进行必要的预处理,投加浮选药剂把亲水性污染物变为疏水性污染物后,才能使用气浮方法进行去除。产生气泡的方法主要有电解、分散空气和溶气三种。溶气气浮是目前主要采用的方法,它将空气在一定压力下溶解于水中,并达到过饱和的状态,然后将其减压释放出来,形成气泡。全溶气方式加压溶气气浮法流程如图 2-6 所示。

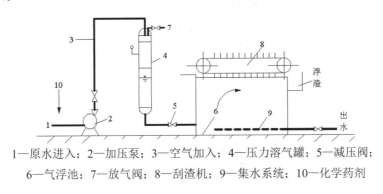

1—原水进入;2—加压泵;3—空气加入;4—压力溶气罐;5—减压阀;
6—气浮池;7—放气阀;8—刮渣机;9—集水系统;10—化学药剂

图 2-6　全溶气方式加压溶气气浮法流程

3. 过滤法

过滤法是利用过滤介质截留废水中的悬浮物,从而使废水得到净化的处理方法。进行过滤操作的构筑物称为滤池,当废水自上而下通过滤料床层时,其中细小的悬浮物和胶体就被截留在滤料的表面和内部空隙中。过滤介质的粒径和材料,取决于所需滤出的悬浮粒子的大小、废水的性质、过滤速度等因素。在废水处理中,常用的滤料有石英砂、无烟煤粒、磁铁矿粒、白云石粒、花岗岩粒以及聚苯乙烯发泡塑料球等,其中以石英砂使用最广。

2.2.2　废水的化学处理法

废水的化学处理法主要有化学混凝法、中和法、化学沉淀法、氧化还原法等,相应的处理设备或单体构筑物有混凝反应池、中和池、化学沉淀池和氧化还原反应池等。

1. 化学混凝法

化学混凝法处理的对象,主要是水中的胶体污染物。由于布朗运动、微粒间的静电斥力以及颗粒表面的水化作用等原因,胶体能在水中长期保持悬浮稳定的状态而难以从水中沉淀分离。在废水中投加混凝剂后,破坏了胶体颗粒的稳定状态,胶体微粒之间或因电位降低而消除了静电斥力,或通过高分子混凝剂的吸附架桥及沉淀物网捕作用,使胶体颗粒之间相互凝聚形成较大的微粒,该过程称为混凝过程。混凝过程在混凝反应池中进行,需要一定的停留时间和适当的搅拌,搅拌的方式有水力搅拌和机械搅拌两种,相应地反应池可分为水力搅拌反应池和机械搅拌反应池。隔板反应池是一种常用的水力搅拌反应池,如图 2-7 所示。通过混凝反应逐渐"长大"的微粒再通过沉淀池或过滤池从水中分离出来。

因此，使用化学混凝法的同时必须使用物理处理法才能将胶体污染物从水中去除。

图 2-7　隔板反应池平面图

水处理中能够起混凝作用的化学药剂非常多，按其成分可以分为无机混凝剂和有机混凝剂两种，按分子量大小可分为常规低分子混凝剂和高分子混凝剂。常用的混凝剂有硫酸铝、氯化铝、硫酸亚铁、三氯化铁、生石灰与聚合氯化铝、聚合硫酸铁、聚合硫酸铝铁等。

2．中和法

工矿业生产中往往产生大量的酸碱废水，如金属酸洗废水、味精发酵废水以及铁矿采矿排水等都是典型的酸性废水，而造纸废水则是典型的碱性废水。酸碱废水除 pH 值偏离常值外，同时还含有大量的其他污染物质。中和法是处理酸性废水或碱性废水特有的方法，即调整废水的 pH 值使之接近中性，为进一步处理打下基础。

(1) 酸性废水的中和处理。酸性废水最常用的中和处理方法有酸性废水和碱性废水混合法、药剂中和法和过滤中和法。①若酸性废水与碱性废水同时均匀地排出，且两者各自所含的酸、碱量又能相互平衡，两种废水可以直接在管道内混合，无须设中和池；若废水的排放情况经常发生变化，则必须设置中和池进行中和反应。②药剂中和法能处理任何浓度、任何性质的酸性废水。其主要药剂包括石灰、碳酸钠、氢氧化钠、碳酸氢钠、电石渣、石灰石、白云石等，其中以石灰应用最广。利用工厂排放的碱液或碱渣，同样也能达到中和酸性废水的目的。③过滤中和法中和酸性废水是在填充碱性滤料的滤池中进行的，如图 2-8 所示。最常用的滤料有石灰石、大理石和白云石。

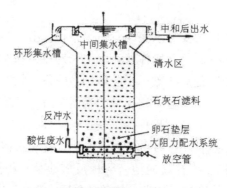

图 2-8　中和过滤池

(2) 碱性废水的中和处理。碱性废水的中和处理常常采用酸性废水和碱性废水混合、向碱性废水中鼓入烟道气或压缩二氧化碳气体、向碱性废水中投入酸性药剂等方法。烟道气中二氧化碳含量可高达 24%，还含有二氧化硫和硫化氢等气体，故可用来中和碱性废水。常向碱性废水中投加的药剂有硫酸、盐酸等，其中硫酸的价格较低，应用最广。

3. 化学沉淀法

向废水中投加某些化学药剂，使其与废水中的污染物发生化学反应，形成难溶的沉淀物的方法称为化学沉淀法。这种方法多用于去除废水中的汞、镉、铅、锌、铬、钙等金属离子。化学沉淀法的主要步骤包括化学沉淀剂的配制与投加、沉淀剂与废水的混合反应、所形成沉淀物与水的固液分离等。其主要设施包括药剂的溶解池、溶液池、化学反应池和沉淀池。化学沉淀法按照投加的化学剂种类分为氢氧化物沉淀法、硫化物沉淀法、碳酸盐沉淀法、铁氧体沉淀法等。如使用硫化物沉淀法处理含汞废水，需在弱碱条件(pH=8～9)下进行。通常先向含汞废水中投加石灰乳和过量的硫化钠，使硫离子与废水中的汞离子反应，生成难溶的硫化汞沉淀。

$$Hg^{2+} + S^{2-} = HgS\downarrow \tag{2-2}$$

$$2Hg^+ + S^{2-} = Hg_2S = HgS\downarrow + Hg\downarrow \tag{2-3}$$

4. 氧化还原法

向废水中加入氧化剂或还原剂，使废水中的污染物质和投加的物质发生氧化还原反应，转变为无毒无害(如 CO_2、H_2O 等)或微毒的新物质，这种方法称为氧化还原法。

(1) 氧化法。若废水中的有毒污染物处于还原型，则可通过加入氧化剂将其转变为无毒的氧化型，该方法称为氧化处理法。通过氧化作用可以对废水进行脱色、消除臭味、降低 BOD 含量、消毒。废水处理中最常用的氧化剂是空气，臭氧及氯气、次氯酸钠、漂白粉、漂白精等氯系氧化剂。

(2) 还原法。在废水处理中，若有毒污染物处于氧化型，可以利用还原剂将其转变为无毒的还原型，这种方法称为还原处理法。还原法通常用于含汞废水、含铬废水等的处理，常用的还原剂有铁屑(粉)、锌粉、硫酸亚铁等。如在酸性条件下，利用硫酸亚铁化学还原剂将六价铬还原成三价铬，然后再加入碱使三价铬成为氢氧化铬沉淀而去除，其反应为

$$Cr_2O_7^{2-} + 6Fe^{2+} + 14H^+ = 2Cr^{3+} + 6Fe^{3+} + 7H_2O \tag{2-4}$$

$$CrO_4^{2-} + 3Fe^{2+} + 8H^+ = Cr^{3+} + 3Fe^{3+} + 4H_2O \tag{2-5}$$

加碱(一般加废碱和石灰乳)调节废水 pH=8.5～9，发生如下沉淀反应：

$$Cr^{3+} + 3OH^- = Cr(OH)_3\downarrow \tag{2-6}$$

2.2.3 废水的物理化学处理法

物理化学处理法是利用物理化学反应的作用分离、回收污水中的污染物。其主要方法有吸附法、离子交换法、膜分离法等，相应的处理设备或单体构筑物有吸附柱或塔、离子

交换柱或塔、电渗析器、反渗透装置等。物理化学处理法多用于处理工业废水。

1. 吸附法

吸附法处理废水是利用多孔性固体材料表面的物理和化学性能,去除废水中多种污染物的方法。根据吸附剂表面吸附力的不同,吸附分为物理吸附和化学吸附两类。物理吸附是指吸附剂和吸附质之间通过分子间力所产生的吸附,而化学吸附是由于化学键作用而产生的吸附,水处理吸附往往是上述两种吸附综合作用的结果。

在废水处理中,吸附剂的种类很多,如颗粒活性炭、磺化煤、木炭、焦炭、硅藻土、沸石、锯末、炉渣等,其中颗粒活性炭是最常用的吸附剂。由于吸附剂价格较贵,而且吸附法对进水的预处理要求高,因此多用于给水处理或废水的深度处理,以去除废水中的微量污染物。在许多工业废水的处理中,颗粒活性炭吸附装置往往起到后续的精处理作用。吸附饱和后的吸附剂需要进行再生,即在吸附剂本身的结构基本不发生变化的情况下,用某种方法将吸附质从吸附剂微孔中除去,恢复它的吸附能力。

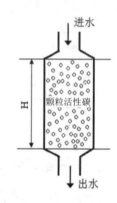

图 2-9 颗粒活性炭吸附柱

吸附法处理装置大体可分为固定床、移动床和流化床三种类型,吸附剂固定填放在吸附柱(或塔)中的称为固定床;移动床是指在操作过程中定期地将接近饱和的一部分吸附剂从吸附柱中排出,并同时将等量的新鲜吸附剂加入柱中;流化床则是指吸附剂在吸附柱内处于膨胀状态,悬浮于由下而上的水流中。图 2-9 为固定床颗粒活性炭吸附柱的示意图。

吸附法多用于去除废水中的微量有害物质,包括用生化法难以降解或用一般氧化法难以氧化分解的有机物,如杀虫剂、洗涤剂等,以及一些重金属离子,如处理含汞量低的废水,也常用于去除水中的异味。

2. 离子交换法

离子交换法是指借助置于溶液中的离子交换剂(树脂),在一定条件下,将离子交换剂上的可交换离子与溶液中的其他同性离子进行交换反应而去除水中有害离子的方法。根据可交换离子的选择性,离子交换树脂可分为阳离子交换树脂和阴离子交换树脂两种,而每类树脂又有强弱之分。离子交换过程可以看作是固相的离子交换树脂与液相废水中电解质之间的化学置换反应,该反应一般是可逆的。阳离子交换树脂的交换过程反应式可表达为

$$RH + M^+ \longleftrightarrow RM + H^+ \tag{2-7}$$

式中,RH 为离子交换剂,M^+ 为溶液中的交换离子,RM 为交换后的饱和交换剂。

离子交换树脂在交换吸附达到饱和后,失去交换能力,必须再生才能使用,即使离子交换反应逆向进行,以恢复树脂的离子交换性能。

在工业废水处理中,离子交换法主要用于去除废水中的金属离子,如电镀含铬废水的处理或含汞废水的处理。离子交换法处理装置与活性炭吸附装置基本相似,在填装交换树

脂的交换柱(或塔)中进行，根据树脂在柱(或塔)中的状态。离子交换设备主要分为固定床、移动床和流动床，其中使用最广泛的是固定床。

3. 膜分离法

膜分离法是利用选择透过性膜对废水中的杂质进行分离、浓缩的方法。根据膜孔的大小及过滤时的动力，膜分离法可分为微滤(MF)、超滤(UF)、纳滤(DF)、反渗透(RO)、电渗析(ED)等。近年来，膜分离技术发展很快，在水与废水处理、化工、医疗、轻工和生化领域得到大量应用。其中，在水处理中常用的膜分离法有反渗透法、超滤法和电渗析法。

(1) 反渗透法。反渗透法是以压力为驱动力的膜分离技术。如果用半渗透膜将纯水和某种溶液隔开，水分子就会自动地透过半渗透膜进入溶液一侧，这种现象称为渗透，如图 2-10(a)所示。在渗透过程中，纯水一侧液面不断下降，溶液一侧液面不断上升。当液面不再变化时，渗透过程便达到了平衡状态，此时两液面的高度差称为该溶液的渗透压。如果在溶液一侧施加大于渗透压的压力，则溶液中的水就会透过半透膜流向纯水一侧，溶质被截留在溶液一侧而使溶液浓度增加，这种作用称为反渗透，如图 2-10(b)所示。实现反渗透过程需要具备两个条件：一是必须有高选择性和高透水性的半渗透膜；二是操作压力必须高于溶液的渗透压。

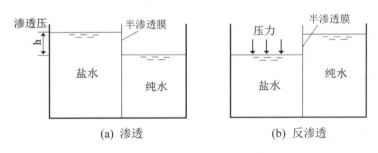

图 2-10　渗透与反渗透

在给水处理中，反渗透法主要用于苦咸水和海水的淡化；在废水处理领域，反渗透法主要用于去除与回收重金属离子，去除盐、有机物以及放射性元素等。

(2) 超滤法。超滤法的基本原理是指在压力作用下，废水中的溶剂和小的溶质粒子从高压侧通过膜进入低压侧，大分子和微粒被膜阻挡，使废水和杂质逐渐分离。从上述原理可看出，超滤法与反渗透法相似，也是靠压力推动力和半渗透膜实现溶质杂质与溶剂水的分离，但超滤膜的膜孔径比反渗透膜的膜孔径大，一般为 0.005~10 μm，反渗透膜膜孔径则为 0.000 45~0.06 μm，而且超滤所需要的压力比反渗透小，能在 0.1~0.5 MPa 的较低压力下操作，而反渗透的操作压力为 2~10 MPa。

在废水处理中，超滤法主要用于分离淀粉、蛋白质、树胶、油漆等有机溶解物，在工业废水处理中应用很广，如用于电泳涂漆废水、含油废水、含聚乙烯醇废水、纸浆废水、印染废水和放射性废水等的处理，还可用于从食品工业废水中回收蛋白质和淀粉等。

(3) 电渗析法。电渗析法是在直流电场的作用下，利用阴、阳离子交换膜对溶液中阴、阳离子的选择透过性,即阳膜只允许阳离子通过,阴膜只允许阴离子通过,使溶液中的溶质与水分离的一种水处理方法。在给水处理中,该方法多用于海水淡化制取淡水和工业用水,海水淡化电渗析原理如图 2-11 所示。该系统由一系列阴、阳膜交替排列于两个电极之间,组成许多由膜隔开的小水室。在直流电场的作用下,海水中的阴、阳离子进行透过性迁移,使一些小室中的离子浓度降低而成为淡化水室,与淡化水室相邻的小室则因富集了大量离子而成为浓盐水室,从而达到海水淡化的目的。

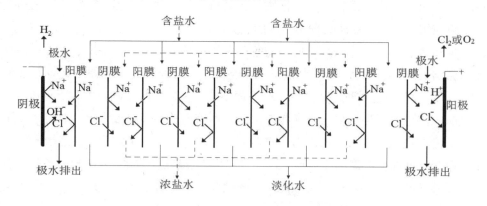

图 2-11　海水淡化电渗析原理示意图

在工业废水处理中,电渗析法可用于从碱法造纸废液中回收碱和木质素;从放射性废水中分离放射性元素;处理电镀废水、废液以及含有铜、锌、铬等金属离子的各种废水;从芒硝废液中制取 H_2SO_4 和 $NaOH$;从酸洗废水中制取 H_2SO_4 和重金属离子。酸洗废水回收硫酸和铁,以及芒硝废液回收硫酸和碱的工艺如图 2-12 所示。

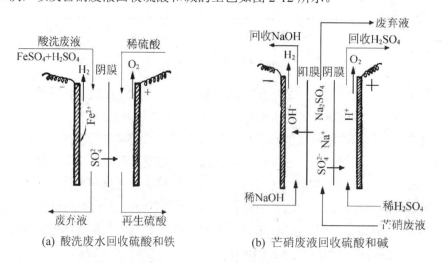

(a) 酸洗废水回收硫酸和铁　　　　(b) 芒硝废液回收硫酸和碱

图 2-12　酸洗废水回收硫酸和铁、芒硝废液回收硫酸和碱的工艺

2.2.4　废水的生物处理法

利用微生物的代谢作用把污水中呈胶体态和溶解态的有机污染物质转化为稳定的无害

物质，称为污水的生物处理法。按照生物处理设备中微生物的存在方式、供氧情况等，生物处理法可划分为几种不同的类型。

按照微生物(以污泥作为表现形式)在废水中的存在状态，生物处理法可划分为悬浮生物法和固着生物法两类。其中悬浮生物法又称为活性污泥法，它使微生物群体聚居在活性污泥上，并悬浮于污水中；固着生物法又称为生物膜法，它使微生物群体以膜状附着在某种物体的表面上。

根据对氧的需求不同，微生物可分为好氧微生物、厌氧微生物及兼性微生物。生物处理法有供氧和不供氧两种，相应地其存活的主要微生物类群也不相同。供氧的生物处理法通常称为好氧生物法，在这种系统中存活的主要是好氧微生物及兼性微生物；不供氧的生物处理法称为厌氧生物法，在其中存活的主要是厌氧微生物和兼性微生物。通常供氧的悬浮生物法称为活性污泥法，而厌氧的悬浮生物法称为厌氧消化法，这种习称已被人们普遍接受。目前常用的生物处理法如表 2-1 所示。

表 2-1　废水生物处理法分类

微生物存在形态	好氧生物处理	厌氧生物处理
悬浮生长	传统活性污泥法及其变形、氧化沟、氧化塘	厌氧消化池、上流式厌氧污泥床
固着生长	生物滤池、生物转盘、接触氧化法	厌氧滤池、厌氧生物流化床

1. 好氧生物处理

好氧生物处理是在有氧的条件下，借助好氧菌和兼性菌的代谢作用进行的。代谢机制如图 2-13 所示。

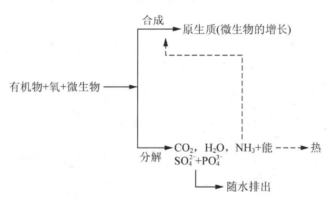

图 2-13　好氧生物处理的代谢机制

在处理过程中，废水中的有机物被微生物摄取后，通过微生物的代谢活动，一部分被氧化、分解为简单的无机物，并释放出大量的能量为微生物生理活动所用，另一部分则被合成为新的细胞物质，促使微生物增长繁殖。当有机物耗尽时，微生物将由于缺乏能量而死亡。好氧生物处理广泛应用于处理城市污水及有机性生产废水，主要有活性污泥法和生物膜法两种方法。

1) 活性污泥法

向富含有机物并有细菌的污水中连续不断地鼓入空气进行曝气，经过一段时间后，微生物大量繁殖生长，单个微生物会凝聚而形成较大的微生物团块，即生物絮体。其主体是以细菌、原生动物和后生动物所组成的活性微生物聚集体，还含有一些无机物、未被微生物分解的有机物以及微生物自身代谢的残留物，其结构松散，比表面积很大，对有机物有着强烈的吸附凝聚和氧化分解能力，并有良好的沉降性能，该生物絮体称为活性污泥。

以活性污泥为主体的生物处理法称为活性污泥法，它是处理城市生活污水使用最广泛的方法。活性污泥净化废水包括三个基本作用。①生物体的吸附。废水与活性污泥充分接触，形成悬浊混合液，废水中的污染物被比表面积巨大且表面上含有糖类黏性物质的微生物吸附和黏连。在很短时间(20~30 min)内，就可以去除75%以上的有机物(BOD)，使有机物含量迅速降低。②微生物的代谢。在有氧的条件下，吸收进入微生物细胞体内的污染物通过图 2-13 所示的代谢机制被降解，该过程相对较慢，所需时间比吸附时间长得多。③凝聚与沉淀。代谢阶段合成的菌体逐步形成絮凝体，通过重力沉淀从水中分离出来，使水得到净化。因此，使用活性污泥法处理废水，必须要在生物反应池(曝气池)后增加沉淀池进行活性污泥和水的固液分离，固液分离的好坏直接影响出水水质。

活性污泥法处理系统通常由曝气池、二次沉淀池、污泥回流系统、曝气系统和剩余污泥排放系统组成，如图 2-14 所示。废水经预处理后，进入曝气池与活性污泥充分接触混合形成混合液，经过一段时间的曝气，有机污染物被活性污泥吸附、分解和合成代谢而浓度降低，活性污泥由于新合成的细胞物质而增加，不断增殖的污泥称为剩余污泥。混合液从曝气池流入二次沉淀池，使活性污泥沉降下来而与水分离，水澄清流出。沉降下来的活性污泥，大部分通过污泥回流系统回流到曝气池，以供应曝气反应池进行生物反应所需的微生物，剩余的污泥由剩余污泥排放系统排出。曝气系统供给曝气池生物反应所需的氧气，并起混合搅拌作用，使活性污泥处于悬浮状态，有利于污泥、污染物和氧气更有效地接触。

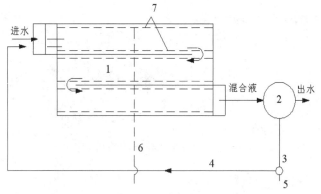

1—活性污泥反应器(曝气池)；2—二次沉淀池；3—污泥泵站；4—回流污泥系统；
5—剩余污泥；6—来自空压机站的空气；7—曝气系统与空气扩散装置

图 2-14 传统活性污泥法系统

2)　生物膜法

在处理构筑物中设置或投加载体，使废水在充分供氧的条件下与载体接触，废水中的微生物就在载体表面增殖，逐渐形成黏液生物膜，其主体由好氧微生物、微生物吸附和截留的有机物、无机物组成。以生物膜为主体的生物处理法称为生物膜法，是指让废水流过生物膜，在有氧条件下，借助于生物膜中微生物的代谢作用净化废水中的有机污染物。其净化机制与活性污泥法相同。生物膜净化废水如图 2-15 所示。

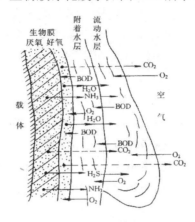

图 2-15　生物膜净化废水示意图

生物膜内具有厌氧、好氧两层以及二者之间的兼性部分。在好氧层外由于生物膜的吸附和黏着作用而存在一个附着水层，然后再过渡到流动水层。空气中的氧气溶于流动水层中，继而通过附着水层传递到生物膜，在生物膜内部可能因缺氧而出现厌氧层；污水中的有机物由流动水层经附着水层传递到生物膜上，同样由于物质扩散的限制，内部微生物可能难以直接接触到这些有机物。微生物的代谢产物包括好氧层产生的二氧化碳和水，也包括中间兼性好氧层产生的有机酸和厌氧层产生的氨气、硫化氢和甲烷等，这些代谢产物大多扩散到流动水层，也有部分在穿越好氧层时进一步被微生物所利用，如氨氮可被硝化细菌氧化为硝酸盐氮、硫化氢可被氧化为硫酸根等，而有机酸则可能被厌氧层微生物利用。微生物同化所吸附的有机物，使生物膜逐渐变厚，其中厌氧层的增厚、气态代谢物的扩散等都会削弱生物膜与载体之间的黏着力，若辅以适当的水力冲刷或空气振动作用，则表层的生物膜可能会脱落下来，形成生物膜剩余污泥，此过程称为生物膜更新。脱落下来的生物膜随水流出，在后续沉淀池中沉淀，使废水得以净化。

按照处理装置的外形、构造以及生物膜在装置中的存在方式，生物膜法处理装置主要分为生物滤池、生物滤塔、生物转盘、生物接触氧化池以及生物流化床五种。图 2-16 所示是三种有代表性的生物膜法处理装置。

曝气生物滤池的主体如图 2-16(a)所示，可分为布水系统、布气系统、承托层、生物填料层、反冲洗系统五个部分。池底设承托层，其上部为滤料层，在承托层设置曝气用的空气管、空气扩散装置以及处理水集水管，处理水集水管兼作反冲洗进水管。污水从上部进入滤池，通过由填料组成的滤层，在填料表面形成有微生物栖息的生物膜。在污水经过滤层的同时，空气从填料底部通入，由填料的间隙上升，与向下的污水相向发生接触，空气中的氧转移到污水中，并经附着水层向生物膜上的微生物提供充足的溶解氧和丰富的有机物。在微生物的新陈代谢作用下，有机污染物被降解，污水得到了处理。

生物接触氧化池是一种浸没曝气式生物滤池，填料淹没在池水中自由摆动，是曝气池和生物滤池综合在一起的处理构筑物。如图 2-16(b)所示，接触氧化池由池体、填料及支架、曝气装置、进出水装置和排泥管道等组成。与固定式填料相比，生物接触氧化池的自由摆动填料免安装支架，具有安装方便、检修容易、成本低廉等优点，同时填料摆动时生物膜与废水产生相对运动，强化了生物膜面的紊流，提高了生物膜的活性，从而提高了污水处理的效果，但运行过程中需要避免填料相互缠绕。

生物转盘广泛应用于印染、造纸、皮革和石油化工等行业的废水处理中。如图 2-16(c)所示，生物转盘的主体是垂直固定在水平轴上的一组圆形盘片和一个与之配合的半圆形水槽。微生物生长并形成一层生物膜附着在盘片表面，40%~50%的盘面浸没在废水中，盘面上半部敞露在大气中。工作时，废水流过水槽，电动机转动转盘，盘片上的生物膜与大气、废水轮流接触，浸没时吸附废水中的有机物，敞露时吸收大气中的氧气。在转盘转动过程中，盘片上的生物膜完成吸氧、吸收有机污染物、分解污染物的循环。

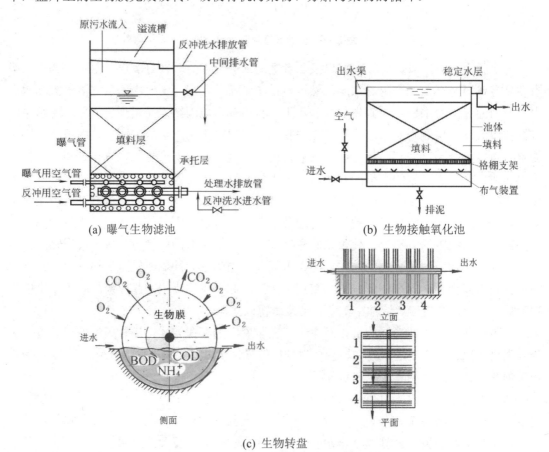

(a) 曝气生物滤池

(b) 生物接触氧化池

(c) 生物转盘

图 2-16　代表性的生物膜法处理装置

2．厌氧生物处理

厌氧生物处理是在断绝供氧的条件下，利用厌氧微生物和兼性微生物的生命活动过程，使废水中的有机物转化成较简单的有机物和无机物的过程。在过去很长一段时间里，厌氧生物处理法仅限于处理粪便和污水处理厂的污泥，又被称为厌氧消化。近年来，对于高浓度有机废水，如屠宰场废水、发酵工业废水、羊毛洗涤废水等，厌氧生物处理法已成为一种主要的处理方法，一般是先用厌氧生物处理法处理，然后再用好氧生物处理法进行后处理。因此，厌氧生物处理多用于高浓度有机废水和粪便、污泥的处理。

厌氧生物处理是一个复杂的生物生化过程，根据复杂有机物在生化过程中的物态及物性变化，可将厌氧生物处理过程分为四个阶段，如图 2-17 所示。

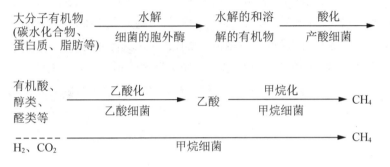

图 2-17　复杂有机物的厌氧分解过程

第一阶段为水解阶段，废水、污泥中的高分子或不溶性大分子有机物，如蛋白质、多糖类、脂类等，在细菌释放的胞外酶作用下水解，转化为氨基酸、葡萄糖和甘油等水溶性的小分子有机物。第二阶段是酸性发酵阶段，小分子水解产物进入各类产酸细菌的细胞内，在内酶的作用下，被代谢成更简单的丁酸、丙酸、乙酸、甲酸等挥发性有机酸和醇、醛以及二氧化碳、氢、氨、硫化氢等无机物，与此同时，产酸细菌也利用部分物质合成新的细胞物质，并释放能量。第三阶段为乙酸化阶段，在产氢产乙酸细菌的作用下，第二阶段产生的各种有机酸被分解转化成乙酸、氢气、二氧化碳以及合成新的细胞物质等。第四阶段是产甲烷阶段，产甲烷细菌将乙酸、乙酸盐、二氧化碳、氢等转化为甲烷、二氧化碳并合成新的细胞物质。这个过程由两组生理上不同的产甲烷菌完成，一组把氢和二氧化碳转化成甲烷，另一组是从乙酸或乙酸盐脱羧产生甲烷，前者约占总量的 1/3，后者约占总量的 2/3。

虽然厌氧消化处理过程可分为以上四个阶段，但是在厌氧反应器中，四个阶段是同时进行的，并保持某种程度的动态平衡。该平衡一旦被 pH 值、温度、有机负荷等因素所破坏，则产甲烷阶段首先受到抑制，导致低级脂肪酸的积存和厌氧进程的异常变化，甚至导致整个消化过程停滞。因此，产甲烷菌是控制厌氧消化效率和成败的主要微生物。

厌氧消化处理工艺中常用的设施有污泥厌氧消化池、化粪池、厌氧生物滤池、升流式厌氧污泥床反应器(UASB)等。

1) 污泥厌氧消化池和化粪池

污泥厌氧消化池的结构如图 2-18(a)所示，主要由污泥投配系统、排泥及溢流系统、沼气排除和收集储备系统、搅拌和加温系统组成。污泥投配管一般位于池内泥位上层，排泥管一般布置在池底，溢流管装置有倒虹吸式、大气压式、水封式三种，其作用为避免消化池的沼气室与大气直接相通。沼气的储存一般采用储气柜，储气柜的容积按照平均日产气体体积的 25%～40%计算。污泥厌氧消化池的搅拌有沼气搅拌和机械搅拌两种方式，沼气搅拌具有无机械磨损、搅拌充分，还可促进厌氧消化、缩短消化时间等优点；而机械搅拌设备在池内锈蚀严重，现在一般不主张使用。消化池加温的目的是使消化过程在确定的中温或高温下进行，可以采用热水或蒸汽加温。

化粪池是一种利用沉淀和污泥厌氧消化的原理，去除生活污水中悬浮性有机物的处理设施，属于初级的过渡性生活污水处理构筑物，其结构如图 2-18(b)所示。生活污水中含有大量粪便、纸屑、病原虫等有机性悬浮物，污水进入化粪池经过 12～24h 的沉淀后，可去除 50%～60%的悬浮物，上层的液体排出进入城市污水管道。沉淀下来的污泥经过 3 个月以上的厌氧发酵分解，使污泥中的有机物分解成稳定的无机物，然后定期将污泥清掏外运填埋或用作肥料。化粪池的清掏周期与粪便污水温度、气温、建筑物性质及排水水质、水量有关，《建筑给水排水设计规范》(GB 50015—2019)规定清掏周期一般为 3～12 个月。

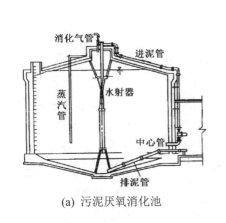

(a) 污泥厌氧消化池

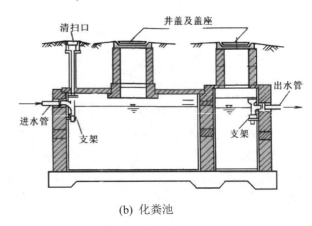

(b) 化粪池

图 2-18　污泥厌氧消化池和化粪池

2) 厌氧生物滤池和升流式厌氧污泥床反应器

厌氧生物滤池和升流式厌氧污泥床反应器的结构如图 2-19 所示。厌氧生物滤池一般采用升流方式运行，其早期填料采用碎石、焦炭等，后来为提高其比表面积、孔隙率和滤料高度，蜂窝、波纹塑料等材料逐渐得到应用，其比表面积可由原来的 40～50 m²/m³ 提高到 100～200m²/m³，孔隙率可从 50%～60%提高为 80%～90%，滤料层高度则由早期的不宜超过 1.5 m 提高到 5 m 左右。厌氧生物滤池具有无须另设泥水分离和污泥回流设备，也无须进行搅拌和污泥脱气，污泥浓度高，泥龄长，耐冲击负荷能力较强等优点，但它的缺点是容易堵塞，且堵塞后没有简单有效的清洗方法。因此，悬浮物浓度高的废水不适宜用厌氧生物滤池处理。

(a) 厌氧生物滤池　　　　　　　(b) 升流式厌氧污泥床反应器

图 2-19　厌氧生物滤池和升流式厌氧污泥床反应器

升流式厌氧污泥床反应器是在厌氧生物滤池的基础上逐渐发展起来的，是一种污泥悬浮生长型的厌氧硝化反应器，简称 UASB 反应器。反应器由底部进水区、中部含大量厌氧污泥的反应区、顶部气-液-固三相分离器、沼气罩以及出水区五部分组成。反应区下部为浓度较高的污泥层，即颗粒污泥床，上部为浓度较低的悬浮污泥层。废水从反应器的底部进入，向上流动的废水和反应区内沼气的上升对污泥床起到了一定的浮升和搅拌作用，使污水穿过污泥区时与污泥得以充分接触，并引起污泥床的内部循环。硝化器中的气、液、固混合液上升到顶部的三相分离器中得到有效分离。三相分离器是 UASB 处理系统的重要部分，它对污泥床的正常运行和保证出水水质起到十分重要的作用。UASB 反应器不设机械搅拌设施，污泥进行自身回流，因而动力消耗低。

3. 厌氧-好氧联合生物处理

氮、磷是引起水体富营养化的主要元素，要控制水体的富营养化，就必须从控制废水中的氮、磷含量着手，对排放废水进行脱氮除磷处理。因此，以微生物的好氧和厌氧生物处理法为基础的脱氮除磷工艺逐渐发展了起来。

1)　生物脱氮

生物脱氮是在微生物的作用下，将有机氮和 NH_3-N 转化为 N_2 的过程。废水中存在着有机氮、NH_3-N、NO_x-N 等形式的氮，其中以 NH_3-N 和有机氮为主要形式。在生物处理过程中，有机氮主要是通过氨化作用、硝化作用和反硝化作用三个阶段被脱除的，而 NH_3-N 的去除则主要由硝化作用和反硝化作用两个阶段来实现，生物脱氮过程如图 2-20 所示。由于氨化反应速度很快，在一般废水处理设施中均能完成，故生物脱氮的关键在于硝化和反硝化反应。

氨化作用指的是在氨化细菌的作用下，有机氮被分解转化为 NH_3-N 的过程，该过程在好氧、厌氧和缺氧条件下均可进行。硝化反应是指在有氧状态下，好氧微生物利用无机碳作为碳源，将 NH_3-N 转化成 NO_2-N，然后再氧化成 NO_3-N 的过程。该过程包括两个阶段，第一阶段是由亚硝酸菌将氨氮(NH_3-N)转化为亚硝酸盐氮(NO_2-N)，第二阶段是由硝酸细菌将亚硝酸盐氮转化为硝酸盐氮(NO₃-N)。硝化阶段要大量耗氧，且由于生成 H⁺而使废水的 pH 值下降，所以该过程要提供充足的氧气和适当投加碱来保证硝化系统的适宜 pH 值。反硝化反应是在缺氧状态下，由反硝化细菌将亚硝酸盐氮、硝酸盐氮还原成气态氮(N₂)的过程。该阶段不需要供氧，并产生碱度，反硝化细菌利用硝酸盐、亚硝酸盐中的氧作为供氧体即电子受体，以废水中有机物(污水中的 BOD 成分)即碳源作为电子供体提供能量。因此，保证足够的碳源是反硝化阶段正常运行的关键因素。

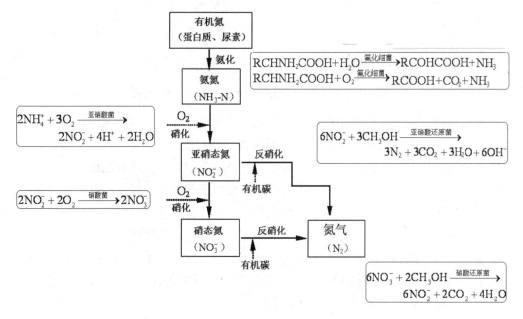

图 2-20　生物脱氮过程

20 世纪 80 年代初开发的缺氧(Anoxic)-好氧(Oxic)生物脱氮工艺，如图 2-21 所示。该工艺简称 A/O 工艺，是生物脱氮应用最广泛的工艺之一。

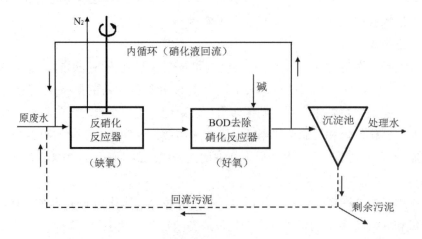

图 2-21　缺氧-好氧生物脱氮工艺

该工艺的主要特征为反硝化反应器设置在流程的前端，而去除 BOD、进行硝化反应的综合好氧反应器则设置在流程的后端。该工艺的优点是在进行反硝化反应时，无须外加碳源，可以利用原废水中的有机物直接作为碳源，把好氧反应器回流来的混合液中的硝酸盐反硝化成氮气。而且，在反硝化反应器中，由于反硝化反应而产生的碱度随出水进入好氧硝化反应器，可以补偿硝化反应过程消耗碱度的一半左右。此外，好氧硝化反应器设置在流程的后端，也可以使反硝化过程中残留的有机物得以进一步去除，无须增建后曝气池。但该工艺由于出水中含有一定浓度的硝酸盐，在二次沉淀池中，可能会发生硝化反应而影响出水水质。

分析与思考：

A/O 脱氮工艺将反硝化反应器前置的原因是什么？

2)　生物除磷

厌氧(Anaerobic)和好氧(Oxic)技术联用的生物除磷法是近 20 年来发展起来的新工艺，也简称为 A/O 工艺，如图 2-22 所示。它是由厌氧池和好氧池组成的、可同时去除废水中有机物和磷的处理系统。

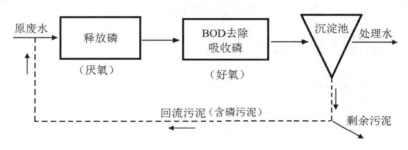

图 2-22　厌氧和好氧生物除磷工艺

生物除磷包括厌氧释磷和好氧吸磷两个过程。在厌氧条件下，除磷菌(聚磷菌)将体内积累的多聚磷酸盐分解为无机磷酸盐释放到废水中，并产生能量，这个过程称为"厌氧释磷"。"厌氧释磷"过程中产生的能量，一部分供聚磷菌自己生存，其余供聚磷菌吸收厌氧发酵产酸菌分解大分子有机物时产生的有机酸，并将有机酸合成聚β-羟基丁酸(PHB)储存于细胞内。在好氧条件下，聚磷菌将细胞内储存的 PHB 进行分解，并释放能量，产生的能量一部分供自己增殖，另一部分用于过量吸收废水中的磷酸盐，并转变成多聚磷酸盐储存在细胞内，这个过程称为"好氧吸磷"。在好氧阶段，以聚磷菌为主的活性污泥不断增殖，除了一部分回流到厌氧池外，其余的作为剩余活性污泥不断排出系统，从而实现生物除磷的目的。

3)　生物同步脱氮除磷

为了在一个处理系统中达到同时脱氮除磷，近年来研究了不少新的工艺，A^2/O 工艺(全称为 Anaerobic/Anoxic/Oxic，即厌氧-缺氧-好氧工艺)是一个典型代表，如图 2-23 所示。

废水先流入厌氧池与回流污泥混合，厌氧发酵菌将废水中的大分子有机物分解为有机酸，聚磷菌释放出体内的磷。在缺氧池中，反硝化细菌利用废水中的有机物和来自回流液中的硝酸盐进行反硝化反应，同时脱氮和去除有机物。在好氧池中，废水中的氨氮进行硝化反应生成硝酸盐氮，同时水中有机物进行氧化分解，聚磷菌过量吸收水中的无机磷酸盐并转变成多聚磷酸盐储存在细胞内，经沉淀分离后以富磷剩余污泥的形式从系统中排出。由此可见，厌氧-缺氧-好氧相互串联的系统能同时达到脱氮和除磷的目的。

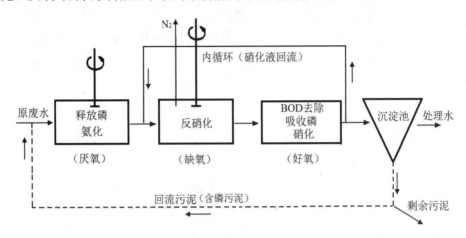

图 2-23　厌氧-缺氧-好氧生物脱氮除磷工艺

2.2.5　废水的生态处理法

在天然或人工的生态系统中，利用其中的微生物作用、土壤的物理化学特性净化废水的方法，称为生态工程技术处理法。生态处理系统一般包括人工湿地废水处理系统、废水土地处理系统和氧化塘等，其特点是所需基建和运行费用低，兼顾环境效益和经济效益，但占地面积一般比较大，因此，没有空闲余地时不宜采用。该方法特别适宜于小城镇及乡村使用。

1. 人工湿地废水处理系统

人工湿地是近 30 年来发展起来的一种废水处理新技术，是指通过模拟天然湿地的结构功能，选择一定的地理位置与地形，根据人们的需要设计建造和监督控制的工程化的沼泽地。人工湿地是在一定长宽比及地面坡度的洼地中，由土壤和基质填料混合组成填料床，并在填料床的表面种植水生植物，污水在床体的填料缝隙或床体的表面流动，形成一个独特的"基质-植物-微生物"生态系统。种植的水生植物一般是一些处理性能好、成活率高、生长周期长、根系发达、美观及具有经济价值的水生植物，如水葫芦、菹草、芦苇、美人蕉、富贵竹、马蹄莲等。按照系统中水流方式的不同，人工湿地可分为表面流人工湿地、水平潜流人工湿地和垂直流人工湿地三种类型。

人工湿地处理废水的原理较为复杂，一般认为主要有以下几个作用。①物理沉积，是指废水进入湿地，经过基质层及密集的植物茎叶和根系，使废水中的悬浮物固体得到过滤，并沉积在基质层中。②化学作用，是指废水中许多污染物可以通过化学沉淀、吸附、离子交换等化学过程得以去除。③生化反应，是指基质层中的微生物、湿地植物根系上的微生物的生化作用以及植物的吸收等。生化作用是人工湿地去除有机污染物的主要作用。

目前，人工湿地可以处理各种类型的废水，如日常生活污水、采矿废水、农业污水、垃圾渗出液、富营养水体等。人工湿地之所以被广泛地应用于各种废水处理中，主要有三个原因。①能够利用基质-微生物-植物组成的复合生态系统的物理、化学和生物三重协调作用去除废水中的悬浮物、有机物、氮、磷和重金属等，实现对污水的高效净化，同时通过营养物质和水分的生物地球化学循环，促进湿地植物生长并使其增产，实现废水的资源化与无害化。②具有投资低、耗能少、操作简单、运行成本低廉的特点，有较高的经济效益。③作为一个生态系统，人工湿地能维持生物多样性并构成景观的一部分，在去除污染物的同时，具有美化环境的功能，具有较高的生态效益。

2. 废水土地处理系统

土地处理系统是在人工调控下，利用土壤及其中的微生物、植物组成的生态系统使废水中的污染物得到净化的处理系统。土地处理系统净化废水的过程是土壤、植物和微生物三种生态系态的综合作用过程，表现在以下三方面。①充分利用了土壤的物理特性、物理化学特性和化学特性来净化废水，具体表现在废水中的悬浮物被表层土壤过滤截留，胶体和溶解性污染物被土壤颗粒吸附和离子交换，或与土壤中的某些组分生成络合物、氢氧化物、硫化物、磷酸盐等沉积于土壤中。②土壤中和植物根系上的微生物通过生化作用分解废水中的有机污染物，土壤表层是好氧生物处理带，表层以下依次分布着兼性和厌氧生物处理带。③植物不仅能吸收废水中的氮、磷和有机营养物供其生长，而且其根系可以增加土壤的透气性，同时还为微生物生长提供了良好的环境。由此可见，土地处理系统既是废水处理系统，又是废水利用系统。

土地处理系统按用途可分为废水灌溉系统、渗滤系统和地表漫流系统。废水灌溉系统是指通过喷洒或自流将废水排放到土地上以促进植物的生长，废水一部分被植物摄取，另一部分被蒸发和渗滤。渗滤系统是将废水排放至土地上，大部分经渗滤处理后进入地下水，小部分被蒸发掉，以净化回收水资源为主要目的。适于渗滤的土壤通常为粗砂、壤土砂或砂壤土。与废水灌溉不同的是，渗滤系统并不利用废水中的肥料，而是将处理后的水用于补充地下水。地表漫流系统的土壤通常为透水性差的黏土和黏质土壤，处理场地应平坦并有均匀而适宜的坡度，使废水排放到土地上时能顺坡成片地流动。地面上通常播种青草以供微生物栖息和防止土壤被冲刷流失。废水顺坡流下，一部分渗入土壤中，有少量被蒸发掉，其余经处理后流入汇集沟。这种方法主要用于处理高浓度的有机废水，如罐头厂的废水和城市污水。

3. 氧化塘

氧化塘又称生物稳定塘，是指利用水体中的微生物和藻类处理废水的一种天然或人工池塘，净化过程与自然水体的自净过程相似。细菌与藻类的共生关系构成了氧化塘净化废水的重要特征。在光照及温度适宜的条件下，藻类利用细菌分解废水有机物产生的二氧化碳、磷酸盐、铵盐等营养物生长并释放氧气，而细菌利用藻类光合作用产生的氧气降解有机物，生成藻类生长所需要的营养原料，从而构成共生系统，在共同作用下完成废水的净化。

根据微生物种类和氧气供应情况，氧化塘一般可分为好氧塘、兼氧塘、厌氧塘和曝气生物塘四类。好氧塘是一种菌藻共生的污水好氧生物处理塘，深度较浅，一般为 0.3～0.5 m。阳光可以直接射透到塘底，塘内存在着细菌、原生动物和藻类，由藻类的光合作用和风力搅动提供溶解氧，供好氧微生物对有机物进行降解。兼氧塘为中深塘，有效深度介于 1.0～2.0 m 之间。上层为好氧区，中间层为兼性区，塘底为厌氧区，沉淀污泥在厌氧区进行厌氧发酵。厌氧塘为深塘，塘水深度一般在 2 m 以上，最深可达 4～5 m。厌氧塘水中溶解氧很少，除表层外基本上处于厌氧状态。曝气生物塘为配备曝气机的生物塘，塘深大于 2 m，采取人工曝气方式供氧，塘内全部处于好氧状态。

重点提示：

掌握污水处理过程中的好氧生物处理和厌氧生物处理机制；人工湿地生态处理机制及其优点。

2.3　废水处理系统

废水处理的基本方法称为基本单元，每种基本单元都有其不同的处理机制，处理的污染物对象也有所不同。由于水中污染物多种多样，无法只用一种基本单元就把所有的污染物去除，因此，为了经济有效地去除污染物，使废水排放达到卫生要求或排放标准，往往需要将上述基本处理单元合理地组合成一个有机整体，该有机整体称为废(污)水处理系统。

2.3.1　废水的三级处理

废水处理按照不同的处理程度一般分为三级。

一级处理主要去除污水中的粗大颗粒和呈悬浮状态的不溶解污染物，如石块、砂石和脂肪、油脂、寄生虫卵等，主要应用物理处理法实现固液分离，采用的处理构筑物主要为格栅、沉砂池、初次沉淀池、气浮池等。经过一级处理，悬浮物质的去除率可达 70%～80%，但 BOD 的去除率只有 30%左右，污水净化效率较低，达不到排放标准，尚需进行二级处理，所以一级处理属于二级处理的预处理。

二级处理主要去除污水中呈胶体或溶解状态的有机污染物质(BOD、COD)，也可去除一部分悬浮物质。二级处理多采用经济有效的生物处理法，包括活性污泥法、生物膜法、SBR 法、氧化沟法、稳定塘法、土地处理法等多种方法，常用的处理构筑物主要有曝气池、生物滤池、二次沉淀池等。污染物在微生物的新陈代谢作用下被分解和合成，转变成无害的气体产物(CO_2)、液体产物(水)以及富含有机物的固体产物(微生物群体或称生物污泥)，经固液分离后，多余的生物污泥从污水中去除。经过二级处理，BOD 的去除率可达 90%左右，悬浮物质的去除效果得到进一步提高，出水水质一般能达到排放标准的要求，但可能会残存一些微生物、不能降解的有机物以及氮、磷等无机盐。如果污水需要再生回用，或有脱氮除磷的特殊要求，就必须进行三级处理。

三级处理主要是指在二级处理的基础上，进一步处理难降解的有机物、氮、磷以及其他的溶解性无机盐等，主要采用化学沉淀法、生物化学法、物理化学法等完成三级处理的要求，如生物脱氮除磷法、混凝沉淀法、砂滤法、活性炭吸附法、离子交换法、膜分离、消毒等。经过三级处理，出水水质进一步提高，处理效果好，但处理费用相对较高。

根据三级处理出水的具体去向和用途，其组成单元有所不同。若是为防止受纳水体富营养化，则需要采用除磷和脱氮的处理单元，如投加石灰或铝盐、铁盐形成难溶性磷酸盐沉淀的化学沉淀法，生物除磷的 A/O 工艺，生物硝化-反硝化的 A/O 脱氮工艺，以及同步脱氮除磷的 A^2/O 工艺等。若为了进一步去除二级处理出水中的难降解的有机物，可采用活性炭吸附法、臭氧氧化和活性炭吸附配合使用的方法。在去除无机物方面，可采用离子交换、电渗析和反渗透等处理方法，而在去除病原体方面，采用铝盐和铁盐混凝沉淀或臭氧杀灭病毒的方法，都能取得较好的效果。

分析与思考：

废水三级处理的组成单元与其出水的去向、用途的相关性。

2.3.2 城市污水处理系统

城市污水处理工艺流程的选择是一个复杂的问题，首先要考虑污水所要达到的处理程度和目标，而污水处理程度又取决于污水处理后的用途和去向。大多数城市污水处理厂采用的是以沉淀为主的一级处理和以生物处理为主的二级处理相结合的处理系统，如图 2-24 所示。

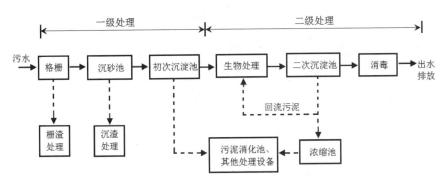

图 2-24 典型的城市污水处理工艺流程

整个流程为污水经过格栅进入沉砂池，在沉砂池中去除污水中的砂粒和杂质后，再进入初次沉淀池去除悬浮固体，以上构成了污水的一级处理。一级处理是所有工艺流程的必备工艺，但有时在原污水水质不利于脱氮除磷的情况下，初次沉淀池可能会被删去。初次沉淀池出水进入生物处理设施被微生物生物氧化，以去除可降解性有机物，然后进入二次沉淀池进行污泥与处理水的分离，二次沉淀池的出水最后再经过消毒排放。生物处理主要有活性污泥法和生物膜法，其中活性污泥法的反应器有曝气池、氧化沟等，生物膜法则包括生物滤池、生物转盘、生物接触氧化法和生物流化床等。

如果污水排放有脱氮除磷的特殊要求，或污水处理后要回用工业生产或生活，则需要在二级处理的基础上，增加脱氮除磷装置或串联其他物理、化学或物理化学处理单元，构成城市污水的三级处理系统，如图 2-25 所示。三级处理系统通常包括生物脱氮除磷法、混凝沉淀法、砂滤法、活性炭吸附法、离子交换法、电渗析法、超滤法和反渗透法等。

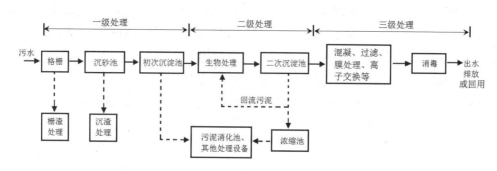

图 2-25 城市污水的三级处理工艺流程

2.3.3 工业废水处理系统

城市污水水质变化不大，对于其处理，人们在长期的研究和实践中积累了丰富的经验，因此处理方法的选择和工艺流程的确定比较成熟。而工业废水种类多、变化多，对它的处理与城市污水的处理有很大不同，处理方法的选择和工艺流程的确定必须建立在大量试验研究和工程实践的基础上，从不成熟到逐渐完善。图 2-26 所示为某些工业废水的处理工艺流程，由图 2-26 中可以看出，工业废水水质不同，则工艺流程差异较大。

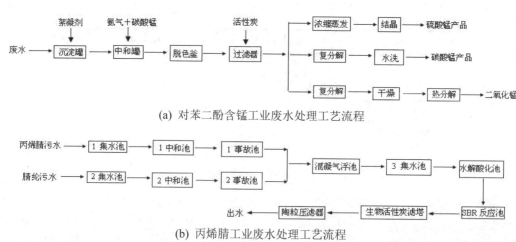

(a) 对苯二酚含锰工业废水处理工艺流程

(b) 丙烯腈工业废水处理工艺流程

图 2-26 工业废水的处理工艺流程

2.4　土木工程中的水污染与控制

工业与民用建筑、市政、交通等土木工程的建设，对促进国民经济的发展、城市环境的改善起了积极的作用，但其施工期和运营期造成的环境影响越来越受到全社会的关注。水对于人类来讲，是一种不能离开、不可缺少的重要物质，如果水环境受到污染，最终影响的必将是人类的生产与生活。因此，熟悉和掌握土木工程中可能产生废水的活动，以及相应的水污染防治措施，就可以在工程建设过程中，合理有效地对废水排放过程加以控制，使水环境免受污染，使水资源得以可持续利用。

2.4.1　土木工程中可能产生废水的活动

土木工程的施工期和运营期都有可能产生废水。对建筑工程来说，运营期排放的污水，基本由配套建设的排水管道收集排入城市污水管道系统，最终排放到城市污水处理厂进行处理，或由中水管道系统收集、处理、回用，对水环境的影响很小。因此，建筑工程对水环境的影响主要集中在施工期，而对污水处理厂一类的市政工程和公路、桥梁等交通工程来说，运营期的污水排放和渗漏引起的水污染则不可忽视，需要与施工期一样受到关注。就产生的废水性质而言，土木工程产生的废水主要包括生产污水、生活污水和地表径流。

1. 施工期

(1) 砂石料的生产。土木工程施工中经常涉及一些砂石料生产系统，如建筑工程中的水磨石作业、混凝土和砂浆的现场搅拌以及公路施工中的砂石加工与冲洗等，这些都会产生一定量的废水。根据对一般大型砂石料加工系统冲洗废水的监测显示，其废水量约为加工砂石方量的 3 倍，是一个较大的水污染源。砂石料废水的主要污染物为悬浮物，如处理不当，会造成地表水体水质污染，并加剧河道淤积。

(2) 混凝土的养护。新浇筑的混凝土需要浇水养护，所浇废水除了一部分被混凝土吸收外，其余的基本上是随地流淌形成养护废水。养护废水主要污染物是氢氧化物、水化铝酸钙等物质，pH 值较高，一般达 9~12，易碱化土壤。但混凝土的养护用水量少，而且蒸发吸收快，一般不会形成较大的地面径流进入地表水体，对环境影响较小。

(3) 施工机械设备和车辆的冲洗、检修。在土木工程施工中，通常离不开一些运输材料的施工车辆和施工机械设备，如挖掘机、装载机、压路机、夯实机械、打桩机等。冲洗这些设备和车辆会产生冲洗废水，机械设备的误操作、故障可导致油污的跑冒滴漏以及修理过程也会产生废水，这些废水中的主要污染物为石油类和悬浮物，若不处理直接排放，会造成附近地表水体和地下水的油污染和浊度增加。

(4) 开挖、钻孔、打桩。大桥施工会对水环境产生一定影响，如基础施工对水体影响最大的潜在污染是钻渣，大桥施工出渣量很大，若随意排放或泄漏将造成施工下游河道的淤塞和水质降低；挖泥在装载、运输过程中也会使淤泥落入水中，增加了水体中悬浮物的含量。除此以外，在地下水位高的软、硬土层中，采用泥浆护壁成孔灌注桩工艺时，会产生一定量的泥浆废水。泥浆是桩孔施工中的冲刷液，主要作用是清洗孔底、携带钻渣、平衡土压力，在孔壁形成泥皮，隔断孔内外渗流、护壁防塌、润滑和冷却钻头等。泥浆一般由水、黏土(膨润土)和添加剂组成，所以泥浆废水若不处理就随意排放，或泥浆池渗漏，对地下水、附近地表水都会产生不利影响。

(5) 降排地下水。在工程建设中，如果建筑物工程的施工现场地下水比较丰富，一般开挖基坑底较深时，不可避免地会遇到地下水。由于地下水的毛细作用、渗透作用和侵蚀作用均会对工程质量有一定影响，所以为了开挖基坑安全，保证工程的施工质量，或为使工程施工场地干燥、整洁，便于工程的顺利实施等，必须在施工中采取降水或隔水等措施解决这些问题。降水是指采取人工或机械设施把地下水位强行降低至施工底面以下，以消除地下水对工程的负面影响；而隔水是指在支护结构中采用隔水帷幕处理地下水，是用水泥土深层搅拌桩或压密化学注浆方法，对基坑四周土体进行处理，使其产生一圈不透水的隔水层，从而阻止四周来水向基坑内流入。相比隔水，降水对地下水的影响要强，不仅造成了地下水大量流失，改变了地下水的径流路线，而且还由于局部地下水位降低，导致邻近地下水向降水部位流动，地面受污染的地表水会加速向下渗透，对地下水造成更大的污染。

(6) 废弃物的不合理堆放和雨水冲刷。在土木工程施工中，通常会产生大量的建筑垃圾、生活垃圾以及废渣等固体废弃物，这些废弃物若投放到水体中，会造成水体的直接污染，若露天随意堆放，则会随着雨水径流引起附近水体污染，而部分装修装饰垃圾还含有有毒有害物质，如果处置不当就会随着雨水下渗到土壤中，影响地下水水质，严重的会造成地下水水源的污染。同时，建筑材料露天堆放时，被雨水冲刷也容易污染地表水体和地下水，如公路施工过程中，常用到一些沥青、油料、化学品等施工材料，若将其露天堆放，则很容易随着暴雨冲刷进入水体，造成污染。除此以外，施工场地、露天机械设备被雨水冲刷后同样也会产生含油含悬浮物的废水而污染附近水环境。

(7) 施工场地工人的生活。施工期，除了上述环节产生的生产废水外，在集中施工现场、施工营地，工人在日常生活中还会产生一定量的厨房用水、厕所卫生用水、洗涤用水等生活污水。其水质和一般的城市生活污水区别不大，主要包括有机物、氨氮、油脂、悬浮物等污染物，此外，还包括一定数量的细菌、病毒和寄生虫卵。因为施工期人员集中，特别是大型或特大型高速公路、桥梁、互通立交桥以及居住小区等的施工，施工人员可达数百人甚至数千人，所以施工期生活污水量极大，污染物浓度极高，一般要远远高于营运期生活设施的生活污水量和污染物浓度，若不采取必要的防治措施而将其随意排放，将会严重污染水体及周边环境，而且生活污水对混凝土构建也有明显的腐蚀作用。

2. 运营期

(1) 生产排放。污水处理厂运营期的生产废水主要是经过污水处理厂处理后的出水，如果出水达标排放的话，对于地区的水环境改善具有重要意义，但是如果处理厂管网不配套，管理跟不上，实际处理量达不到设计的处理能力，将造成污水超标排放，则污水处理厂就转化成为一个巨大的污染源。此外，公路上各种汽车行驶过程中产生的油污滴漏、列车运行过程中产生的油污滴漏等被雨水冲刷也会污染附近的水体。同时，车辆段检修车间含油污水的不合理排放，也会使大量油污流入水沟，使污水中油含量增加。

(2) 生活排放。公路沿线收费站和服务区等场所，人员日常生活产生的污水未经处理直接排入周边水体造成污染，从而危害水生生物和公众健康。

(3) 事故排放。城市污水管网在运行过程中，因某种原因损坏管道而引起污水外溢，或污水处理厂的事故排放等都会直接污染地表水；运输危险品的车辆在公路、桥梁等交通设施的跨河路段，或交通事故、储罐老化破裂等引起化学物品的泄漏和流淌，都会引起水质污染。

2.4.2 土木工程中的水污染控制

如上所述，工程建设中的诸多环节以及营运期都可能会产生一定量的废水，虽然废水量不是很大，但如果任其随意流淌或防治措施不当，也很容易造成水环境的污染。因此，针对土木工程中的不同废水，需要采取不同的防治措施进行污染控制。

1. 施工期的水污染控制

(1) 砂石料冲洗废水。砂石料生产系统的冲洗废水中悬浮物含量大。因此，凡需进行混凝土、砂浆等搅拌作业的现场和需要加工石材的现场，必须设置沉淀池，且要控制好废水的流向，防止随地漫流。冲洗废水在沉淀池内进行两次沉淀后，方可排入市政污水管道，部分废水澄清后可回用于工地现场洒水防尘。在公路施工过程中，混凝土搅拌站、砂浆拌和站不得设在敏感水体附近。未经沉淀处理的冲洗废水严禁排入城市排水管道或河流。

(2) 混凝土养护废水。混凝土养护时应尽量减少养护所用水量，也可改变养护方法，如直接用薄膜或塑料溶液喷刷在混凝土表面，待溶液挥发后，与混凝土表面结合成一层塑料薄膜，使混凝土与空气隔离。

(3) 机械、车辆的冲洗和检修废水。不得直接在水体中清洗使用过的用具和机械、车辆配件，应尽量要求施工机械和车辆到附近专门清洗点或修理点进行清洗和修理。若在施工现场进行冲洗，产生的污水应当经过沉淀隔油池处理后回用，而检修污水应经过隔油处理后排入市政污水管道。

(4) 开挖、钻孔、打桩引起的水污染。在桥梁施工期间，产生的施工废弃物和生活垃圾应运至岸上进行处理或设专人定期清理，并采取防止泥沙、物料跑冒滴漏入水体的措施，严禁向水体中排放。如在桥梁基础施工时，应采用围堰钻孔的形式，尽量减少钻孔时泥沙、钻渣对周围水质的影响，钻渣不得弃于河道、湖河滩地，更不得排入水体，应该经沉淀、晾晒后运至废土场堆放；挖泥在装载、运输过程中应加强管理，尽可能避免或减少淤泥落入水中。除此以外，针对桥墩基础施工时产生的泥浆废水，需要配备设有泥浆槽、沉淀池和储浆池的专用泥浆船，泥浆在护筒内循环使用不外排；而对建筑工程中的钻孔管桩产生的泥浆，必须在施工现场设置具有良好防渗性能的泥浆池进行收集和回用。同时应办理泥浆处置证，运输泥浆的车辆应按指定路线、时间行驶，在规定的接纳场所集中处置，严禁擅自将泥浆废水排入城市排水管道或河流。

(5) 降排地下水形成的污染。抽排地下水可能造成局部地下水位下降，导致局部地面下沉，有时还会引发地下水污染。因此，在施工场地出现需要处理地下水的情况时，应该结合该区域的土质、环境以及常用降水技术方法的适用范围等，选择合适的降水或隔水措施。如在缺水地区或地下水水位持续下降的地区，基坑降水时应尽可能少抽取地下水；对于弱透水地层中的浅基坑，当基坑环境简单、含水层较薄、水量较小、降水深度较小，且不易产生流砂、流土、潜蚀、管涌、淘空、塌陷等现象时，可考虑采用明沟集水排水法；而对较深的基坑排水，可采用井点降水法或其他措施；当降水量较大时，可能影响到基坑及周边环境正常使用的安全，或降水对地下水资源产生较大影响时，宜采用隔水或打井回灌等方法，但回灌应考虑上层水导入下层水时可能引起的地下水水质的变化。当基坑底为隔水层且层底有承压水作用时，要进行坑底突涌验算，必要时可采取封底隔渗或降压井抽水措施保证坑底土层稳定。

(6) 废弃物的不合理堆放和雨水冲刷形成的废水。施工中产生的生活垃圾应集中存放、集中管理并及时交由市政环卫部门统一处置，而对产生的施工废渣应组织分类、回收、储存，且应及时运走进行集中处置，不得直接排入水体。对有害施工材料的堆放应设篷盖，以减少雨水冲刷，对其储存池还应有严格的隔水层设计，同时做好渗漏液的收集和处理。对某些筑路材料，如沥青、油料、化学品等在运输过程中应防止泄漏，堆放场地不得设在灌溉水渠附近，以免随雨水冲入水体造成污染。

(7) 施工人员生活污水。施工人员产生的生活污水应采取相应的处理措施，不得向水体中直接抛弃或排放。对于建筑工程施工中的食堂污水，要设置简易有效的隔油池，污水经隔油池处理后方可排入市政污水管道，同时应加强隔油池的维护和定期掏油。在公路工程施工中，施工人员应尽量选择有污水排放系统的地点作为项目部所在地，方便生活污水进入城市排水管道系统；对于远离城市排水管网的施工营地，生活污水可设化粪池处理后用于农灌、肥田，也可在临时搭建的生活设施附近建设生物厌氧过滤池，使生活污水全部进入生物厌氧过滤池进行处理，达标后再排放，其中食堂污水应先经过隔油池预处理，再进入生物反应池处理，确保处理水达标，污水去向应远离沿线敏感水体；禁止将施工营地建在公路旁沿河一侧。任何施工营地的化粪池、厕所等均应采取防渗漏措施，以免污染地下水。

因降雨可能会在施工场地产生雨水地面径流，冲刷携带场地土壤和散落的各种污染物而污染附近水体，所以施工现场还应做好排水设施的建设，对工地道路进行全面整改，设置完善的施工临时排水系统，排水口应接入城市排水管道，并且在取得市政有关部门核发的《城市排水管道接管证》后方可接入。

除上述措施外，施工过程中应严格实施"环境监理计划"，委托有资质的单位对建设项目进行监理与监测，对施工全过程中的环保进行全面监测检查，真正做到预防为主，防

患于未然，把环境监理结果作为该项工程竣工验收的重要内容之一，严格把好环保关。

2．运营期的水污染控制

(1) 生产废水。对污水处理厂生产运营期产生的生产废水应控制其污水排放量及污水处理深度，厂区内部应实行雨污分流，有关职能部门应加强污水处理厂服务区范围内重点污染源的监管力度，督促企业加强重点污染源的治理及其污染治理设施的维护与管理，以提高治理设施的运转率，使服务区范围内的污水在进入城市污水管道系统时能达到污水处理厂的进水要求。对于列车运营期间油污滴漏引起的污染，则应加强车辆检查，尽量减少跑冒滴漏现象的发生。而车辆段检修车间含油污水的水质在很大程度上与工作人员的操作有关，所以应当通过加强职工环保意识来减少水污染。此外，对车辆段污水的处理设施也应加强管理，配备专职的环保管理人员进行监督和管理。

(2) 生活污水。公路沿线的服务区、停车场、收费站和管养工区等应安装污水处理设施，污水处理达标后用于绿化或排放至公路边沟。同时，要加强管理，污水处理设施要有专人养护，定期抽检处理后的污水，实现达标排放。

(3) 事故排放。公路、桥梁等交通设施的跨河路段，运输危险品车辆的风险事故概率虽然较小，但一旦发生并造成危险品泄漏，对水环境产生的影响将无法估计。因此，首先在运营期应高度重视，加强管理，防止污染事故的发生。其次，要保证公路沿河路段桥梁防撞护栏的强度，尽量减少车辆发生事故跌落水体污染环境的可能性；加强大桥路段桥梁防撞护栏、排水管的日常维护保养，发现防护栏被破坏、排水管破损、滴漏现象时应及时修补。最后，还要做好水源保护区的事故风险管理措施、应急计划和应急方案，防止化学危险品进入水源保护区，影响居民身体健康和安全。对污水处理厂要严防事故排放，并做好事故排放的应急预案及演练。

分析与思考：

事故排放废水对水环境的污染影响及其防治要点。

2.4.3　建筑中水回用

建筑中水回用指的是将建筑或建筑小区中人们生活过程中排放的生活污水、冷却排水，经过收集、水处理和管道输配等环节，回用于建筑或建筑小区。中水指的是水质介于自来水和污水之间、所收集污水处理后的水，可用作建筑物内部的冲厕用水，也可回用作为小区的绿化、景观、洗车、喷洒道路以及消防用水。而中水原水则是用作中水水源而未经处理的水，主要来自建筑物内部的生活污水。因此，对营运期的建筑工程来说，中水回用既是主要的节水措施，又是重要的水污染控制方法。

1．建筑中水系统的类型和组成

建筑中水系统按照服务范围和规模可分为单幢建筑中水系统、建筑小区中水系统和城市(区域性)建筑中水系统三大类。

(1) 单幢建筑中水系统。单幢建筑中水系统的中水水源取自建筑物本身内部的杂排水或优质杂排水。杂排水是指建筑内不包含粪便水的所有排水，而优质杂排水是指不包括粪便水和厨房排水的所有排水。该建筑物的生活给水和排水都应该是双管系统，即给水管网为生活饮用水管道和中水供水管道分开设置，排水管道为粪便排水管道和杂排水管道分开设置，或粪便、厨房排水管道和优质杂排水管道分开设置。

(2) 建筑小区中水系统。建筑小区中水系统的中水水源取自建筑小区内各建筑物排放的杂排水或优质杂排水。建筑小区和建筑物内部的生活给水和排水都应该是双管系统，即建筑小区和建筑物内部的生活给水管道为生活饮用水管道和中水供水管道双管系统，建筑小区和建筑物内部排水管道多为粪便排水管道和杂排水管道双管系统。

(3) 城市建筑中水系统。城市建筑中水系统一般以城市污水处理厂的二级处理出水为中水水源，在整个城市规划区内建立污水回用系统。室内室外给水管道必须设置成生活饮用水管道和中水供水管道分开的双管系统，而室外、室内的排水管道系统可不必设置成双管系统。目前区域性建筑中水系统应用得相对较少。

上述三种建筑中水系统均由中水原水系统、中水处理系统和中水供水系统三部分组成。

2. 中水原水的水质与水量

(1) 中水原水的水质。按照排水水质和污染程度轻重，中水原水可分为四大类：①冷却水，主要是空调机房冷却循环水中排放的部分废水，其特点是水温较高，其他污染物质含量较低；②沐浴、盥洗和洗衣排水，其特点是有机物和悬浮物的浓度相对较低，但皂液和洗涤剂含量较高；③厨房排水，主要包括厨房、食堂、餐厅在制作食物的过程中排放的污水，其特点是油脂、悬浮物和有机物含量高；④厕所排水，主要是指大便器和小便器排放的污水，其特点是悬浮物、有机物和细菌含量高。

中水水源应优先选用污染程度较低的生活污水，以降低处理费用。中水水源常分为三大类：①优质杂排水，包括冷却水、淋浴排水、盥洗排水和洗衣排水；②杂排水，包括上述优质杂排水和厨房排水；③生活污水，包括杂排水和厕所排水。多数情况下，中水水源采用杂排水和优质杂排水。

(2) 中水原水的水量。中水原水的水量是影响中水系统的水量平衡、中水处理规模、处理成本等的重要因素。因此，应根据各类建筑物的排水量合理确定中水原水的水量，但在实际工作中，各类建筑物的排水量是较难测定的。目前，大多数建筑物内作为中水水源的排水，按照用水量进行推算，一般取用水量的80%～90%进行计算。不同类型的建筑物的给水量不同，当没有准确资料时，也可按人均用水量标准进行计算。

3. 中水供水的水质与水量

(1) 中水供水的水质。中水用途较多，但无论何种用途，都必须保证回用的中水水质满足该用途的水质要求。中水水质应满足下列基本要求：①卫生要求，其指标主要有大肠菌群数、细菌总数、余氯量、BOD_5 等；②人们感观要求，即无不快的感觉，其衡量指标主要有浊度、色度、臭味、油脂等；③设备构造方面的要求，即水质不易引起设备、管道的严重腐蚀和结垢，其衡量指标有 pH 值、硬度、蒸发残渣和溶解性物质等。

为保证中水作为生活杂用水的安全可靠和合理利用，国家于 2003 年 5 月 1 日正式实施了《城市污水再生利用　城市杂用水水质》(GB/T 18920—2002)，并于 2020 年进行了修订。

(2) 中水用水量。中水用水量是指建筑物内各种杂用水的总用水量。对于一般住宅和办公楼，中水可用作冲洗厕所、清洗道路、道路喷洒、绿化浇水、水景、洗车、冷却等。在确定中水用水量时，必须区分中水的用途，按不同的用途分别确定其用量，如对于绿化浇水、水景、道路喷洒等用途的中水量，可参照《建筑给水排水设计标准》(GB 50015—2019)提供的用水定额资料确定。

4．建筑中水处理工艺流程

按水处理方法的不同，中水处理可分为以生物处理为主、以物理化学处理为主和以膜处理为主的三大类处理工艺流程。因为建筑物所排废水的污染物主要为有机物，所以绝大部分处理工艺流程是以物化和生物处理为主的，生物处理又以生物膜法中的接触氧化法最常用。中水原水不同，中水处理工艺流程相应也就不同，但无论何种处理流程，预处理和后处理都是必不可少的。预处理一般采用格栅和调节池，除去大的悬浮物和漂浮物，并对水质水量进行均化调节，后处理一般包括消毒灭菌环节。

【知识拓展 2-3】　污水处理工艺

重点提示：

掌握土木工程施工期，容易产生水污染的活动和防治措施；公路、桥梁等交通工程运营期，事故排放对水环境的影响及防治要点；建筑工程运营期所产生污水的综合利用，即建筑中水的相关知识。

本 章 小 结

本章着重介绍了水环境和水资源的概念、水资源的社会循环及健康的用水理念；水体中常见的污染物及其危害、水质指标及其内容；废水的物理、化学、生物、物化、生态以及脱氮除磷等处理方法；废水的三级处理和处理系统；土木工程建造期和运营期容易产生水污染的活动以及采取的污染控制措施；建筑中水的概念；中水原水的水质和水量；中水供水的水质和水量；常见的建筑中水处理工艺流程。此外，还简要介绍了水体自净和自净机制；水环境容量的定义、计算和影响因素；相关的水环境质量标准和废水排放标准；水污染的控制方法；建筑中水系统的类型、组成等内容。

思 考 题

1. 什么是水的自然循环和社会循环？二者有何联系？

2. 在水的社会循环过程中，其健康的循环理念是什么？

3. 水体污染和水体自净是什么？水体自净的机制有哪些？

4. 水体中的主要污染物有哪些？如何表征水中有机物含量的大小？

5. 什么是水质指标？水质指标一般分几类？分别包括哪些指标？

6. 废水处理方法按作用原理可分哪几类？每种处理方法有哪些主要的处理单元？

7. 什么是废水的三级处理？各由哪些处理方法组成？

8. 土木工程施工中有哪些活动可能产生废水？应如何防治？

9. 在跨越河流的公路桥梁处，公路运营期有何污染风险？如何防治？

10. 什么是建筑中水回用？建筑中水回用有何优点？

11. 中水水源通常分为哪几类？分别包括哪些性质的污水？

第 3 章

大气污染及控制

学习目标

- 了解大气的组成、大气污染源及其类别。
- 熟悉常见的大气污染物，了解其危害。
- 了解相关的大气环境标准以及环境空气质量指数的概念。
- 掌握颗粒污染物的控制技术。
- 了解气态污染物的一般控制方法，重点掌握 SO_2 和 NO_x 的控制方法。
- 了解汽车排放的空气污染物种类，熟悉汽车尾气的控制技术及综合控制措施。
- 掌握土木工程中可能产生空气污染的活动及其污染控制方法。
- 熟悉建筑物室内主要的空气污染物、来源以及防控对策。

本章要点

本章主要学习常见的大气污染物及危害；与大气或空气环境有关的标准；颗粒污染物、气态污染物以及汽车尾气的控制技术。在此基础上，重点学习土木工程中容易产生空气污染的活动及控制方法；建筑物室内空气污染的防治措施等内容。

导读

大气是自然环境的组成部分，它为地球生物的生长与繁衍提供了必要条件。大气层不仅使生物免受太阳紫外线的有害辐射，而且直接参与人和生物的物质和能量代谢，故没有大气就没有地球上的生命，清洁的空气是一切生物生存的基本保证。因此，保护大气环境，珍惜头顶上这片湛蓝的天空，在高速发展的今天同样非常重要。

3.1　概　　述

3.1.1　大气的组成

大气是由多种气体及固体微粒、液体微滴(水汽)组成的混合物，包括恒定组分、可变组分和不定组分。

恒定组分主要包括大气中的氮(N_2，78%)、氧(O_2，20.95%)、氩(Ar，0.93%)以及微量的氖(Ne)、氦(He)、氪(Ke)、氙(Xe)等稀有气体，这些气体在地球上任何地方的近地层大气中的含量几乎是不变的。

可变组分主要包括大气中的二氧化碳和水蒸气等，其含量往往随地区、季节、天气变化和人类活动的状况而有所变化。

含有上述恒定组分和可变组分的空气，一般被认为是纯洁清净的空气。

大气中不定组分的来源主要有两方面。①自然界的火山爆发、森林火灾、海啸、地震等自然灾害引起的，由此形成的污染物有尘埃、硫、硫化氢、硫氧化物、氮氧化物、盐、恶臭气体等，这些不定组分进入大气中，一般可造成局部和暂时性的污染。②人类社会的发展，城市增多与扩大，人口密集，或由于城市布局不合理，环境管理不善等人为原因，使大气中增加或增多了某些不定组分，如煤烟、尘埃、硫氧化物、氮氧化物、碳氧化物等，这些不定组分达到一定浓度时，就会对人、动植物造成危害，继而对生态环境造成不良影响。人为因素是不定组分的最主要的来源，也是造成大气污染的主要根源。

3.1.2　大气污染及危害

1. 大气污染

按照国际标准化组织(International Organization for Standardization，ISO)给出的定义，大气污染是指由于人类活动或自然过程使得某些物质进入大气，呈现出足够的浓度，达到了足够的时间，并因此危害了人体的舒适、健康和人们的福利，甚至危害了生态环境的现象。

从大气污染的范围来说，大气污染大致可分为四类：局部地区大气污染，如某个工厂烟囱排气所造成的直接影响；区域大气污染，如工矿区或其附近地区或整个城市的大气污染；广域性大气污染，是指更广大地区或更大地域的大气污染，一般在大城市或大工业地带可能出现这种污染；全球性大气污染，是指跨国界乃至涉及整个地球大气层的污染，如温室效应加剧、臭氧层被破坏、酸雨等。

2. 大气污染源及分类

大气污染的主要来源是人为污染源，即人类活动向大气输送的污染物，根据不同的需要，可对人为污染源进行不同的分类。

1) 按污染源的存在形式

按污染源的存在形式，污染源可分为固定污染源和移动污染源。固定污染源是指排放污染物的装置、场所位置是固定的，如火力发电厂、烟囱、炉灶等；而移动污染源是指排放污染物的装置、场所位置是移动的，如汽车、火车、轮船、飞机等。

2) 按污染源的排放形式

按污染源的排放形式，污染源可分为点源、线源和面源。点源是指集中在一点或可当作一点的小范围内排放污染物；线源是指沿着一条线排放污染物，如汽车、火车、轮船、飞机等；面源是指在一个相对较大的范围排放污染物，如城市、经济开发区等。

3) 按污染源与地面的距离

按污染源与地面的距离，污染源可分为高架源和地面源。高架源是指在距地面一定的高度上排放污染物，如烟囱等；地面源是指在地面上排放污染物，如燃烧秸秆等。

4) 按污染发生的类型

按污染发生的类型，污染源可分为工业污染源、生活污染源、交通运输污染源和农业污染源。①工业污染源是指工业用燃料燃烧排放废气及工业生产过程中排放废气等，如火力发电厂、钢铁厂等燃料燃烧会有大量的污染物排入大气中，除此以外，化工厂、石油炼制厂、焦化厂、水泥厂等各种类型的工业企业，在将原材料制成成品的过程中，也会有大量的污染物排入大气中。②生活污染源是指民用生活炉灶和采暖锅炉燃烧煤炭排放出大量污染物，焚烧生活垃圾产生废气、城市生活垃圾堆放过程中分解发酵等也会产生污染物。特别是在冬季采暖时，生活污染源是一种不容忽视的污染源，往往使污染地区烟雾弥漫。③交通运输污染源是指汽车、火车、飞机、轮船等主要运输工具在运行过程中烧煤或石油产生大量的废气，特别是城市中的汽车，量大而集中，排放的污染物能直接侵袭人的呼吸器官，成为大城市空气的主要污染源之一。④农业污染源是指农业所用燃料燃烧产生废气、某些有毒农药的挥发、施用氮肥的分解以及养殖业排放的臭气等。

3. 大气中的主要污染物及危害

大气污染物是指由于人类活动或自然过程排入大气，并对人和环境产生有害影响的那些物质。大气污染物的种类很多，目前对环境和人类产生危害的大气污染物约有 100 种。按照存在方式，大气污染物可分为颗粒污染物和气态污染物两大类。

1) 颗粒污染物

颗粒污染物是指大气中分散的液态或固态物质，其粒径一般在 $0.000\,2\sim500\,\mu m$ 之间，具体包括尘、烟、雾等。尘和烟分别是粒径大于 1 μm 和小于 1 μm 的固体颗粒，雾则是指液体微粒，其直径可达 100 μm，一般由蒸汽凝结、液体喷雾、雾化以及化学反应形成，如水雾、酸碱雾、油雾。颗粒污染物按粒径大小可分为以下四种类型。

(1) 降尘。降尘是指粒径大于 10 μm 的颗粒物，因本身的重力作用，可迅速沉降于地面。降尘多来自土壤、岩石的风化或固体物料的输送、粉碎、研磨、装卸等过程，一般可被鼻腔和咽喉所捕集，不进入呼吸道。单位面积的降尘量可作为评价大气污染程度的指标之一。

(2) 飘尘。飘尘是指粒径小于 10 μm 的颗粒物，多见于燃料的燃烧、高温熔化和化学反应等过程。飘尘能长期在大气中飘浮，可进入呼吸道，故又称可吸入颗粒物(PM_{10})。许多有害气体和液体附着在飘尘上被带入到呼吸道深处，对人体产生较大的危害。因此，PM_{10}是大气环境中最引人瞩目的研究对象。

(3) 细颗粒物。在飘尘中，粒径小于等于 2.5 μm 的颗粒物称为细颗粒物($PM_{2.5}$)，因其容易在肺泡上沉积，又被称为可入肺颗粒物。$PM_{2.5}$来源广泛、成因复杂，既来源于燃煤、烧秸秆、烧烤、机动车出行、餐饮油烟、建筑施工扬尘、喷涂喷漆装修等一次颗粒物的排放，也来源于由二氧化硫(SO_2)、氮氧化物(NO_x)、挥发性有机物(VOCs)、氨(NH_3)等前体物发生二次反应生成的二次颗粒物。$PM_{2.5}$是造成灰霾天气的主要原因，相比 PM_{10}，二者来源基本相同，但 $PM_{2.5}$可深入到细支气管和肺泡，直接影响肺的通气功能，使机体处于缺氧状态，引发包括哮喘、支气管炎和心血管病等方面的疾病。而且 $PM_{2.5}$一旦进入肺泡，吸附在肺泡上就很难掉落，因而对人体健康和大气环境质量的影响更大。

(4) 总悬浮颗粒物(Total Suspended Particulate，TSP)。总悬浮颗粒物是指悬浮于空中，粒径小于等于 100 μm 的颗粒物，是目前大气质量评价中一个通用的重要污染指标。

颗粒物是影响城市空气质量的主要污染物，其危害可归纳为以下几方面：①遮挡阳光，使气温降低，或形成冷凝核心，导致云雾和雨水增多，影响气候；②使可见度降低，影响交通，使航空与汽车事故增加；③可见度低时需要照明，导致耗电和燃料消耗增加，空气污染也随之更严重，因而形成恶性循环；④飘尘和细颗粒物对呼吸系统的危害很大；⑤用四乙基铅作汽油的防爆剂时，可导致粒径小于 0.5 μm 的铅微粒排入空气中，危害很大。

2) 气态污染物

气态污染物是以分子状态存在的污染物，常见的有含硫化合物、含氮化合物、含碳化合物、碳氢化合物和卤素化合物等五大类。

(1) 含硫化合物。含硫化合物包括 SO_2、SO_3 和 H_2S，还有少量的亚硫酸和硫酸(盐)微粒。人为污染源产生的含硫化合物主要是 SO_2，部分是 SO_3，多来自含硫煤和石油的燃烧、石油炼制以及有色金属冶炼和硫酸制造等过程，天然污染源产生的含硫化合物主要是 H_2S，一般由有机物腐败产生，它在大气中存留时间很短，很快被氧化成 SO_2。SO_2 的腐蚀性较大，可破坏植物的叶面结构、腐蚀材料和损害人体的呼吸器官，与固体微粒结合时有特别的危险性。如在相对湿度较大，以及有催化剂存在时，可发生催化氧化反应生成 SO_3，进而生成硫酸盐或硫酸，硫酸盐或硫酸可形成酸性降水和硫酸烟雾。此外，SO_2 还可以在太阳紫外线的照射下，发生光化学反应，生成 SO_3 和硫酸烟雾。硫酸烟雾是强氧化剂，对人和动植物都有极大的危害，且在空气中可存留一周以上，能够飘移至 1 000 km 以外，可造成远离污染源以外的区域性污染。SO_2 之所以被视为重要的大气污染物，原因在于它是形成硫酸烟雾和酸雨的主要物质。

(2) 含氮化合物。含氮化合物主要为 NO、NO_2，除此之外，还有 N_2O、N_2O_3、N_2O_4 等多种化合物。人为污染源多来自燃料燃烧、汽车尾气、部分生产或使用硝酸的工厂排放的尾气等，天然源排放的含氮化合物主要来自土壤和海洋中有机物的分解以及闪电作用。在高温燃烧条件下，含氮化合物主要以 NO 的形式存在，最初排放的含氮化合物中 NO 约占 95%，它进入大气后可与空气中的氧气发生反应，若大气中有臭氧等强氧化剂存在时，在催化剂的作用下，能迅速被氧化成 NO_2，故大气中的含氮化合物普遍以 NO_2 的形式存在。NO_2 的毒性约为 NO 的 5 倍，可引起急性呼吸道病变和致命的肺气肿，也可毁坏棉花、尼龙等织物，以及损害植物，使柑橘落叶、发生萎黄病和减产。此外，NO 和 NO_2 还是消耗臭氧的一个重要因素，也是形成酸雨和光化学烟雾的重要物质。光化学烟雾的主要成分包括臭氧 (O_3)、过氧乙酸硝酸酯(PAN)、酮类、醛类等物质，对人体、植物和物体带来多方面的不利影响，如刺激眼睛和上呼吸道，引起哮喘病；臭氧会引起胸部压缩、刺激黏膜，出现头痛、咳嗽、疲倦等症状；臭氧能损害有机物质，引起植物毁坏；由于含有强氧化剂，光化学烟雾还能使橡胶制品老化、染料褪色、织物强度降低。

(3) 含碳化合物。含碳化合物主要为 CO 和 CO_2，多来源于煤、石油的燃烧和汽车尾气的排放。CO 是城市大气中数量最多的污染物，其人为污染源主要是来自燃料的不完全燃烧，而天然污染源来自海水的挥发，海水中 CO 过饱和程度很大，可不间断地向大气提供 CO。对于发达国家来说，城市空气中 80% 的 CO 是汽车排放的。在人体中，CO 能与氧气争夺血液中的血色素，使血液携带氧气能力大大降低，从而使人体缺氧而窒息。而 CO_2 是大气的正常组分，对人体无显著危害作用，之所以在大气污染问题中引起人们的普遍关注，原因在于它是"温室效应"气体，能引起全球性环境的演变，其人为污染源主要是来自矿物燃料的燃烧过程，天然污染源主要来自海洋的脱气和生物的生命过程。

(4) 碳氢化合物。碳氢化合物包括烷烃、烯烃、苯以及多环芳烃等，其人为污染源主要来自汽油燃料的不完全燃烧、有机物品的焚烧和有机化合物的蒸发等过程，而天然污染源主要由生物的分解作用产生的。其中，汽车废气是重要的来源。碳氢化合物的污染危害性表现在具有明显的致癌性，如多环芳烃等。另外，碳氢化合物也参与大气的光化学反应，生成有害的光化学烟雾。

(5) 卤素化合物。卤素化合物主要包括卤代烃、含氯化合物和含氟化合物三类。卤代烃的人为污染源主要来自一些有机合成工业，如三氯甲烷、四氯化碳、氯乙烯和氯氟甲烷等是重要的化学溶剂，也是有机合成工业的重要原料和中间体，在其生产和使用过程中，因挥发而进入大气。大气中的含氯化合物主要是氯气和氯化氢，氯气多来自化工厂、塑料厂以及自来水净化厂，而氯化氢主要来自盐酸制造，在空气中可形成盐酸雾。含氟化合物包括氟化氢(HF)、氟化硅(SiF$_4$)、氟硅酸(H$_2$SiF$_6$)，其主要污染源来自使用萤石、磷矿石和氟化氢的冶金工业、磷肥工业等。大气中卤素化合物含量过多时，也会给人类和植物带来不良影响，如空气中含氟化合物过多时，可使人的鼻黏膜溃疡出血，肺部有增殖性病变，儿童形成牙斑釉，严重时导致骨质疏松，容易发生骨折。对植物来说，含氟化合物从叶片的气孔进入到植物体内，可与叶片内的钙质反应生成难溶性氟化钙沉淀于局部，从而阻碍代谢机制，破坏叶绿素和原生质。

大气中的污染物若是直接从污染源排入大气，且其性质未发生改变，这类污染物称为一次污染物，若污染物是一次污染物与一次污染物之间或一次污染物和大气原有组分之间发生化学反应后生成的新的污染物，那么此类污染物常称为二次污染物。如以石油为能源时，排入大气的一次污染物(氮氧化物、碳氢化合物)，在太阳紫外线的作用下发生光化学反应，所形成的光化学烟雾就是典型的二次污染物;以煤为原料时，排放进入大气中的烟尘、SO$_2$ 等一次污染物，与水蒸气混合并发生化学反应所生成的硫酸烟雾，也是典型的二次污染物。

大气中的污染物组分与能源消费结构有密切关系。发达国家的能源以石油为主，大气污染物主要是 CO、SO$_2$、NO$_x$ 和碳氢化合物;我国能源以煤为主，主要的大气污染物则是颗粒物和 SO$_2$。

3.1.3 大气环境标准

为了控制和改善大气环境质量，保护人体健康和生态环境，根据《中华人民共和国环境保护法》和《中华人民共和国大气污染防治法》，国家制定了大气环境方面的有关标准，包括环境空气质量标准、室内空气质量标准以及大气污染物排放标准等。

1. 环境空气质量标准

2012 年 2 月，原环境保护部发布了《环境空气质量标准》(GB 3095—2012)，并于 2016 年 1 月 1 日在全国实施。2018 年 8 月，生态环境部会同市场监管总局又发布了《环境空气质量标准》(GB 3095—2012)修改单，修改了标准中关于监测状态的规定，并修改完善了相应的配套监测方法标准，实现了与国际接轨。该标准规定了环境空气功能区分类、标准分级、污染物项目、平均时间及浓度限值、监测方法、数据统计的有效性规定及实施与监督等内容，适用于全国范围的环境空气质量评价。

《环境空气质量标准》首次发布于 1982 年，并分别在 1996 年和 2000 年进行了两次修订，2012 年进行了第三次修订。此次修订的主要内容有调整了环境空气功能区分类，将三类区并入二类区;增设了粒径小于等于 2.5 μm 的细颗粒物浓度限值和臭氧 8h 平均浓度限值;收紧了粒径小于等于 10 μm 的颗粒物、二氧化氮、铅和苯并[a]芘等的浓度限值;收严了数据统计的有效性规定，将有效数据要求由 50%～75%提高至 75%～90%;更新了 SO$_2$、NO$_2$、

O_3 和颗粒物等的分析方法标准，增加了自动监测分析方法；明确了标准实施时间，规定新标准发布后分期分批予以实施。其中，$PM_{2.5}$ 和臭氧 8h 浓度限值的增加、分期分批实施是此次修订的最大特征，使得环境空气质量评价结果更加符合实际状况，更加接近人民群众的切身感受。要求 2012 年在京津冀、长三角、珠三角等重点区域以及直辖市和省会城市开展细颗粒物与臭氧等项目的监测，2013 年在 113 个环境保护重点城市和国家环境保护模范城市开展监测，2015 年覆盖所有地级以上城市。

环境空气质量功能区分为两类，一类区为自然保护区、风景名胜区和其他需要特殊保护的区域；二类区为居住区、商业交通居民混合区、文化区、工业区和农村地区。环境空气质量标准分为二级，一类区执行一级标准，二类区执行二级标准。

【知识拓展 3-1】　环境空气污染物浓度限值

2. 室内环境空气质量标准

在环境空气质量标准的基础上，针对日益受到重视的室内空气污染情况，为保护人体健康，预防和控制室内空气污染，原国家质量监督检验检疫总局、原国家环境保护总局、原卫生部于 2002 年联合发布了《室内空气质量标准》(GB/T 18883—2002)，并于 20 年后进行了第一次修订。2022 年 7 月 11 日，《室内空气质量标准》(GB/T 18883—2022) 由国家市场监督管理总局、国家标准化管理委员会批准发布，并于 2023 年 2 月 1 日起正式实施。该标准规定了室内空气质量的物理性、化学性、生物性和放射性指标及要求，描述了各指标的测定方法，适用于住宅和办公建筑物，其他室内环境可参照本标准执行。

《室内空气质量标准》(GB/T 18883—2022)规定的控制项目中，化学性污染物质不仅包括人们熟悉的甲醛(HCHO)、苯(C_6H_6)、氨(NH_3)、二氧化碳(CO_2)、一氧化碳(CO)、臭氧(O_3)，还包括可吸入颗粒物(PM_{10})、细颗粒物($PM_{2.5}$)、二氧化氮(NO_2)、二氧化硫(SO_2)、甲苯(C_7H_8)、二甲苯(C_8H_{10})、总挥发性有机化合物(TVOC)、三氯乙烯(C_2HCl_3)、四氯乙烯(C_2Cl_4)、苯并[a]芘(BaP)等，总共 13 项污染物质。其中，细颗粒物、三氯乙烯和四氯乙烯是新增加的三项指标；二氧化氮、二氧化碳、甲醛、苯和可吸入颗粒物五项指标的限值被更改；有三项关键参数进行了限值缩紧：二氧化氮的限值从 $0.24mg/m^3$ 调整为 $0.20mg/m^3$，甲醛的限值从 $0.1mg/m^3$ 调整为 $0.08mg/m^3$，苯的限值从 $0.11mg/m^3$ 调整为 $0.03mg/m^3$。

《室内空气质量标准》与《民用建筑室内环境污染控制规范》(GB 50325—2010)、《室内装饰装修材料有害物质限量》10 项强制性标准，共同构成了我国较完整的室内环境污染控制和评价体系。

【知识拓展 3-2】室内空气质量指标及要求

《室内装饰装修材料有害物质限量》10 项强制性标准主要包括《人造板及其制品中甲醛释放限量》(GB 18580—2017)、《溶剂型木器涂料中有害物质限量》(GB 18581—2009)、《内墙涂料中有害物质限量》(GB 18582—2008)、《胶黏剂中有害物质限量》(GB 18583—

2008)、《木家具中有害物质限量》(GB 18584—2001)、《壁纸中有害物质限量》(GB 18585—2020)、《聚氯乙烯卷材地板中有害物质限量》(GB 18586—2001)、《地毯、地毯衬垫及地毯胶黏剂有害物质释放限量》(GB 18587—2016)、《混凝土外加剂中释放氨的限量》(GB 18588—2001)、《建筑材料放射性核素限量》(GB 6566—2010)。

3. 大气污染物综合排放标准

为了实现环境空气质量标准，需要对污染源规定允许的排放量或排放浓度，以便直接对污染源进行控制，防止大气污染。《大气污染物综合排放标准》(GB 16297—1996)规定了33种大气污染物的排放限值，同时规定了标准执行中的各种要求。

1) 适用范围

在我国现有的国家大气污染物排放标准体系中，按照综合性排放标准与行业性排放标准不交叉执行的原则，锅炉执行《锅炉大气污染物排放标准》(GB 13271—2014)、工业炉窑执行《工业炉窑大气污染物排放标准》(GB 9078—1996)、火电厂执行《火电厂大气污染物排放标准》(GB 13223—2011)、炼焦炉执行《炼焦化学工业大气污染物排放标准》(GB 16171—2012)、水泥厂执行《水泥工业大气污染物排放标准》(GB 4915—2013)、恶臭物质排放执行《恶臭污染物排放标准》(GB 14554—1993)、汽车排放执行《汽车排放污染物限值及测试方法》(GB 14761—1999)、摩托车排气执行《摩托车和轻便摩托车排气污染物排放限值及测量方法(双息速法)》(GB 14621—2011)，其他大气污染物排放均执行该标准。

2) 指标体系

《大气污染物综合排放标准》设置了最高允许排放浓度、最高允许排放速率和无组织排放监控浓度限值三项指标。

通过排气筒排放的污染物，其最高允许排放浓度是指排气筒中的污染物任何1小时浓度平均值不得超过的限值；按排气筒高度规定的最高允许排放速率是指一定高度的排气筒，任何1小时排放污染物的质量不得超过的限值。任何一个排气筒必须同时遵守上述两项指标，超过其中任何一项均为超标排放。

对以无组织方式排放的废气，该标准规定了无组织排放的监控点及相应的监控浓度限值，其含义是指监控点的污染物浓度在任何1小时的平均值不得超过的限值。

3) 排放速率标准分级

《大气污染物综合排放标准》规定的最高允许排放速率，按污染源所在的环境空气质量功能区类别，执行相应级别的排放速率标准，即位于一类区的污染源执行一级标准(一类区禁止新、扩建污染源，一类区现有污染源改建执行现有污染源的一级标准)；位于二类区的污染源执行二级标准；位于三类区的污染源执行三级标准。

【知识拓展3-3】 大气污染物排放限值

分析与思考：

《环境空气质量标准》(GB 3095—2012)把环境空气质量功能区分为两类，即一类区和二类区，而《大气污染物综合排放标准》(GB 16297—1996)对现有污染源排放速率的标准分级规定为，位于一类区的污染源执行一级标准；位于二类区的污染源执行二级标准；位于三类区的污染源执行三级标准。新旧标准在执行上存在一定的不一致性。

3.1.4　环境空气质量指数(AQI)

为配合《环境空气质量标准》的修订，原环境保护部于 2012 年 2 月发布了《环境空气质量指数(AQI)技术规定(试行)》标准，并于 2016 年 1 月 1 日开始实施。

1. 空气质量指数(AQI)定义

空气质量指数(Air Quality Index，AQI)是定量描述空气质量状况的无量纲指数，是将常规监测的几种空气污染物浓度经过计算简化成为单一的概念性指数值形式，并分级表征空气污染程度和空气质量状况，具有简明、直观和使用方便的优点。根据我国空气污染的特点和污染防治重点，目前计入空气质量指数的项目为二氧化硫(SO_2)、二氧化氮(NO_2)、可吸入颗粒物(PM_{10})、一氧化碳(CO)、臭氧(O_3)和细颗粒物($PM_{2.5}$)。

2. 空气质量分指数(IAQI)计算方法

单项污染物的空气质量指数称为空气质量分指数(Individual Air Quality Index，IAQI)，其级别以及对应的污染物项目浓度限值如表 3-1 所示。

表 3-1　空气质量分指数及对应的污染物项目浓度限值

空气质量分指数	污染物项目浓度限值									
	二氧化硫(SO_2) 24 小时平均 ($\mu g/m^3$)	二氧化硫(SO_2) 1 小时平均 ($\mu g/m^3$)[1]	二氧化氮(NO_2) 24 小时平均 ($\mu g/m^3$)	二氧化氮(NO_2) 1 小时平均 ($\mu g/m^3$)[1]	可吸入颗粒物(PM_{10}) 24 小时平均($\mu g/m^3$)	一氧化碳(CO) 24 小时平均 ($\mu g/m^3$)	一氧化碳(CO) 1 小时平均 ($\mu g/m^3$)[1]	臭氧(O_3) 1 小时平均 ($\mu g/m^3$)	臭氧(O_3) 8 小时滑动平均 ($\mu g/m^3$)	细颗粒物($PM_{2.5}$) 24 小时平均 ($\mu g/m^3$)
0	0	0	0	0	0	0	0	0	0	0
50	50	150	40	100	50	2	5	160	100	35
100	150	500	80	200	150	4	10	200	160	75
150	475	650	180	700	250	14	35	300	215	115
200	800	800	280	1200	350	24	60	400	265	150
300	1600	(2)	565	2340	420	36	90	800	800	250
400	2100	(2)	750	3090	500	48	120	1000	(3)	350
500	2620	(2)	940	3840	600	60	150	1200	(3)	500
说明	(1) 二氧化硫(SO_2)、二氧化氮(NO_2)和一氧化碳(CO)的 1 小时平均浓度限值仅用于实时报，在日报中需使用相应污染物的 24 小时平均浓度限值。 (2) 二氧化硫(SO_2)1 小时平均浓度值高于 800 $\mu g/m^3$ 的，不再进行其空气质量分指数计算，二氧化硫(SO_2)空气质量分指数按 24 小时平均浓度计算的分指数报告。 (3) 臭氧(O_3)8 小时平均浓度值高于 800 $\mu g/m^3$ 的，不再进行其空气质量分指数计算，臭氧(O_3)空气质量分指数按 1 小时平均浓度计算的分指数报告。									

根据表 3-1 按照内插法计算各个污染物的空气质量分指数(IAQI)，具体的计算如式(3-1)所示。

$$IAQI_p = \frac{IAQL_{Hi} - IAQI_{Lo}}{BP_{Hi} - BP_{Lo}}(C_p - BP_{Lo}) + IAQI_{LO} \tag{3-1}$$

式中：$IAQI_p$——污染物项目 P 的空气质量分指数；

C_p——污染物项目 P 的质量浓度值；

BP_{Hi}——表 3-1 中与 C_p 相近的污染物浓度限值的高位值；

BP_{Lo}——表 3-1 中与 C_p 相近的污染物浓度限值的低位值；

$IAQI_{Hi}$——表 3-1 中与 BP_{Hi} 对应的空气质量分指数；

$IAQI_{Lo}$——表 3-1 中与 BP_{Lo} 对应的空气质量分指数。

3. 空气质量指数计算方法

当各个污染物的空气质量分指数(IAQI)计算完成后，可按照式(3-2) 计算空气质量指数(AQI)，即从各项污染物的 IAQI 中选择最大值确定为 AQI。

$$AQI = \max\{IAQI_1，IAQI_2，IAQI_3，\cdots，IAQI_n\} \tag{3-2}$$

式中：IAQI——空气质量分指数；

n——污染物项目。

4. 空气质量指数级别

根据计算所得的空气质量指数和表 3-2 行空气质量指数级别的划分。当 AQI 大于 50 时，将 IAQI 最大的污染物确定为首要污染物，若 IAQI 最大的污染物为两项或两项以上时，并列为首要污染物；IAQI 大于 100 的污染物则为超标污染物。

表 3-2 空气质量指数及相关信息

空气质量指数	空气质量指数级别	空气质量指数类别及表示颜色		对健康影响情况	建议采取的措施
0～50	一级	优	绿色	空气质量令人满意，基本无空气污染	各类人群可正常活动
51～100	二级	良	黄色	空气质量可接受，但某些污染物可能对极少数异常敏感人群健康有较弱影响	极少数异常敏感人群应减少户外活动
101～150	三级	轻度污染	橙色	易感人群症状有轻度加剧，健康人群出现刺激症状	儿童、老年人及心脏病、呼吸系统疾病患者应减少长时间、高强度的户外锻炼
151～200	四级	中度污染	红色	进一步加剧易感人群症状，可能对健康人群心脏、呼吸系统有影响	儿童、老年人及心脏病、呼吸系统疾病患者避免长时间、高强度的户外锻炼，一般人群适量减少户外运动

空气质量指数	空气质量指数级别	空气质量指数类别及表示颜色		对健康影响情况	建议采取的措施
201~300	五级	重度污染	紫色	心脏病和肺病患者症状显著加剧，运动耐受力降低，健康人群普遍出现症状	儿童、老年人和心脏病、肺病患者应停留在室内，停止户外运动，一般人群减少户外运动
>300	六级	严重污染	褐红色	健康人群运动耐受力降低，有明显强烈症状，提前出现某些疾病	儿童、老年人和病人应当留在室内，避免体力消耗，一般人群应避免户外活动

3.2　大气污染控制技术

与水污染控制相似，大气污染控制也需要采取各种措施和办法，将"防、管、治"三者有机地结合起来，严格控制废气的排放。

对污染源进行"防"控，同样是大气污染控制最根本的出发点。可以通过提倡清洁生产、改革工艺技术、改造生产设备、严格生产工艺操作、选配合适的原材料和能源等途径，尽可能地削减污染物的产生和排放量；也可以通过对废气或烟尘中有用物质的收集和回用、废热的回用、酸性废气作为碱性废水的中和药剂等途径，综合利用废气中的资源和能源，以减少污染物的最终排放量。

在大气污染"管"控方面，应着重做好以下工作。①应加强城市与工业区的环境规划与管理，合理的生产布局能够在有限的大气环境容量下，最大限度地减轻对区域大气环境的危害。因此，对于新建的工矿企业，应充分考虑当地的气象条件、地理条件等，选择合适的厂址，尽量避免在大盆地、山谷、海陆交界，以及每年逆温层或"事故日"频发的地方建设较大或较集中的工业区，同时还要考虑工厂区与居民区之间合理的卫生防护距离，并把工厂设在城市主导风向的下风向。②应积极实施区域集中供暖或供热。分散于千家万户的炉灶和密集的矮烟囱是大气烟尘的主要污染源，利用设在城市郊区的大热电厂和供热站代替分散的锅炉，是消除烟尘的有效措施。③应严格执行各项环境管理制度，如对新建企业、工业区域规划进行环境影响评价；对污染源集中的地区实行"污染物总量控制"；按照"谁污染谁治理"的原则，对污染者进行排污收费，或收缴"超标排污费"，并对污染行为进行行政或法律制裁等。④还应强化城市绿化工作，植被不仅能美化环境，还能调节空气湿度、温度，在过滤和吸附大气中的颗粒物、有毒有害气体等方面有显著作用。

在大气污染"治"控方面，污染单位产生的废气必须排放时，应采取相应的工程技术措施，对废气或烟尘进行净化处理，使其满足标准后再排放，同时考虑合理利用大气的环境容量和自净能力，建造烟囱实行高空排放。就技术原理而言，常用的废气或烟尘的处理方法包括物理法(如扩散稀释、沉淀、离心、阻挡、吸收)、化学法(如燃烧、催化氧化)、物理化学方法(如吸附)和生化方法(如生物滤池对废气的净化),这些处理方法和设备在工程应用中可以单独使用,但更多情况下,往往是组合成一个有机的处理工艺系统而使用。就大气污染物而言,颗粒污染物和气态污染物的处理、净化技术以及设备的选择等有一定的差异,加之交通运输尾气污染的特殊性和移动性,本节主要从颗粒污染物、气态污染物、汽车尾气三方面介绍相关的控制技术。

3.2.1 颗粒污染物控制技术

颗粒污染物控制是我国大气污染控制的重点,也是工业废气治理的重点,可以通过两种路径控制大气中颗粒污染物的含量,一是采用清洁的能源,改变燃料的构成,改进燃烧方式等,以减少燃烧过程中颗粒物的生成量;二是对燃烧后已经形成的颗粒污染物,在排放进入大气以前,采用除尘技术将颗粒物从废气中分离、回收,以减少最终排入大气中的颗粒污染物含量。除尘是烟尘控制的重点,实现除尘过程的设备装置称为除尘器或除尘装置。

依照除尘机制,可将除尘器分为机械式除尘器、过滤式除尘器、湿式除尘器、静电除尘器四类。

1. 机械式除尘器

机械式除尘器是依靠重力、惯性力和离心力等质量力的作用将尘粒从气流中去除的装置。其主要除尘形式有重力沉降室、旋风除尘器和惯性除尘器等。

(1) 重力沉降室。重力沉降室是利用尘粒与气体的密度不同,借助重力作用使尘粒从气流中自然沉降分离的除尘装置,如图 3-1 所示。含尘气体进入沉降室后,由于沉降室横断面扩大而使气体流动速度显著降低,大而重的尘粒便在重力的作用下,自然沉降落至灰斗之中,净化后的气体从出口风管流出,达到净化目的。

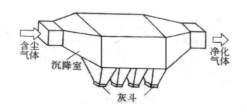

图 3-1 重力沉降室示意图

重力沉降室占地面积大,仅适用于去除粒径 50 μm 以上的尘粒,除尘效率为 40%~60%,属于低效除尘器,但具有结构简易、投资少、压力损耗低等优点,因此多作为收集粗颗粒的初级除尘手段,在钢厂、铝厂烟气净化中广泛采用。

(2) 旋风除尘器。旋风除尘器是利用旋转气流所产生的离心力将尘粒从含尘气流中分离出来的除尘装置,如图 3-2 所示。将含尘气体从切向入口导入除尘器的外壳和排气管之间,形成旋转向下的外旋流。在强烈旋转过程中,所产生的离心力将密度远远大于气体的尘粒甩向器壁，尘粒一旦与器壁接触便失去惯性力，在气流和自身的重力作用下沿壁面下落至除尘器下部，由排尘孔排出。旋转下降的气流在到达圆锥体底部后，沿除尘器的轴心部位转而向上，形成上升的内旋气流，并经排气管排出。

在普通操作条件下，作用于尘粒上的离心力是重力的 5～2500 倍，所以旋风除尘器的效率显著高于重力沉降室，除尘效率可达 80%以上，属于中效除尘器。旋风除尘器结构简单，易于制造、安装和维护管理，设备投资和操作费用都较低，是应用广泛的一种除尘器。旋风除尘器一般用于捕集粒径 5 μm 以上的颗粒，多应用于锅炉烟气除尘、多级除尘及预除尘，它的主要缺点是对粒径小于 5 μm 的细小尘粒去除效率不高。

(3) 惯性除尘器。惯性除尘器是依靠惯性力的作用从气流中分离粉尘的设备，如图 3-3 所示。

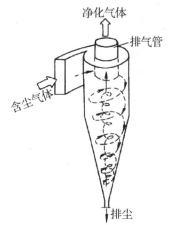

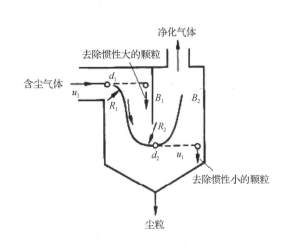

图 3-2　旋风除尘器示意图　　　　图 3-3　惯性除尘器示意图

当含尘气流冲击到挡板 B_1 上时，气流方向发生改变，绕过挡板，而气流中粒径较大的尘粒 d_1，由于惯性较大，不能随气流转弯，受自身重力作用落下被分离出来。气流继续流动时受挡板 B_2 阻挡，再次改变方向往上流动，而被气流携带的较小尘粒 d_2 由于惯性的作用撞击到挡板 B_2 而落下。通常情况下，惯性除尘器中的气流速度越高、气流方向转角越大、方向改变的次数越多、粒径越大，对尘粒的捕集效率就越高。

惯性除尘器通常适用于去除密度和粒径较大的金属或矿物性粉尘，也可用于去除雾滴，但不宜用来净化黏结性和纤维性粉尘。这类除尘器由于净化效率不高，常用作多级除尘的第一级，用来捕集粒径为 10～20 μm 的粗尘粒。

2. 过滤式除尘器

过滤式除尘器是利用多孔过滤介质分离捕集气体中固体或液体粒子的净化装置。按滤尘方式有内部过滤与外部过滤两种，如图 3-4 所示。内部过滤是把松散的多孔滤料填充在框架内作为过滤层，尘粒是在滤层内部被捕集；而外部过滤是用纤维织物作为滤料，通过滤料的表面捕集尘粒，如袋式除尘器，是过滤式除尘器中应用最广泛的一种。

袋式除尘器工作时，含尘气体从下部进入过滤室，较粗颗粒直接落入灰斗，含尘气体经滤袋过滤，粉尘阻留在过滤袋表面形成粉尘层，称为粉尘初层。粉尘初层形成后，成为袋式除尘器的主要过滤层，提高了除尘效率。随着粉尘在滤袋上积聚，滤袋两侧的压力差增大，会把已附在滤料上的细小粉尘挤压穿过滤料，从而使除尘效率下降。因此，沉积在滤料上的粉尘应及时清除，在机械振动的作用下从滤料表面脱落，落入灰斗中，但清灰不应该破坏粉尘初层。

袋式除尘器属于高效除尘器，除尘效率为 90%～99%，多应用于各种工业废气除尘中，但不适于处理含油、含水性粉尘以及高温含尘气体。

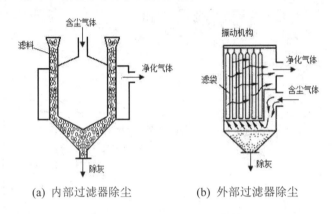

(a) 内部过滤器除尘　　　　(b) 外部过滤器除尘

图 3-4　过滤式除尘器示意图

3. 湿式除尘器

湿式除尘又称洗涤除尘，是利用液体所形成的液膜、液滴或雾沫洗涤含尘气体，如图 3-5 所示。含尘气体在运动中与液滴相遇时，气流开始改变方向，绕过液滴运动，而惯性较大的颗粒有继续保持其原来直线运动的趋势，从而导致液滴和颗粒之间发生惯性碰撞和拦截作用而被吸收，并随液体排出，使气体得到净化。

湿式除尘器能够处理高温、高湿气流，既能净化颗粒污染物，也能同时脱除气体中的气态污染物质，除尘效率较高，一般高于机械除尘器，可去除的粉尘粒径较小。但是湿式除尘器用水量大，容易产生腐蚀性液体，产生的废液或泥浆需要进行处理，否则可能会造成二次污染，而且在寒冷地区冬季容易发生冻结问题。

4. 静电除尘器

静电除尘器是利用高压电场产生的静电力将气体中的尘粒与气体分离的净化装置，如图 3-6 所示。整个分离过程经过了气体电离—粒子荷电—荷电粒子迁移—粒子沉积—粒子清除等阶段。

在放电极与集尘极之间施加很高的直流电压时，两极间形成一个非均匀电场，放电极附近电场强度很大，集尘极附近电场强度很小。放电极附近的气体在高压电场下被电离，电离后的自由电子和正离子被加速到很高的速度，使与其碰撞的中性分子电离，产生出更多的自由电子和离子参与导电。经过不断的碰撞，放电极周围产生了大量的自由电子和离子，发生电晕放电，所以放电极又称电晕极。电晕放电产生的大量电子及阴离子在电场作用下向集尘极迁移，在这个过程中，与悬浮在气流中的尘粒相撞并使其带上负电荷，实现了粒子荷电。荷电后的尘粒在电场作用下向集尘极作定向运动，到达集尘极表面后，尘粒上的负电荷与集尘极上的正电荷中和后，放出电荷沉积在集尘极上。当集尘极表面上的粉尘沉积到一定厚度时，用机械振打等方法，使其脱离集尘极表面而沉落到灰斗中。

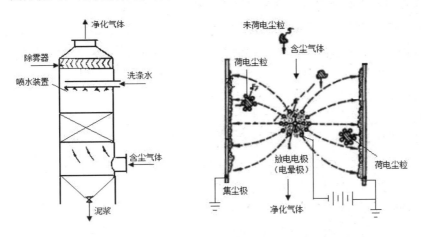

图 3-5　湿式除尘器示意图　　　　图 3-6　静电除尘器示意图

　　静电除尘器对细微粉尘及雾状液滴的捕集性能优异，除尘效率一般为 95%～99%，最高可达 99.9%，对于粒径小于 0.1 μm 的粉尘粒子，仍有较高的去除效率，属于高效除尘器，广泛应用于工业除尘。因分离作用力直接施加于粒子本身，故能耗低，且处理气体量大，可应用于高温、高压场合。其主要缺点是设备庞大，消耗钢材多，初期投资大，安装和运行管理技术要求较高。

　　分析与思考：

　　比较上述六种除尘设备的除尘效率，归纳高效除尘器、中效除尘器和低效除尘器包括的除尘设备及其使用场所。

3.2.2　气态污染物控制技术

　　废气在排放进入大气前，除进行除尘净化外，还须采用各种方法对有害气态污染物加以净化。在净化过程中，应考虑对其进行综合利用，回收利用其中的某些有用成分。

　　气态污染物在气体中以分子或蒸汽状态存在，属于均相混合物，所以不能像颗粒污染物那样，采用简单或机械的物理方法，依靠重力、离心力、电场力等各种外力就能与载体气流分开，而需要利用它与载体气流之间的物理性质、化学性质的差异，经过物理、化学变化，使污染物的物相或物质结构发生改变，从而实现分离或转化。因此，气态污染物的净化技术一般比较复杂，所需费用也比较高。

气态污染物种类繁多,成分复杂,以下首先介绍气态污染物的一般净化方法,在此基础上重点介绍大气中两种主要的气态污染物 SO_2 和 NO_x 的控制方法。

1. 一般净化方法

1) 吸收法

吸收法是以溶液、溶剂或水等液体作吸收剂,让废气与液体接触,利用溶液对气态污染物的溶解作用,将有害组分从气相中转入液相,从而使气体得到净化。吸收可分为物理吸收和化学吸收两类。物理吸收是利用气态混合物中不同组分在吸收剂中溶解度的不同,使气态污染物由气相溶入液相;而化学吸收则是污染物从气相转入液相后再发生化学转化,吸收过程中伴有明显的化学反应过程。在大气污染控制过程中,靠物理吸收很难达到排放标准规定的浓度要求,因此采用吸收法净化废气,通常采用的是化学吸收法。

吸收过程在吸收塔内进行。吸收设备可采用各种类型的填料塔,主要用于吸收 SO_2、H_2S、HCl、NO_2 等,填料塔结构如图3-7所示。填料的作用是增大气液接触面积,吸收剂自塔顶向下喷淋,沿填料表面下降,废气由填料的间隙上升,在填料表面气液接触进行传质吸收过程。

当填料层很厚时,中心部分的填料不能被充分润湿,所以常将其分成若干层,以使所有的填料都能被充分润湿。两相呈逆流接触,使高浓度废气被含污染物浓度高的液体吸收,低浓度废气被没有污染的液体吸收,可充分利用吸收剂,从而提高净化效率。

吸收法具有设备简单、捕集效率高、应用范围广、一次性投资低等特点,但废液的排出容易引起二次污染。

2) 吸附法

吸附法是利用表面多孔性固体物质作为吸附剂,将其与废气接触,废气中的气态污染物分子被吸附剂表面所捕集,使废气得以净化。吸附法分为物理吸附和化学吸附两类,当吸附剂表面和吸附质分子之间是靠分子引力产生的吸附为物理吸附;当二者之间是以化学键力产生的吸附,则为化学吸附。

常用的吸附剂有颗粒活性炭、吸附树脂、分子筛、硅胶和活性氧化铝等,这些物质都具有高度疏松的结构,巨大的比表面积,良好的再生能力,能大量地吸附各种气体。其中,以活性炭应用最广,它主要用来吸附有机废气,也可用来吸附 SO_2 和 NO_x。当吸附剂与废气接触一段时间后,吸附剂将达到饱和,此时需要对吸附剂进行再生,以恢复其吸附能力。

在吸附处理过程中,根据吸附剂在吸附设备中的流动状况,可将吸附器分为固定床吸附器、移动床吸附器和流动床吸附器。固定床吸附器因结构简单,操作方便,在工业上应用最多,其结构如图3-8所示。

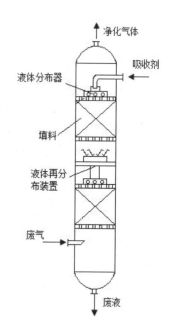

图3-7 填料塔结构示意图

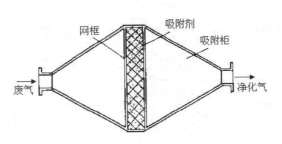

图 3-8 固定床吸附器

吸附法净化效果好，设备简单，可回收某些物质，但吸附容量小，吸附剂需再生，设备体积大。因此，该法特别适宜处理低浓度废气或高净化要求的场合。

3）冷凝法

冷凝法是根据气态污染物在不同压力和不同温度下具有不同的饱和蒸汽压，通过降低废气温度或提高废气压力的方法，使某些气态污染物过饱和而凝结成液体从气体中分离出来，达到净化、回收的目的。

冷凝法运行费用较高，对于低浓度有机废气不适用，仅适用于分离回收气体量较小、VOC_s 含量高的有机废气，而且其回收率与有机物的沸点有关，沸点较高时，回收率高，沸点较低时，回收效果不好，故冷凝法适用于高浓度和高沸点 VOC_s 的净化回收。由于大部分气体中的 VOC_s 含量不会太高，所以要达到较高的回收率，需要采用较低温度的冷凝介质或采用高压措施，这些势必会增加设备投资、提高处理成本，而且在通常的操作条件下，由于相平衡的制约，有机物蒸汽压较高，故冷凝器排气中 VOC_s 的含量仍不能达到排放标准。因此，此方法常作为吸附、燃烧等净化高浓度废气的预处理过程，以减轻后续工序的负荷。

4）催化法

催化法是在催化剂作用下，将废气中气态污染物转化为无害物质后排放，或者转化成其他更易除去的物质的净化方法。催化法有催化氧化法和催化还原法两种方法。催化氧化法是在催化剂作用下，将有害气体中的有害物质氧化为无害物质或更易处理的其他物质，如废气中的 SO_2 在催化剂五氧化二钒(V_2O_5)作用下被氧化为 SO_3 以回收硫酸；再如各种含烃类、恶臭物的有机化合物废气均可通过催化燃烧的氧化过程分解为 H_2O 与 CO_2 向外排放。催化还原法是在催化剂作用下，利用一些还原性气体如甲烷、氢、氨等物质，将有害气体中的有害物质还原为无害物质，如废气中的 NO_x 在催化剂作用下与 NH_3 反应生成无害气体 N_2。

催化剂又称触媒，是指能够改变化学反应速度和方向而本身又不参与反应的物质。在废气净化中，一般使用固体催化剂，它主要由活性组分、助催化剂及载体组成。活性组分是起催化作用的最主要成分，金属及其氧化物常用作气体净化催化剂，如铂(Pt)、钯(Pd)、钒(V)、铬(Cr)、锰(Mn)、铁(Fe)、钴(Co)、镍(Ni)、铜(Cu)、锌(Zn)等；助催化剂虽然本身无催化作用，但它与活性组分共存时可以提高活性组分的活性、选择性、稳定性和寿命；载体是活性组分的惰性支承物，它具有较大的比表面积，有利于活性组分的催化反应，增强催化剂的机械强度和热稳定性等。常用的废气催化法及其催化剂、载体、产物如表 3-3 所示。

表 3-3　常用的废气催化法、载体和产物

用　途	催化剂		催化产物
	主活性物质	载　体	
烟气催化	V_2O_5	SiO_2	无机酸(硝酸、硫酸)
氮氧化物催化	Pt、Pd	Al_2O_3-SiO_2	还原为氮气
	$CuCrO_2$	Al_2O_3-MgO	
碳氢化合物催化	Pt、Pd、Rh	Ni、NiO、Al_2O_3	二氧化碳、水
	CuO、Cr_2O_3、Mn_2O_3	Al_2O_3	
汽车尾气净化	Pt	硅铝小球、蜂窝陶瓷	氮气、二氧化碳、水

催化反应在催化反应器中进行，催化反应器有固定床和流化床两类，结构如图 3-9 所示。固定床催化反应器因结构简单、造价低廉、空间利用率高、床中静止的催化剂不易磨损、催化剂寿命长等优点而成为净化气态污染物的主要催化反应器。

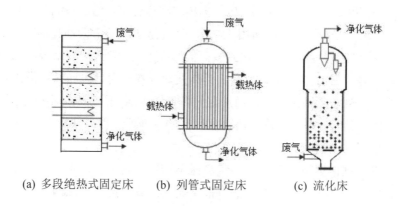

(a) 多段绝热式固定床　　(b) 列管式固定床　　(c) 流化床

图 3-9　催化反应器结构示意图

催化法对不同浓度的污染物都有较高的转化率，而且无须使污染物与主气流分离，避免了其他方法可能产生的二次污染。因此，该方法在大气污染控制中得到较多应用，如 SO_2 转化为 H_2SO_4 加以回收利用。

5)　燃烧法

当气流中的污染物可被氧化成惰性气体时，燃烧法是一种可行的污染控制方案，如 CO 和碳氢化合物就属于这类污染物。燃烧法是对混合气体进行氧化燃烧或高温分解，使有害物质转化为无害物质的方法。这种方法可以回收燃烧过程中产生的热量，一般分为直接燃烧法和催化燃烧法。

直接燃烧法是指在高温(600℃～800℃)条件下，将有害气体中的可燃组分在空气中或氧气中完全氧化为 CO_2、H_2O 和其他氧化物。该法适宜于净化温度较高、浓度较大的可燃性有害废气，如处理高浓度的 H_2S、HCN、CO、有机废气等，但对于流量大、有机组分含量

低的废气，不仅需要增添燃料，而且要在高温下处理，故不常用。

催化燃烧法是指在催化剂作用下，使废气中的气态污染物在较低温度(250℃～450℃)下氧化分解的方法。催化燃烧法与直接燃烧法相比有许多优点。①起燃温度低。含有机物质的废气在通过催化剂床层时，能在较低温度下迅速完全氧化分解成 CO_2 和 H_2O，能耗小。②适用范围广。催化燃烧适用于浓度范围广、成分复杂的几乎所有含烃类有机废气及恶臭气体的治理，如有机硫化物、氮化物、烃类、有机溶剂、酮类、醇类、醛类和脂肪酸类等。③基本上不产生二次污染。有机物氧化后分解成 CO_2 和 H_2O，且净化率可达 95%以上，而且有机物低温燃烧能大量减少 NO_x 的生成。因此，催化燃烧法治理有机废气的装置和催化剂在国内外得到了广泛研究和应用，如汽车尾气的治理。

催化燃烧的主体装置是具有换热结构的催化剂反应器，废气通过已达起燃温度的催化床层，迅速发生氧化反应。

2. SO_2 控制方法

大气中 SO_2 的人为污染源主要来自两方面，一是化石燃料燃烧产生的低浓度 SO_2 烟气；二是铅锌冶炼厂及硫酸厂工业生产排放的高浓度 SO_2。其中，化石燃料燃烧是生成 SO_2 的主要来源。目前，主要有燃料脱硫、燃烧过程脱硫和烟气脱硫三种途径控制其生成排放。

1) 燃料脱硫

燃料脱硫是指在燃烧前把燃料中的硫分脱除掉，这种治理气态污染的方法，又称燃烧前脱硫，主要包括煤的洗选、煤的气化和液化、燃油脱硫等。

(1) 煤的洗选。煤的洗选的目的是减少原煤中所含的硫分、灰分等杂质，以减少 SO_2 的生成量。

(2) 煤的气化和液化。煤的气化是指用水蒸气、氧气或空气作气化剂将煤进行热分解，转化为 H_2、CO、CH_4、CO_2 等小分子的可燃混合气。煤气中的硫主要以 H_2S 形式存在，可在吸收塔中与 Na_2CO_3 或 $Fe(OH)_2$ 等溶液发生化学反应脱除。由于除去了煤中的灰分与硫化物，所以煤气是一种清洁燃料；煤的液化是指加氢改变其原有的碳氢比以制取液化油，在制取过程中，有机硫在加氢时转变为 H_2S，类似煤气中的 H_2S，在去除酸性气体的环节中脱除。

(3) 燃油脱硫。燃油脱硫主要指重油脱硫，因为原油通过常压蒸馏分离出汽油、煤油、柴油后，在塔底得到重油，重油再经减压蒸馏分馏得到渣油。原油中 80%～90%的硫分以有机硫化物的形式残留在重油或渣油中，对其采用加氢脱硫，可使硫从重油中分离出来。脱硫方法是以钼、钴、镍等金属的氧化物作催化剂，通过高压加氢反应，断开 C—S—C 化学键，以氢置换碳生成 H_2S 和烃，再从中吸收分离 H_2S。

2) 燃烧过程脱硫

燃烧过程脱硫包括型煤固硫、流化床燃烧脱硫等技术，其原理是以石灰石($CaCO_3$)或白云石($CaCO_3 \cdot MgCO_3$)粉作脱硫剂，它们在燃烧过程中受热分解生成 CaO、MgO，并与燃料燃烧生成的 SO_2 结合生成硫酸盐被排除。$CaCO_3$ 脱硫剂的基本脱硫反应为

$$CaCO_3 \rightarrow CaO + CO_2 \tag{3-3}$$

$$CaO + SO_2 + \frac{1}{2}O_2 \rightarrow CaSO_4 \downarrow \tag{3-4}$$

(1) 型煤固硫。型煤是指用石灰、沥青、电石渣、造纸黑液等作固结剂,再掺入一定量的黏结剂,将粉煤拼压成型。型煤在燃烧过程中,煤中的有机硫被氧化为SO_2,与石灰石反应生成硫酸盐,则硫被固定于灰渣之中,同时起到脱硫、减少细煤灰飞扬等作用。

(2) 流化床燃烧脱硫。流化床燃烧脱硫是把煤屑、煤粒(粒径3mm左右)和脱硫剂(粒径小于1mm的石灰石粉)送入燃烧室,从炉底鼓风使床层处于流化状态进行燃烧和脱硫反应。燃烧时保持床层 800℃~900℃的温度,因为该温度是式(3-3)和式(3-4)的最佳反应温度,750℃以下时$CaCO_3$分解困难,而1000℃以上时生成的$CaSO_4$又容易分解。在燃烧过程中$CaCO_3$分解生成CaO,与烟气中的SO_2及O_2反应生成$CaSO_4$,从而实现炉内高效脱硫。

3) 烟气脱硫

烟气脱硫又称燃烧后脱硫,是目前技术最成熟、能大规模商业化应用的脱硫方式。按脱硫产物是否回收利用,烟气脱硫分为抛弃法和回收法。抛弃法是将SO_2转化为固体产物抛弃掉,但存在残渣污染与处理问题,美国、德国等一些国家多采用此法;回收法则是指由反应产物制取硫酸、硫磺、液体二氧化硫、化肥或石膏等有用物质,虽然费用普遍高于抛弃法,但是可以综合利用产生的副产品或产物,具有良好的环境效益。因此,我国应以回收法为主对烟气进行脱硫。根据脱硫剂和脱硫产物的状态,烟气脱硫又可分为干法脱硫和湿法脱硫。

干法脱硫一般是指用吸附剂或催化氧化法脱除废气中的SO_2,如活性炭吸附或SO_2被催化氧化成SO_3再转化为H_2SO_4回收利用。活性炭吸附只对低浓度的SO_2烟气有较好的净化效果,因通气速率不宜过大,不适合大气量烟气的处理,而且吸附剂要不断再生,操作麻烦,因此限制了该法的推广应用。

湿法脱硫是用液体吸收剂吸收烟气中的SO_2。常用的湿法脱硫有氨法、钠碱法和钙碱法等。①氨法是用氨水作为吸收剂吸收SO_2,二者发生反应生成亚硫酸铵和亚硫酸氢铵,再经空气氧化、浓缩和结晶过程即可回收得到硫酸铵,如果再加入石灰,经过反应还可得到石膏。②钠碱法又叫双碱法,先用第一碱(氢氧化钠、碳酸钠或亚硫酸钠)吸收SO_2生成亚硫酸氢钠,然后再用第二碱(石灰或石灰石)再生,可生成石膏。③钙碱法是利用石灰石、生石灰、消石灰的乳浊液来吸收SO_2,可得到副产品石膏,也可通过控制吸收液的pH值得到用途较广的钙塑材料半水亚硫酸钙。该法因原料易得,价格低廉,回收的副产品用途大,是目前国内外广泛采用的主要方法之一。

3. NO_x控制方法

与SO_2一样,大气中NO_x的来源也主要是燃料的燃烧,所以控制NO_x也可分为燃烧前的燃料脱氮、燃烧过程的控制和燃烧后的烟气脱氮三种途径。

燃料脱氮是指降低燃料中的氮含量,以减少燃烧过程中NO_x的生成;燃烧过程的控制是指通过降低燃烧过程中火焰的温度或降低燃烧时的空气量等改进燃烧方式来抑制 NO_x 的生成，即低氮氧化物燃烧技术。燃料脱氮和低氮氧化物燃烧技术二者均属于源头控制，都是为了减少 NO_x 的生成量，而烟气脱氮则属于末端治理，即把已经生成的 NO_x 通过某种措施还原为 N_2 或吸收转化成其他物质，从而降低 NO_2 的排放量。烟气脱氮是 NO_x 控制措施中最重要的方法，可分为干法脱氮和湿法脱氮两类。干法脱氮主要指吸附法脱氮和催化法脱氮，湿法脱氮主要指液体吸收法脱氮。

1) 吸附法脱氮

吸附法脱氮采用的吸附剂为活性炭与沸石分子筛。活性炭对低浓度的 NO_x 具有很高的吸附能力，吸附饱和经解析后，可回收浓度高的 NO_x，但温度高时活性炭有燃烧的可能，限制了该法的使用。沸石分子筛是一种极性很强的吸附剂，对被吸附的 NO_x 或硝酸可用水蒸气置换法将其洗脱下来。该法适用于净化硝酸尾气，回收的 NO_x 可用于硝酸生产，但吸附剂吸附容量小，需要频繁再生，影响了该法的推广使用。

2) 催化法脱氮

催化法脱氮用于烟气脱氮处理指的是催化还原法，这是一种广泛用于废气脱硝的成功技术，包括选择性催化还原法和非选择性催化还原法。

选择性催化还原法是在铂、铜、铬、铁、钒、镍等催化剂作用下，以 NH_3、H_2S 等作还原剂，在 250℃～450℃ 的较低温度下，将 NO_x 还原成 N_2 和 H_2O。选择性是指还原剂只与 NO_x 进行反应，而不与氧发生反应。该法脱除 NO_x 的效率高，一般为 80%～90%，还原剂用量少，因而得到广泛应用。

非选择性催化还原法是在铂、钯等催化剂作用下，反应温度为 550℃～800℃ 时，用 H_2、CH_4 或由它们组成的燃料气作还原剂，将废气中的 NO_x 还原为 N_2。同时，还原剂还与氧发生氧化反应生成 CO_2 和 H_2O。该法的 NO_x 脱除率可达 90%，但还原剂耗量大，而且需要装设热回收装置，费用高，以及还原剂发生氧化反应时导致催化剂层温度急剧升高，工艺操作复杂，因此逐渐被淘汰。

3) 湿法脱氮

湿法脱氮是用水或其他溶液吸收 NO_x 的方法，在硝酸厂和金属表面处理行业中应用广泛。湿法工艺及设备简单、投资少，能够以硝酸盐等形式回收 NO_x 中的氮，但由于 NO 极难溶于水或碱溶液，吸收效率一般不是很高。根据使用吸收剂的不同，该法可分为水吸收法、酸吸收法和碱液吸收法。

(1) 水吸收法。NO_x 废气主要包括 NO 和 NO_2，常压时，NO 在水中的溶解度非常低，NO_2 虽然与水反应能生成硝酸(HNO_3)和亚硝酸(HNO_2)，但生成的 HNO_2 很不稳定，快速分解后放出部分 NO。因此，该法在常压下效率很低，特别不适用于 NO 含量占 NO_x 95%的燃烧废气脱硝。

(2) 酸吸收法。酸吸收法普遍采用的是稀硝酸吸收法，由于 NO 在浓度大于 12%的硝酸中的溶解度比在水中大 100 倍以上，故可用稀硝酸吸收 NO_x 废气。该法最适用于硝酸尾气处理，可将吸收的 NO_x 返回原有硝酸吸收塔回收硝酸，但气液比较小，酸循环量较大，能耗较高，且该法的吸收率随压力升高而增大，而我国硝酸生产吸收系统本身压力低，因此至今未用于硝酸尾气处理。

(3) 碱液吸收法。碱液吸收法的实质是酸碱中和反应。在吸收过程中，首先，废气中的 NO_2 溶于水生成硝酸(HNO_3)和亚硝酸(HNO_2)；气相中的 NO 和 NO_2 生成 N_2O_3，N_2O_3 再溶于水而生成 HNO_2；最后 HNO_3 和 HNO_2 与钠碱发生中和反应，生成硝酸钠($NaNO_3$)和亚硝酸钠($NaNO_2$)。该法因工艺流程和设备较简单，且能将 NO_x 回收为有用的亚硝酸盐、硝酸盐产品，因此，该法在我国广泛用于 NO_x 废气治理，但一般情况下吸收效率不高。考虑到价格、来源、不易堵塞和吸收效率等原因，碱吸收液主要采用 NaOH 和 Na_2CO_3，尤以 Na_2CO_3 使用较多。

3.2.3 汽车尾气控制技术

我国城市大气污染是以 SO_2、颗粒物为代表的煤烟污染，燃煤是形成我国大气污染的根本原因。除此之外，汽车尾气是造成大气污染的另一个重要原因，在大城市，大气污染正在从煤烟型污染向交通污染转变。进入 21 世纪以来，我国汽车产销量和保有量持续高速增长，使汽车环境污染物排放总量快速增加。与此同时，随着经济的高速发展、人民生活水平的不断提高，人们对生存环境质量的要求更严格。因此，汽车工业发展带来的环境污染物总量增加与人们对生存环境质量要求提高的矛盾日益尖锐。在现阶段我国人均汽车保有量远低于全球平均水平的实际情况下，缓解和解决这一矛盾的主要方法是通过技术措施控制汽车的环境污染物排放总量。

1. 汽车排放的空气污染物种类

《环境空气质量标准》(GB 3095—2012)规定的 10 多种环境空气污染物中，有 SO_2、总悬浮颗粒物(TSP)、可吸入颗粒物(PM_{10})、NO_2、CO、O_3、铅、NO_x、苯并[a]芘共 9 种污染物存在于汽车排气之中。除此之外，碳氢化合物(HC)、CO_2 等也是排放尾气中的主要成分。在上述空气污染物种类中，CO_2 是碳氢燃料燃烧的最终产物，一般不被视为空气污染物，但从气体温室效应的角度看，CO_2 属于大气污染物。另外，在各国的环境空气质量标准中，HC 一般也不作为空气污染物，但由于汽车排放的 HC 是与 NO_x 一起排出的，极易产生光化学烟雾这样的二次污染物。因此，各国的汽车排放标准中，都有把 HC 或其中的部分成分如挥发性有机气体(VOC_s)作为主要污染物而规定其排放限值。

2. 汽车尾气控制技术

汽车排放的污染物不仅与燃料性质有关，还和燃烧方式有关。影响污染物产生的最重要因素是燃烧时的空燃比，汽油内燃机中 NO、CO 和 HC 的浓度与空燃比的大小有密切关系：①污染物随着空燃比的变大而减少，但当空燃比约大于 17 时，过贫燃料的混合气就不易着火，影响发动机的稳定工作，导致未燃的 HC 浓度急剧增大；②在空燃比过小的富燃料条件下，由于缺氧，NO 浓度减少而 CO 和 HC 浓度增加；③采用较贫的混合气燃烧时，则 NO 浓度适中，HC 和 CO 浓度较少；④冷发动机启动时，因系统温度低必须增加供油量，处于富燃料状态，致使 CO 和 HC 浓度增大；⑤发动机达到最大功率在理论空燃比下工作时，NO 浓度达最大值。由此可见，机动车尾气的排放控制十分复杂和困难，其主要技术可归纳为源头控制技术和尾气后处理技术。源头控制技术主要包括燃料处理技术和机内净化技术，而尾气后处理技术指的是尾气机外净化技术。

1) 燃料处理技术

燃料处理是指对进入汽缸前的燃料进行预先处理，以期减少汽缸工作过程中产生的有害排放物。它可以在不改变或较少改变发动机的情况下，减少尾气中污染物的含量，是一种理想的净化措施。燃料处理一般包括对现用燃料的处理和采用代用燃料两种方法。

对现用燃料的处理，主要包括减少汽油中的含铅量和在汽油中加入一定比例的清洁剂等措施。废气中的铅蒸汽不仅对人体健康有很大危害，而且还可使汽车所带的机外净化器中毒失效而影响净化效果。目前，我国使用的汽油中烯烃含量普遍较高，容易在喷嘴处产生结焦，影响燃油喷出效果，长期使用却不定期清洁喷嘴，将导致燃烧率的降低，继而增加排污量。如果在汽油中加入合适的清洁剂，可有效清除燃料系统中的沉淀物和积炭，提高燃料效率、降低排污量，这是目前降低汽车尾气排放最经济有效的方法之一。

采用代用燃料不仅能改善发动机的燃烧效率，还可改善排放污染物的排放特性。可用的液体代用燃料包括甲醇、乙醇等具有较高辛烷值的醇类燃料，气体代用燃料则包括氢气、液化石油气和压缩天然气等，这些气体辛烷值高，抗爆性也好，燃烧后排放的一氧化碳和氮氧化物含量能减少 50% 左右，且基本无烟。

2) 机内净化技术

机内净化技术是从尾气污染物的生成机理出发，对燃烧方式进行控制或对发动机进行改进来控制燃烧过程，使产生的有害排放物的量尽可能小或使排放出的废气尽可能无害，这是汽车尾气净化的根本方法。它一般包括分层燃烧、稀混合气燃烧技术以及控制燃烧条件的其他技术。

(1) 分层燃烧。分层燃烧的实质是采用上述的富贫燃烧原理，使进入气缸内的混合气实现浓度的依次分层。在燃烧室内，空燃比为 12～13.5 的浓混合气聚积在火花塞周围，因浓混合气易于点燃以确保可靠的着火条件，而其余大部分区域充满稀混合气，使总的平均空燃比保持在 18 以上的较贫燃烧条件。汽油机在工作时，火花塞首先点燃浓混合气，然后利用燃烧后产生的高温、高压和气流运动，使火焰迅速向稀混合气区域传播和扩散，从而保证稳定地燃烧。由于采取缺氧的过浓燃烧和大空气量的过稀燃烧，分层燃烧降低了燃烧温度，使得 NO_x 含量降低；贫燃区域氧量充分、混合良好，使得 CO 排放减少，HC 的排放受到抑制。为了进一步降低污染物的排放，分层燃烧系统通常与废气再循环和尾气净化装置配合使用。

(2) 稀混合气燃烧技术。稀混合气燃烧技术用于现有汽油机的改造，通过对原燃烧室的结构略作变动，改善混合气的形成和分配，使平均空燃比提高到 20 以上，从而达到稀混合气的稳定燃烧，以提高发动机的经济性和减少排污量。可通过以下两种方法实现该燃烧技术：一种方法是在汽缸盖上增设副燃烧室，火花塞位于主燃烧室和副燃烧室的连接通道处，压缩过程中的均匀稀混合气从主燃烧室进入副燃烧室，在那里燃烧后再以火焰喷流形式喷向主燃烧室；另一种方法是在一个燃烧室内设置两个火花塞，同时点火使其燃烧，以增大整体燃烧速率。

(3) 控制燃烧条件的其他技术。控制燃烧条件的其他技术通常包括采用汽油喷射技术、改进点火系统和废气再循环等措施。采用电控喷射系统，可以按照发动机的运转工况精确控制混合气的空燃比，以实现发动机的低排放水平；延长火花持续时间或采用高能点火系统等措施，可增大点火能量和扩大着火范围，以实现稀混合气稳定燃烧，有利于减少 CO 和 HC 的排放；废气再循环是将一部分废气从排气管引入进气系统，可以降低燃烧温度，有效地抑制 NO_x 的生成，但废气的再循环率一般为 20%～25%，否则汽油机的工作性能会急剧恶化。

3) 机外净化技术

机外净化技术是指汽车排出的废气在进入大气前，通过设置在发动机外部的装置对其进行净化处理，使废气中的有害成分含量进一步降低。尾气净化的方法包括空气喷射、热反应器和催化净化反应器等。

(1) 空气喷射。在排气门出口注入新鲜空气，使高温尾气中的 CO 和 HC 与空气混合而被燃烧净化。该法喷射的空气要适量，过多会使排气冷却降温，达不到净化效果。此方法常与下面两种方法结合使用。

(2) 热反应器。热反应器是在排气管出口上设置的一个促进氧化反应的绝热装置，具有保温措施、比排气直接排出时更长的流动路径，而且具有使气体在其中进一步均匀混合的功能。尾气进入热反应器后，在有充分氧气的条件下，CO 和 HC 生成 CO_2 和 H_2O，温度在 600℃以上时，净化效率很高。

(3) 催化净化反应器。催化净化反应器是装在汽车排气管尾部的催化装置，通常包括氧化催化反应器和三元催化反应器。

在有氧条件下，发动机排气中的 CO 及 HC 进入氧化催化反应器内，在较低温度(约 300℃)时被快速氧化生成无害的 CO_2 和 H_2O，该方法称为一段净化法。因为此法不能减少 NO_x 的含量，所以一般让发动机在过富或过贫的空燃比条件下工作以抑制 NO_x 的生成。其中，贫燃条件下，排气中一般都有剩余的氧气，只需供给少量空气即可；富燃条件下，必须向排气中喷入二次空气，以保证反应顺利进行。

采用三元催化反应器可以对汽油机排气中的 CO、HC 及 NO_x 进行综合处理。三元催化反应器内的催化剂同时具有氧化和还原作用，可以使排气中的 CO 和 HC 作为还原剂使 NO_x 还原成 N_2，它们本身氧化为 CO_2 和 H_2O。其净化效率与空燃比密切相关，当空燃比处于富燃料时，HC 和 CO 的净化效率变差，而当空燃比处于贫燃料时，则 NO 净化效率下降。为了能同时高效地净化三个成分，空燃比的允许范围较窄，要求精确度也较高，如果配备电控燃料喷射可获得最佳的净化效果。该方法净化效果及经济性较好，但成本较高，精确控制空燃比的方法还需深入研究。

3. 汽车尾气污染的综合控制

当前，控制汽车排气污染的综合措施主要有以下几方面。

(1) 制定严格的环境污染物排放标准。该措施是减少环境污染物最有效的且被广泛采用的方法。近 20 年来，各国制定了多种强制性汽车污染物排放标准，如欧盟各成员国的欧Ⅰ～欧Ⅳ号汽车污染物排放标准；日本和韩国的乘用车 CO_2 限值等。

(2) 开发新型清洁动力及绿色环保汽车。近几十年来，各种替代的清洁燃料动力和电动汽车的开发受到了前所未有的重视。新型无污染燃料电池与现代内燃式发动机相比，具有能量转换效率高，SO_2、NO_x 的排放量基本为零，CO_2 排放量也可减少一半等优点。代用燃料汽车燃烧彻底，排污量较少，具有良好的推广价值，特别适用于城市公共汽车和出租汽车。例如在天然气汽车方面，鼓励汽车厂商直接生产在电喷技术基础上开发的双燃料汽车或单一燃料的燃气汽车，在城市以公共汽车和出租车为重点推广燃气汽车，逐步扩大燃气汽车的应用规模。

(3) 合理使用。对传统汽车的使用不当，也会导致环境污染物的增多。因此，提高汽车驾驶人员的环保意识和使用技巧，可大大减少使用过程中的污染物排放。如尽量使用经济车速行驶，既节油又环保；短距离使用时，燃油不必加满，机油加入不过量；保持合适车距，避免急速刹车；尽可能相互搭乘，既可减少污染排放，又可减轻交通压力；尽量乘坐公共交通工具，实行有计划的出行等。除此之外，定期保养和维修汽车也是有效控制汽车尾气污染的主要方式。虽然汽车在出厂时能够达到国家要求的排放标准，但这一水平的保持有赖于驾驶人良好的驾驶习惯和正常的保养维护。只有定期保养，保证最佳的空燃比、适当的扭矩，才能确保达到国家现行的排放标准。

(4) 建设先进交通系统。先进交通系统可以减少车辆低速及怠速等高排放工况的行驶时间，可以减少车辆的行驶里程，例如智能交通系统、地理定位系统(GPS)实时路况导航等，可以使车辆行驶畅通，是减少汽车能耗与污染物排放的有效措施之一。

(5) 提高公众的环保意识。采取多种宣传形式，大力宣传国内外环境保护的先进经验和最新科研成果，提高公民主动参与减少汽车污染物排放的自觉性，提高公众在出行方式选择、车辆购置和合理使用等方面的环保意识。

(6) 政策法规调控。首先，通过采取税收优惠、补贴等产业政策，鼓励使用环境友好型汽车。许多国家或地区都制定了相关的优惠政策，使新型的清洁动力汽车得到了发展。如乙醇在巴西作为汽车燃料得到大规模应用；纯电动汽车、混合动力电动汽车、燃料电池电动汽车，以及清洁燃料汽车技术的长足发展都是最好的例证。2010 年，国家发改委、财政部、工信部、科技部等四大部委制定了《新能源车私人购买补贴细则》，如果运作得当，该产业政策对环境友好型汽车的发展将会起到积极的促进作用。

除此以外，还应完善相关法规，淘汰落后、污染严重的汽车。对于已报废的汽车和污染严重的汽车，政府应该强制管制。在每年对汽车进行年审的时候严格把关，不得再使用已报废的汽车；对于当地淘汰而被转入异地使用的旧车，要使其销售者和使用者付出高昂的代价；对于不能达标排放的汽车要征收污染排放税等。

重点提示：

掌握颗粒污染物的控制技术；烟气脱硫和烟气脱硝技术；汽车尾气的主要污染物和综合控制方法。

3.3　土木工程中的空气污染与控制

土木工程的建设和使用带来的环境影响是多方面的，除了对周边水域可能会造成不利影响外，排放的废气或扬尘还可能污染局地空气，继而使人们的健康和农业生产备受伤害。土木工程的施工期和运营期都有可能产生空气污染物，如房屋建筑工程在施工期会产生扬尘和汽车尾气；在运营期，建筑材料、室内装修或家具材料可能释放出甲醛、苯、挥发性有机物(VOCs)等室内空气污染物。而公路、桥梁等交通工程在施工期和运营期产生的污染物主要是扬尘和汽车尾气。

3.3.1　土木工程中可能产生空气污染的活动

土木工程产生的空气污染物主要是扬尘、施工机械和运输车辆排放的尾气、恶臭等。

1. 产生扬尘的主要活动

扬尘是空气中最主要的污染物之一，在我国大多数地区已经成为主要的空气污染物。它是一种非常复杂的混合源灰尘，一般包括降尘、飘尘和细颗粒物。扬尘对人体的健康影响很大，长期吸入可导致咳嗽、哮喘、肺病等的发病率明显增加，特别是扬尘中的 PM_{10} 和 $PM_{2.5}$ 颗粒较小，比表面积大，如受到各种污染，更容易富集大量的有害元素，且容易在大气中长期滞留，对空气质量的影响和人体健康的危害会更大。另外，空气中的 $PM_{2.5}$ 还是导致城市大气能见度下降的罪魁祸首，极易导致交通事故。土木工程中可能产生扬尘污染的活动主要包括以下几个方面。

(1) 拆除、开挖、平整和填筑。拆除建筑物、路基开挖、土地平整及路基填筑等施工过程中，如遇大风天气，通常会造成粉尘、扬尘等大气污染。

(2) 运输、装卸和储存。水泥、砂石、混凝土、土方、石方等的运输、装卸和储存过程中方式不当时，如敞篷运输、露天存放、凌空抛洒等，都可能撒漏和飞扬而产生扬尘。此外，在公路、桥梁的营运期，某些载重货车装载或超载运输砂石、水泥等容易产生粉尘的材料行驶时，材料被风吹撒也会对周边空气造成扬尘污染。

(3) 拌和、加工。现场灰土拌和、混凝土拌和、沥青拌和加工等过程会产生扬尘和粉尘。浇筑混凝土前，清理模板上的灰尘和垃圾，以及粉刷、油漆等装修作业也都会产生扬尘污染。

(4) 车辆运行。施工场地浮土较多，而施工所需的建筑材料数量又较大，施工时运输材料的车辆增加会引起道路扬尘的增加，加之建筑砂石、土、水泥等的撒漏，可能会进一步增加路面起尘量。另外，公路、桥梁等工程在运营期，汽车行驶过程中常常扬起尘土而产生扬尘污染。

2. 产生尾气的主要污染源

土木工程施工中，除使用运输材料的车辆外，还常使用大量的施工机械，而施工机械中又以采用柴油、汽油作为动力源的居多，所以工程施工会必不可少地带来尾气污染。对于运营期的公路、桥梁来说，行驶的汽车也会排放大量的尾气而污染周边环境，如果装载危险化学品的卡车出现事故，也可能会导致危险化学品的泄漏，继而可能对空气产生极大的不利影响，因此应加以防范。燃油机械和车辆产生的废气中，主要污染物为铅、汞等悬浮物微粒，二氧化碳，一氧化碳，氮氧化物及碳氢化合物。这些污染物因污染源接近地面而不易向高空或更大范围的大气中扩散，直接影响周围居民的身体健康，而且排放出的粉尘、黑烟还会造成视觉上的污染，影响人们的生活质量。

3. 产生恶臭的主要活动

恶臭是指难闻的气味，让人感觉不舒服，有时还会产生头疼、恶心的污染物，除了影响人的心理感觉外，还会影响到周围居民的生活环境品质。建筑施工带来的恶臭污染源，常见的有施工车辆或机械设备排放的尾气气体、沥青熬炼或摊铺产生的沥青烟、建筑外部装修时所用的涂料溶剂、现场随意燃烧橡胶、厨房残余废物、未设置厕所而随地大小便等，这些污染源产生的恶臭影响范围较小，以围绕施工场所为主。

3.3.2 土木工程中的空气污染控制

根据空气污染物产生的发生源和特点来看，施工和运营期间，加强环境管理，是行之有效的减少污染的方法。因此，落实和强化现场管理是土木工程中空气污染控制的首要工作。

1. 施工期空气污染控制

施工期的空气污染控制对象主要是扬尘和恶臭，在施工期应特别注意以下事项的污染防控。

(1) 拆除。首先，应选择风力小的天气进行拆除作业，当预报风速达到 4 级及以上时，不适合进行拆除作业。其次，在拆除建筑物和构筑物前，需要根据具体的拆除方法做好扬尘控制计划。若建筑物是清拆时，应对所拆建筑物进行喷淋除尘，并设置遮挡尘土的防护设施；若进行爆破拆除时，可采用综合降尘方式进行防尘，如及时清理积尘、淋湿地面、预湿墙体、楼面蓄水、搭设防尘排栅等措施。

(2) 开挖、平整和填筑。路基开挖、土地平整及路基填筑时,尽量不要选择在大风天气组织施工,且应采取必要的洒水措施或湿法作业防止扬尘。在工程开挖施工中,应合理选择开挖方法。如表层土和砂卵石覆盖层可以用挖掘机械直接挖装,而对岩石层的开挖,则尽量采用凿裂法或者凿裂法适当辅以钻爆法施工,以降低产尘率。机械剔凿作业时,可采用局部遮挡、掩盖和水淋等防护措施。

(3) 运输、装卸和储存。运输散装材料、垃圾、土方等的车辆必须加盖帆布、篷布等,车厢应牢固、严密,且不应装载过满,以防止沙土掉落地面;运输路线应设置在离居民区、医院、学校的下风向300m以外;对散体材料的装卸应采取降尘措施;楼层建筑垃圾装袋密封,由垂直运输设备向下转运或设封闭性临时专用道,严禁由楼层自由倾倒;土石砂料等储料应加强管理,尽可能放置在库房,不得裸露堆放。露天堆置场所应有防尘布或防尘网覆盖,应注意按照主导风向调整位置,并不定期地洒水湿润。

(4) 拌和、加工。灰土、混凝土拌和设备应进行较好的密封,设置封闭搅拌篷,搅拌机上设喷淋装置,并加装二级除尘装置,料场、搅拌站也应设置在居民点下风向300m以外;浇筑混凝土前清理灰尘和垃圾时,尽量使用吸尘器,避免使用吹风器等易产生扬尘的设备;进行粉刷、油漆等装修作业时应在工地周围加盖尼龙布等,防止尘埃飞扬。

(5) 控制车辆运行。施工运输车辆应控制行驶速度,且不准带泥驶出工地。施工现场的出口应设置洗车槽或其他洗车设备,所有车辆离开工地前必须冲洗车轮与轮胎。

(6) 场地处理和围挡。施工场地是产生扬尘的重要因素,所以需要对施工场地、施工道路以及材料加工区进行硬化,保证现场地面平整、坚实无浮土;未铺装的施工便道在无雨日、大风条件下应定期洒水,保持路面干净以减少粉尘的污染;对于长时间闲置的施工场地,施工单位应当对裸露之处进行临时绿化和铺装;此外,施工场地应设置一定高度的围蔽设施,避免工地内的颗粒污染物向外扩散。

(7) 恶臭的防控。不在现场露天堆放、弃置、随意燃烧或融化会产生恶臭的物质;沥青熬炼时,应设置临时烟囱设备,并考虑风向确定加热场所;沥青铺浇路面时,避开风向针对附近居民、文教区等空气敏感点的时段;施工现场应建设配套的男女厕所,避免随地大小便;对产生的厨房垃圾应及时清理,日产日清,避免长期堆存而发臭。

除了上述各种减少空气污染物排放的措施外,在产生粉尘污染的作业现场,操作工人还应佩戴口罩、安全帽等劳保用品,加强自我防护。

2. 运营期空气污染控制

公路、城市道路、桥梁等市政工程,在运营期也会排放污染物进入大气环境,其环境空气保护措施主要有以下几方面。①结合当地生态建设规划,在靠近公路、道路两侧,尤其是在学校、医院、居民区等敏感点附近种植多种植物,如乔木和灌木,既可以吸收机动车尾气中的污染物、道路粉尘,又可以美化环境,改善路容。②加强检查和管理,例如对于运载煤炭、水泥、砂石、农药、化肥等散体材料的车辆进行严格检查,明确要求车辆采取加盖篷布等封闭运输措施;对于运输危险品、易燃易爆品的车辆更应强化防超载和防疲劳驾驶的管理，避免引起事故；同时还应加强日常交通管理，减少路面拥堵造成的汽车尾气排放增加等不利影响。③沿路设置环境监测点，及时了解和发现环境问题并加以解决等。

建筑工程在运营期的空气污染控制主要指室内空气污染及控制。

3.3.3　建筑物室内空气污染及控制

室内环境可定义为人们生活的小环境，不仅包括居室，也包括办公室、会议室、教室、影剧院、图书馆等各种室内公共场所。随着经济的发展和生活水平的不断提高，便利的条件使人们停留在室内的时间越来越长。因此，室内空气质量的好坏直接影响到人体健康和生活品质，低劣的空气质量容易使人注意力分散、工作效率下降，严重时还会使人产生头痛、恶心、疲劳、皮肤红肿等症状，这些通常被统称为"病态建筑综合症"。

1. 建筑物室内的主要空气污染物

室内空气污染通常分为物理性污染、化学性污染和生物性污染，污染物质种类繁多。常见的主要污染物有甲醛、苯、氡、氨、挥发性有机物(VOC_s)和生物污染物等。

(1) 甲醛(HCHO)。甲醛已被世界卫生组织确定为致癌和致畸形物质，它是一种无色、具有强烈刺激性气味的气体，会引起眼睛流泪、眼角膜充血发炎、皮肤过敏、鼻咽不适、咳嗽、急慢性支气管炎等疾病，也可造成恶心、呕吐、肠胃功能紊乱，严重时还会引起持久性头痛、肺炎、肺水肿，使人丧失食欲，甚至导致死亡。长期接触低剂量甲醛，可引起慢性呼吸道疾病、眼部疾病、妊娠综合症、新生儿畸形、精神抑郁症等疾病，有时还会促使新生儿体质下降，造成儿童心脏病。世界卫生组织(WHO)工作组曾规定了甲醛对嗅觉、眼睛和呼吸道刺激潜在致癌力的阈值，指出当室内甲醛浓度超标 10% 时，应引起足够的重视，当浓度低于 $0.05×10^{-6}$g/L 时，可以不被考虑；当浓度高于 $0.1×10^{-6}$g/L 时，就要引起人们的注意。

目前，甲醛是制造合成树脂、油漆、塑料以及人造纤维的原料，是人造板工业的重要原料。室内装修或家具中使用的材料，诸如胶合板、细木工板、中密度纤维板、刨花板、贴墙布、壁纸、化纤地毯、油漆、涂料、黏合剂等均不同程度地含有甲醛或可水解为甲醛的化学物质。这些残留的或分解出来的甲醛会逐渐向周围环境中释放，最长释放期可达十年以上。

(2) 苯(C_6H_6)。苯是无色透明、有芳香味、易挥发的有毒液体，常温下即可挥发形成苯蒸汽，温度越高，挥发量越大。人体短时间大量吸入苯可造成急性轻度中毒，表现为头痛、头晕、咳嗽、胸闷、兴奋、步态蹒跚，如继续吸入则可发展为重度急性中毒，患者神志模糊、血压下降、肌肉震颤、脉搏快而弱，严重者可因呼吸中枢麻痹死亡；长期低浓度接触苯可发生慢性中毒，症状逐渐出现，以血液系统和神经衰弱症状为主，表现为白细胞、血小板和红细胞减少，头晕，头痛，记忆力下降，失眠等，严重者可发生再生障碍性贫血，甚至死亡。

苯及苯系物通常作为有机溶剂，如油漆的添加剂和稀释剂、防水材料添加剂、装饰材料和人造板家具等使用的黏合剂的溶液等。因此，油漆、涂料、防水材料、橡胶、黏合剂、墙纸、地毯、塑料、纺织品清洗剂等的使用都可能会导致苯及苯系物进入室内环境。另外，吸烟、燃料使用也是室内产生苯及苯系物的主要原因。

(3) 氡(^{222}Rn)。氡是一种无色、无味、无臭的放射性气体，普遍存在于生活环境中。氡衰变过程中释放的粒子可通过呼吸进入人体，破坏细胞组织的 DNA，从而诱发癌症，如肺癌、皮肤癌等。除此之外，氡还可能引起白血病、不孕不育、胎儿畸形等后果。从 20 世纪 60 年代末首次发现室内氡伤害至今，科学研究发现，氡对人体的辐射伤害占人体所受到的全部环境辐射伤害的 55%以上，对人体健康威胁极大，其发病潜伏期大多在 15 年以上。氡已被国际癌症研究机构(IARC)列入室内重要的致癌物质，美国环保局也将氡列为最危险的致癌因子。因此，我们应高度重视室内氡的危害。

建筑材料(含室内装修材料)中析出的氡是室内氡的最主要来源，其析出能力除与建材中的镭含量有关外，还与建材的孔隙率、颗粒的大小、孔隙的几何形状和水含量等有关。在室外，空气中氡的辐射剂量很低，一旦进入室内，就会在室内大量地积聚，所以室内通风状况直接决定了室内氡对人体危害性的大小。

(4) 氨(NH$_3$)。氨是一种无色且具有强烈刺激性臭味的气体，对所接触的皮肤组织有腐蚀和刺激作用。长期接触氨可能会出现皮肤色素沉着、手指溃疡等症状，短期内吸入大量氨气后可出现流泪、咽痛、声音嘶哑、咳嗽、痰带血丝、胸闷、呼吸困难，并伴有头晕、头痛、恶心、呕吐、乏力等症状，严重者可发生肺水肿、呼吸道灼伤等。

室内空气中的氨主要来自建筑材料中的混凝土外加剂、室内装饰材料中的添加剂和增白剂。冬季施工时，常常在混凝土墙体中加入以尿素和氨水为主要原料的外加剂对混凝土进行防冻保护。这些添加剂在墙体中会随环境因素的变化而被还原成氨气并从墙体中缓慢释放出来，造成室内空气中氨浓度增加。室内装饰材料中的添加剂和增白剂表现在采用含有尿素组分胶黏剂的木制板、以氨水作为添加剂与增白剂的涂料等方面。

(5) 挥发性有机物(VOC$_s$)。在所有的室内空气污染物中，有机化合物是空气污染物的主要成分，而其中 VOC$_s$ 更是主要的考虑对象，它是常见的三种有机污染物中(多环芳烃、VOC$_s$ 和醛类化合物)影响较为严重的一种。VOC$_s$ 的沸点在 50℃～250℃之间，在常温下可以蒸气的形式存在于空气中，其毒性、刺激性、致癌性和特殊的气味性会对人体产生急性损害。目前认为，VOC$_s$ 能引起生物机体免疫水平失调，影响中枢神经系统功能，出现头晕、头痛、嗜睡、无力、胸闷等症状；还可能会影响消化系统，出现食欲不振、恶心等症状，严重时可损伤肝脏和造血系统，出现变态反应等。

VOC$_s$ 主要通过下列途径进入室内环境：①有机溶液，如油漆、含水涂料、黏合剂、化妆品、洗涤剂、捻缝胶等；②建筑材料，如人造板、泡沫隔热材料、塑料板材等；③室内装饰材料：如壁纸、其他装饰品等；④纤维材料，如地毯、挂毯和化纤窗帘等；⑤家用燃料和烟叶的不完全燃烧、人体排泄物等。室内 VOC$_s$ 常以微量和痕量水平出现，所以容易被忽视。

（6）生物污染物。生物污染物包括细菌、真菌和过滤性病毒等，来源于死的或活的有机体，可经由人体、动物、空气、泥土和植物的残余物传播。螨是一种在显微镜下才能看得见的节肢动物，也是家庭尘害的主要来源，通常生长在潮湿温暖的环境中，地毯、床褥、床单、枕套及装有垫套的家具等都是它的寄居场所。室内生物污染程度与周围环境、居住密度和室内空气温度、湿度、灰尘含量，以及采光、通风等因素有关，当室内环境不洁、通风不良、居住拥挤时，室内生物污染比较严重。另外，居民在室内饲养的猫、狗等宠物也会导致细菌、真菌、病毒、霉菌、螨等生物污染物大量繁殖。

2. 建筑物室内空气污染的来源

室内空气的污染来源主要有人体呼吸和烟气、装修材料和日常用品、各种生物、烹调油烟、空调综合征，以及室外环境等方面。这些污染来源排放的污染物会随着呼吸进入人体内部，长期积累会严重危害人们的身体健康。

（1）人体呼吸和烟气。人体自身在新陈代谢过程中，会产生约 500 种化学物质。其中，经呼吸道排出的约有 149 种，且混有多种有毒成分；通过皮肤汗腺排出的体内废物多达 171 种，如尿素、氨等；人体皮肤脱落的细胞，大约占空气尘埃的 90%。此外，吸烟形成的烟雾成分复杂，其中"致癌物"有 40 多种。这些污染物若浓度过高，会影响人体健康，甚至诱发多种疾病。

（2）装修材料和日用化学品。室内装饰材料和家具是目前造成室内空气污染的主要来源。室内装饰用的油漆、胶合板、刨花板、内墙涂料、塑料贴面等材料会散发出甲醛、苯、挥发性有机物(VOC_s)等污染物质。

日用化学品包括化妆品、洗涤剂、杀虫剂、除臭剂等，广泛用于家庭并渗入到人类的衣食住行中，使化学品具有使用量大、接触人群多和接触时间长的特点，不同年龄段的人群均可与之接触。某些化学品呈粉状、气溶胶型，或其中含有机溶剂、刺激性气体等，可通过不同途径进入人体对健康造成危害，成为室内环境新的污染源。国外研究发现，在被检测的 100 多种化学品中，有机物检出以苯、苯乙烯、氯乙烯最常见。

（3）微生物、病毒和细菌。微生物及微尘多存在于温暖潮湿、不洁净的环境中，容易随灰尘颗粒一起在空气中飘散，成为过敏源及疾病传播的途径。特别是尘螨，喜欢栖息在房间的灰尘中，是人体支气管哮喘病的一种过敏源。

（4）烹调油烟。烹调时将食用油加热到 220℃～280℃，此时，食用油与被加工食品中的蛋白质被氧化和裂解，产生大量油烟。研究表明，烹调油烟中含有多种脂肪烃、杂环烃和芳烃，已鉴定出的有 50 多种。城市女性中肺癌患者增多，其致癌途径与厨房油烟导致的突变性和高温食用油氧化分解的致变物有关。此外，在通风差的情况下，厨房内的燃料燃烧产生的一氧化碳和氮氧化物的浓度远远超过空气质量标准规定的极限值，这样的浓度值必然会造成对人体的危害。

（5）空调综合征。长期在空调环境中工作的人，往往会感到烦闷、乏力、嗜睡，感冒的发生概率也较高，工作效率和健康明显下降，这些症状统称为"空调综合征"。其主要原因在于在密闭的空间内停留过久，CO_2、CO、PM_{10}、VOC_s 以及一些致病微生物逐渐聚集而使污染加重。

(6) 室外环境。建筑物所处地点的环境状况、居住区大气环境质量对室内空气质量有着重要影响。室内新鲜空气的唯一来源是居住区大气，在许多情况下，室内严重的空气污染问题直接来源于室外。因此，国家颁布了一系列标准，对工业企业边界到附近居住区边界的最小距离，即卫生防护距离进行了规定。

3. 建筑物室内空气污染的防控对策

为了提高室内空气质量，改善居住、办公条件，增进身心健康，需要对室内空气污染进行防治，消除污染源或减轻污染强度是最根本和最经济有效的途径。室内环境一经污染，可能采取的去污措施和治理技术也是多种多样的，常用方法如图 3-10 所示。

1) 通风

通风是借助自然作用力或机械作用力，将不符合卫生标准的污浊空气排至室外或在室内安装空气净化系统，同时，将新鲜空气或经过净化的空气送入室内。增加室内换气频率是减轻污染的关键性措施，如居室厨房应安装厨房抽油烟机，每次烹饪完毕必须开窗换气；教室、影剧院、车厢、商店等人群聚集的场所，尤其应注意加强通风换气。为了预防空气传播性疾病在公共场所的传播，保障公众健康，国家原卫生部颁布了《公共场所集中空调通风系统卫生规范》(WS 394—2012)、《公共场所集中空调通风系统卫生学评价规范》(WS/T 395—2012)、《公共场所集中空调通风系统清洗消毒规范》(WS/T 396—2012)，从 2013 年 4 月 1 日起施行。

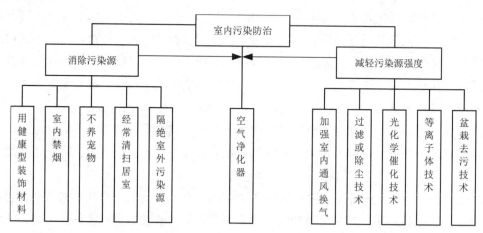

图 3-10　常用的控制室内污染方法

需要注意的是：2006 年印发的《公共场所集中空调通风系统卫生管理办法》(卫监督发〔2006〕53 号)、《公共场所集中空调通风系统卫生规范》《公共场所集中空调通风系统卫生学评价规范》《公共场所集中空调通风系统清洗规范》(卫监督发〔2006〕58 号)同时废止。

2) 室内摆放花卉植物

在室内摆放和养殖花卉植物，对减轻或消除"装修综合征"带来的危害是非常有效的。根据有关研究，以芦荟、吊兰、常春藤、菊花、铁树、龟背竹、天竺葵、万年青、百合、月季、蔷薇、杜鹃、鸭跃草、柠檬等为佳。其中，芦荟、吊兰、鸭跃草可吸收甲醛；菊花、常春藤、铁树可吸收苯；万年青可吸收三氯乙烯；月季、蔷薇、龟背竹等可吸收 80%以上的多种有害气体；杜鹃可吸收放射性物质；天竺葵、柠檬含有挥发性油类，具有显著的杀菌作用。

3) 使用最新空气净化技术

室内空气净化是指借助特定的净化设备收集室内空气污染物，将其净化后循环回到室内或排至室外。

对于室内颗粒状污染物，可采用机械除尘器、过滤除尘器、静电除尘器、湿式除尘器等净化装置除尘。对于室内细菌、病毒的污染，可采用低温等离子体净化装置对其净化。对于室内异味、臭气的清除，可选用由直径 0.2～5.6 μm 的玻璃纤维丝编织成的多功能高效微粒滤芯，这种滤芯滤除效率相当高。对室内空气中的气态污染物，如苯系物、卤代烷烃、醛、酸、酮等，采用光催化降解法非常有效，如可利用太阳光、卤钨灯、汞灯等作为紫外光源，使用 TiO_2 作为催化剂对气相污染物进行光催化氧化。

4) 选用健康型装饰材料

从装修方面讲，所有有害物质均出自装饰材料。对于装饰材料，国家制定了严格的毒性控制标准，并根据毒性大小将其分为 A、B、C 三级。一般来说，B 级不能进卧室，C 级不能进房间。因此，消费者必须严把材料关，做到谨慎选择装饰材料，拒毒于门外。购买时，应去管理规范的材料市场购买合格的有品牌、有厂家、有检测报告的"三有"产品，并做好主要装修材料的进料和验收。目前，国内市场中的环保型建筑装饰材料的品种也越来越多，如环保型的人造木质板材、绿色涂料、环保型的壁纸、强化木地板以及 107 胶的替代品等，使消费者装修拒毒有了更多的选择。

5) 合理布局和分配污染源

为了减少室外大气污染对室内空气质量的影响，有必要对城区内各污染源进行合理布局。居民生活区等人口密集的地方应安置在远离污染源的地区，同时应将污染源安置在远离居民区的下风口方向，避免居民住宅与工厂混杂，以隔绝室外污染源。

除此以外，还应注意不在居室及工作、学习的房间内吸烟，不养宠物，经常打扫居室以降低室内污染物的浓度，同时尽可能增加户外活动时间，减少在室内的停留时间，以降低室内污染带来的不良影响。

重点提示：

掌握土木工程施工期容易产生扬尘污染的活动和防治措施；建筑物室内的主要污染物及其防控对策。

本 章 小 结

　　本章重点介绍了大气中常见的颗粒污染物、气态污染物及其危害；颗粒污染物的除尘技术，包括机械式除尘器、过滤式除尘器、湿式除尘器、静电除尘器等除尘原理；两种主要的大气污染物 SO_2 和 NO_x 的控制方法；汽车尾气的控制方法和对策；土木工程施工期和运营期易产生空气污染的活动，以及采取的污染控制措施；建筑物室内的主要空气污染物、来源及防控措施等。此外，还简要地介绍了大气环境的组成；环境空气质量和污染物排放等相关标准；环境空气质量指数；气态污染物的一般控制方法、汽车尾气的主要污染物等相关内容。

思 考 题

　　1. 什么是大气污染？主要的大气污染物有哪些？

　　2. 什么为环境空气质量指数？我国目前采用的空气质量指数分级及对应的空气质量类别分别是什么？

　　3. 颗粒污染物和有害气态污染物的净化方法有哪些？

　　4. 主要的脱硫技术有哪些？

　　5. 如何控制机动车尾气污染物的排放？

　　6 土木工程施工对环境空气有哪些方面的影响？该如何控制？

　　7. 建筑物室内空气污染物主要有哪些？如何降低室内污染物对人体健康的影响？

第 4 章

固体废物污染及控制

学习目标

- 掌握固体废物的概念和分类，熟悉固体废物的污染途径和危害。
- 熟悉固体废物管理的原则，了解固体废物管理的相关法规、制度和标准。
- 熟悉固体废物的预处理技术、资源化技术和最终处置技术。
- 熟悉建筑垃圾在土木工程中的综合利用。
- 了解污泥、废塑料、废纸以及工业固体废物等在土木工程中的综合利用。
- 熟悉土木工程中可能产生固体废物的活动及其污染控制方法。
- 掌握建筑装修垃圾的概念、产生原因及其污染控制措施。

本章要点

本章主要学习固体废物的来源、分类以及污染危害；固体废物的排放管理；固体废物的预处理、资源化和处置技术；建筑垃圾、其他固体废物和工业固体废物在土木工程中的综合利用。在此基础上，重点学习土木工程施工期和运营期可能产生固体废物的活动及其污染控制方法；建筑装修垃圾的污染控制等相关内容。

导读

随着社会经济的快速发展和人民生活水平的不断提高，固体废物的产生量逐年增加，而堆放和处置场所却日益减少，造成的污染日趋严重。因此，对固体废物的污染治理和控制已引起全社会的密切关注。20 世纪 80 年代，国家提出了固体废物处理的减量化、资源化和无害化原则，极大地促进了中国环保产业的发展和环境状况的改善，特别是在目前大力发展循环经济的背景下，固体废物处理和利用的重要性显得尤为突出。

4.1　概　　述

新修订的《中华人民共和国固体废物污染环境防治法》(简称新《固废法》)，自 2020 年 9 月 1 日起开始施行。新《固废法》中，固体废物是指在人类的生产、生活和其他活动中产生的丧失原有利用价值或者虽未丧失利用价值但被抛弃或者放弃的固态、半固态和置于容器中的气态物品、物质以及法律、行政法规规定纳入固体废物管理的物品、物质。经无害化加工处理，并且符合强制性国家产品质量标准，不会危害公众健康和生态安全，或者根据固体废物鉴别标准和鉴别程序认定为不属于固体废物的除外。

4.1.1　固体废物的来源及分类

1. 来源

固体废物主要产生于人类的生产和生活。一方面，人类在从事工农业生产以及交通、商业等活动中，会生产出有用的工、农业产品，但同时部分资源未被有效利用而作为固体废物进入环境，例如采矿业未被利用的尾矿、大米加工中未被利用的稻壳、肉联厂处理的动物皮毛等；另一方面，许多物品和材料被人使用后因为破、旧或超过使用年限而被废弃成为固体废物，如饮料瓶罐、破旧衣物、使用一定年数后的建筑物等。此外，污染净化和环境治理过程中也可能产生大量的固体或半固体废物，例如各种烟气除尘过程中产生的粉尘、污水处理过程中产生的大量化学污泥和生物污泥等。

2. 分类

固体废物的分类方法很多，按其产生来源可分为工业固体废物和生活垃圾；按其污染特性可分为一般固体废物和危险固体废物；按其组成可分为有机固体废物和无机固体废物；按其形态还可分为固态废物、半固态废物、液(气)态废物。我国为了管理方便，在新《固废法》中，将固体废物分为工业固体废物、生活垃圾、其他固体废物(建筑垃圾、农业固体废物、电器电子产品、快递包装物、一次性产品、城镇污泥等)、危险废物几种类型。固体废物的分类体系如图 4-1 所示。

工业固体废物，是指在工业生产活动中产生的固体废物，包括轻、重工业生产和加工等过程中产生的固态废物和半固态废物。

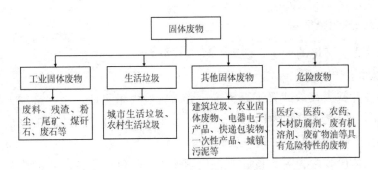

图 4-1　固体废物的分类体系

生活垃圾是指在日常生活中或者为日常生活提供服务的活动中产生的固体废物，以及法律、行政法规规定视为生活垃圾的固体废物。城市是产生生活垃圾最集中的地方。

建筑垃圾，是指建设单位、施工单位新建、改建、扩建和拆除各类建筑物、构筑物、管网等，以及居民装饰装修房屋过程中产生的弃土、弃料和其他固体废物。

农业固体废物，是指在农业生产活动中产生的固体废物，包括农业秸秆、废弃农用薄膜、农药包装以及从事畜禽规模养殖过程中产生的畜禽粪污等固体废物。

危险废物是指列入《国家危险废物名录》或者按照国家规定的危险废物鉴别标准和鉴别方法认定的、具有危险特性的固体废物。因为危险废物具有毒性、易燃性、腐蚀性、感染性、反应性等特性，可能会对生态环境或者人体健康造成有害影响，故需要对其进行特殊管理。

4.1.2　固体废物的污染及危害

1. 固体废物的污染途径

固体废物在一定条件下，会发生化学、物理或生物转化，对周围环境造成一定影响，如果采取的处理与处置方式不当，有害物质将通过大气、水体、土壤和食物链等途径危害环境与人体健康。固体废物的污染途径如图 4-2 所示。

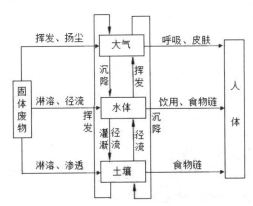

图 4-2　固体废物的污染途径

2．固体废物的污染危害

固体废物对人类环境的危害，表现在以下几个方面。

1) 对土壤环境的影响

固体废物任意露天存放或置于处置场，必将占用大量土地，堆积量越大，占地越大。据估算，每堆积 10^4 t 废渣，约占地 1 亩($1hm^2$=15 亩)。随着工农业生产的发展和居民生活水平的提高，固体废物侵占土地的现象日趋严重。

某些工业固体废物中含有大量的有害化学物质，经过风化、雨雪淋溶和地表径流的侵蚀，化学物质可进入土壤环境，破坏土壤的性质和结构，使土壤板结、肥力下降，甚至导致土地荒芜，成为草木不生的死亡之地。城市生活垃圾中通常含有病原体、病菌、寄生虫等生物，若不合理地处置会使土壤受到生物污染。人直接接触了污染的土壤或食用了污染土壤上种植的蔬菜、瓜果，就会致病，甚至诱发癌症或导致胎儿畸形。而且，固体废物污染土壤的面积往往超过所占土地的数倍。

2) 对水环境的影响

固体废物直接向江河湖泊中倾倒，不仅减少了水域面积、淤塞了航道，而且还会污染水体，使水质下降；当长期不适当地堆放固体废物时，固体废物会受到雨水的淋溶或地下水的浸泡，使废物中的有毒有害成分析出，析出的有毒有害成分随着地表径流进入江河湖泊等水体，造成地面水污染，同时也会随着雨水下渗，造成地下水污染。如美国新泽西州的农药厂由于填埋工业有害固体废物(含砷)、缅因州因为垃圾填埋场等，造成下游的河流和湖泊饮用水源被严重污染，而不得不花很高的费用对污染的环境进行长期的净化和修复。

3) 对大气环境的影响

固体废物在收运、堆放过程中，若未做密封处理，经日晒、风吹、雨淋等作用，会挥发大量废气、粉尘进入大气，加重大气的粉尘污染。如粉煤灰堆遇到四级以上的风力时，可被剥离 1～1.5 cm，灰尘飞扬可高达 20～50 m。固体废物中的有机物质在适宜的温度和湿度下，可被某些微生物分解产生有毒气体，向大气中飘散，造成大气污染。此外，采用焚烧法处理固体废物时，如果不采取严格的废气处理措施，其排放的废气和粉尘也会污染大气。

4) 其他影响

固体废物在城市里大量堆放，不仅妨碍市容，而且还危害城市卫生。城市生活垃圾非常容易发酵腐化，产生恶臭，招引蚊蝇、老鼠等，容易引起疾病传染。此外，固体废物使用不当，还会造成很大的灾难，如尾矿和粉煤灰作为建筑材料修建的水库堤坝，遇水冲决时，会淹没村庄和农田，造成公路和铁路中断、堵塞河道等灾难。

4.1.3　固体废物的排放管理

1．固体废物管理的相关法规

我国固体废物管理工作起步较晚，自 1979 年颁布《中华人民共和国环境保护法》之后，国家也相继颁发了多项法规和规范，主要是集中在废水和废气方面。与固体废物有关的，只有 1982 年颁布的《农用污泥中污染物控制标准》(GB 4282—1984)、《水污染防治法》《海洋环境保护法》中关于防治固体废弃物污染和其他危害的相关规定。直到 1995 年《中华人民共和国固体废物污染环境防治法》的颁布，才明确地规定了固体废物防治的监督管理、固体废物特别是危险废物的防治、固体废物污染环境的责任者应负的法律责任等。该法分别在 2004 年 12 月、2016 年 11 月、2020 年 4 月进行了三次修订，但由于各行业相关的配套措施尚未完善，各工业部门对固体废物的处理和处置仍需要一个适应的过程。因此，我国应根据固体废物管理的现状，并借鉴国外的经验，继续完善固体废物管理的相关法规和配套措施。

2．固体废物管理的原则

1)　"全过程管理"原则

由于固体废物是在生产和生活活动的各个环节中分散产生的，从产生到最终处置之间的链条较长，需要经过收集、运输、储存、处理、利用等环节，每个环节都需要多人多部门的参与，而且当利用、处理、处置不当时，其本身往往又成为水、大气、土壤等环境的污染"源头"。因此，对固体废物的管理需要从产生→收集→运输→综合利用→处理→储存→最终处置整个过程实行管理，在全过程的每一个环节都须将其作为"污染源"进行严格控制。

2)　"三化"原则

"三化"原则是指对固体废物的防治采用减量化、资源化和无害化的指导思想和基本战略。《中华人民共和国固体废物污染环境防治法》中明确规定，国家对固体废物污染环境的防治，实行减少固体废物的产生，充分合理地利用固体废物和无害化处置废物的原则。

减量化是指通过采取有效手段减少固体废物的数量、体积，以及尽可能减少其种类、降低有害成分的浓度，以减轻或消除其危害特性，可以通过"源头削减"和"末端减量"两种途径实现。①源头削减即清洁生产，如在城市生活中，改变燃料结构，提高民用燃气的比例，可大幅度降低因燃煤产生的煤灰；选用绿色消费方式，避免或减少过度包装和一次性商品的使用。在生产过程中，可通过改革生产工艺、引进新的生产设备、强化管理、采用低废的原料等措施实施清洁生产。②末端减量是对已产生的固体废物实施减量，如废物的综合利用、焚烧、压实等工艺都是减量化的重要途径。

资源化是指对已经产生的固体废物进行回收、加工、循环利用或其他再利用，使废物经过综合利用直接变为产品或转化为可供再利用的二次原料，从而减少最终排入环境中的固体废物量，以减轻环境的压力，并达到节约资源的目的。　可见，资源化本身就是固体废物最有效的无害化、减量化的途径，因而是最有前途的固体废物处理与处置方法。固体废物的资源化可通过物质回收利用、物质转化利用和能源回收利用三条途径实现。①物质回收利用是指回收其中的有用物质进行重复利用或仅通过物理法改变其形状进行再利用。例如，玻璃瓶经过分选、清洗、消毒可直接利用；金属经过熔融可重新制作成新的产品等。

②物质转化利用是通过化学或生物方法，将固体废物转化成有用的物质进行利用。例如，粉煤灰可以被回收、加工，制作成砖、水泥、保温材料、吸附材料、耐磨材料；炉渣可被加工成筑路、墙体、建材、环境工程与化工的原材料；生活垃圾进行发酵生产堆肥产品等。

③能源回收利用是对固体废物中包含的能源进行利用。如农作物秸秆和人畜粪便发酵生产沼气，作为能源向居民或企业供热或发电；含有可燃物质较多的城市生活垃圾焚烧产生的热能用于发电；煤矸石代替部分原煤加以利用等。

无害化是指对已经产生又无法利用或暂时尚不能进行综合利用的固体废物，进行对环境无害或低危害的安全处理和处置。固体废物经过减量化和资源化利用后，仍不可避免地要向环境排放一些不具有利用价值或难以进一步利用的残渣，这些残渣往往富集了较多的有毒有害物质，因而必须对其进行最终的处置，防止对环境产生危害。目前，固体废物无害化处理已经发展为多学科参与的崭新工程技术，如城市垃圾的焚烧、填埋、堆肥和沼气化工艺；危险固体废物的焚烧、填埋、固化处置技术等，这些技术在我国已经日臻完善，并建立了相应的技术规范。

3. 固体废物管理的相关制度

结合我国具体情况并借鉴国外的经验，新《固废法》制定了一些行之有效的管理制度。

(1) 分类管理制度。固体废物量多面广、成分复杂，故需要对不同种类的固体废物(即生活垃圾、工业固体废物、危险废物、建筑垃圾、农业固体废物等)分别进行管理。例如，新《固废法》第三十六条规定，禁止向生活垃圾收集设施中投放工业固体废物；第八十一条规定，收集、贮存危险废物，应当按照危险废物特性分类进行，禁止混合收集、储存、运输、处置性质不相容而未经安全性处置的危险废物，禁止将危险废物混入非危险废物中储存。

(2) 工业固体废物申报登记制度和排污许可管理制度。为了使环境保护部门掌握工业固体废物和危险废物的种类、产生量、流向以及对环境的影响等情况，新《固废法》要求，产生工业固体废物的单位应当向所在地生态环境主管部门提供工业固体废物的种类、数量、流向、贮存、利用、处置等有关资料，以及减少工业固体废物产生、促进综合利用的具体措施，并执行排污许可管理制度的相关规定。

(3) 环境影响评价制度和"三同时"制度。新《固废法》第十七条规定，建设产生、贮存、利用、处置固体废物的项目，应当依法进行环境影响评价，并遵守国家有关建设项目环境保护管理的规定。第十八条规定，建设项目的环境影响评价文件确定需要配套建设的固体废物污染环境防治设施，应当与主体工程同时设计、同时施工、同时投入使用；建设项目的初步设计，应当按照环境保护设计规范的要求，将固体废物污染环境防治内容纳入环境影响评价文件，落实防治固体废物污染环境和破坏生态的措施以及固体废物污染环境防治设施投资概算。

(4) 垃圾分类处理制度。国家推行生活垃圾分类制度，产生生活垃圾的单位、家庭和个人应当依法履行生活垃圾源头减量和分类投放义务，承担生活垃圾产生者的责任，并且应当依法在指定的地点分类投放生活垃圾；禁止随意倾倒、抛撒、堆放或者焚烧生活垃圾；已经分类投放的生活垃圾，应当按照规定分类收集、分类运输、分类处理。国家建立建筑垃圾分类处理制度，县级以上地方人民政府应当制定包括源头减量、分类处理、消纳设施和场所布局及建设等在内的建筑垃圾污染环境防治工作规划。

(5) 生产者责任延伸制度和集中处理制度。国家建立电器电子、铅蓄电池、车用动力电池等产品的生产者责任延伸制度，该类产品的生产者应当按照规定以自建或者委托等方式建立与产品销售量相匹配的废旧产品回收体系，并向社会公开，实现有效回收和利用。同时，国家对废弃电器电子产品等实行多渠道回收和集中处理制度；禁止将废弃机动车船等交由不符合规定条件的企业或者个人回收、拆解；拆解、利用、处置废弃电器电子产品、废弃机动车船等，应当遵守有关法律法规的规定，采取防止污染环境的措施。

(6) 进口废物审批制度。为了解决固体废物特别是危险固体废物的污染转嫁问题，新《固废法》规定：禁止中华人民共和国境外的固体废物进境倾倒、堆放、处置；禁止经中华人民共和国过境转移危险废物。

(7) 危险废物经营许可证制度。危险废物的危险性决定了并非任何单位和个人都可以从事危险废物的收集、储存、处理和处置等经营活动，而是必须由具备一定设施、设备、人才、专业技术能力并获得经营许可证的单位进行危险废物的收集、储存、处理和处置等经营活动。

(8) 危险废物转移联单制度。危险废物转移联单制度是为了保证危险废物从产生单位经由运输单位到达接受处理单位整个过程中的运输安全，防止非法转移和处置，以防止污染事故的发生。为有效实施危险废物的转移联单制度，原国家环境保护局颁布了《危险废物转移联单管理方法》，并从 1999 年 10 月 1 日起开始实施。

《危险废物转移联单管理方法》规定，危险废物产生单位在将废物交付给运输单位时，应当如实填写联单中的产生单位栏目，并加盖公章。运输单位在对危险废物核实验收签字后，也应如实填写联单的运输单位栏目，并按国家有关危险物品运输的规定，将危险废物安全运抵联单载明的接受地点。接受单位应当按照联单填写的内容对危险废物核实验收，如实填写联单中接受单位栏目并加盖公章。若接受单位验收时，发现危险废物的名称、数量、特性、形态、包装方式与联单填写内容不符的，应当及时向接受地环境保护行政主管部门报告，并通知危险废物产生单位。

4. 固体废物管理的相关标准

固体废物管理主要有四方面标准，即方法标准、综合利用标准、分类标准和污染控制标准。

(1) 方法标准。方法标准主要包括固体废物样品采样标准、处理方法标准以及分析方法标准。如《工业固体废物采样制样技术规范》(HJ/T 20—1998)、《固体废物浸出毒性测定方法》(GB/T 15555.1～15555.12—1995)、《固体废物浸出毒性浸出方法——硫酸硝酸法》(HJ/T 299—2007)、《城市生活垃圾采样和物理分析方法》(CJ/T 3039—1995)、《生活垃圾填埋场环境检测技术标准》(GB/T 18772—2008)等。

(2) 综合利用标准。为推进固体废物的资源化利用，且避免在资源化过程中产生二次污染，原国家环境保护局制定了一系列有关固体废物的综合利用规范和标准，如电镀污泥、含铬废渣、磷石膏等废物的综合利用规范和技术规定。

(3) 分类标准。分类标准主要包括《国家危险废物名录》、《危险废物鉴别标准》(GB 5085.1～5085.6—2007)、《危险废物鉴别标准通则》(GB 5085.7—2019)、《城市垃圾产生源分类及垃圾排放》(CJ/T 3033—1996)等。

(4) 污染控制标准。污染控制标准是固体废物管理标准中最重要的标准，可分为废物处理处置控制标准和废物设施控制标准两类。废物处理处置控制标准如《含多氯联苯废物污染控制标准》(GB 13015—2017)、《废铅蓄电池处理污染控制技术规范》(HJ 519—2020)、《农业固体废物污染控制技术导则》(HJ 588—2010)等；废物设施控制标准如《生活垃圾填埋污染控制标准》(GB 16889—2008)、《危险废物填埋污染控制标准》(GB 18598—2019)、《危险废物贮存污染控制标准》(GB 18597—2023)、《危险废物焚烧污染控制标准》(GB 18484—2020)、《一般工业固体废物贮存、处置场污染控制标准》(GB 18599—2001)等。

分析与思考：

固体废物为何要实施全过程管理？资源化为何是固体废物最有前途的处理与处置方法？危险废物越境转移的含义、危害以及限制危险废物越境转移的国际公约有哪些？

4.2　固体废物的处理处置技术

固体废物处理是指通过一定的技术手段，将其转化为适于运输、储存、利用或处置的物料的过程，而固体废物的处置则是对当前技术条件下无法利用和处理的固体废物采取一定的技术手段，让其以无害的形式或状态长期存在于环境中。它其实是对固体废物进行的一种广义处理。

固体废物处理按照处理目的可分为预处理、资源化处理和最终处置。其中，预处理又有前处理和后处理之分。前处理是对固体废物利用前的预处理，目的是使固体废物减容或单体分离，以便运输或资源化处理，主要包括压实、破碎、分选、浓缩、脱水、干燥等工艺过程；后处理是对没有利用价值的固体废物或资源化处理后的残余固体废物或有害废物进行最终处置前的一种预处理，其目的是使废物减容或压成块状或稳定化，以利于运输、储存或者利于焚烧、填埋等最终处置，主要包括破碎、压实、固化等。由此可见，固体废物处理是前处理—资源化处理—后处理—最终处置的过程。在前处理的基础上，采用资源化技术从固废中提取再生资源基料，对其进行加工利用，再经后处理为无利用价值的残余废物或有害废物寻找最终归宿，这样就完成了固体废物处理的全过程。

4.2.1　固体废物的预处理技术

固体废物的预处理是指采用物理、化学、生物的方法，将固体废物转变成便于运输、储存、回收利用、处置的形态，一般包括压实、破碎、分选、浓缩、脱水、干燥、固化处理等预处理技术。

1. 压实

压实是利用机械的方法向固体废物施加一定的压力，使其增加密实程度、增大容重、减小体积的技术。压实后的固体废物不仅便于装卸、运输和储存，而且更有利于填埋这样的最终处置。适用于压实处理的固体废物主要是金属丝、金属碎片、废车辆、家用电器设备、纸箱、纸袋、纤维等压缩性能大复原性能小的物质，而对于废木料、玻璃、金属块等已经很密实的固体废物或含水率较高的污泥则不宜使用压实法。

压实器主要有安装在转运站的固定式压实器和安装在转运车上的移动式压实器两大类，每种类别又包括种类多样的压实器。虽然不同的压实器结构不一样，但都由容器单元和压缩单元两部分组成。压缩单元在液压和气压的作用下，依靠压强使固体废物致密化，容器单元主要收纳废物。常用的压实器如图 4-3 所示。

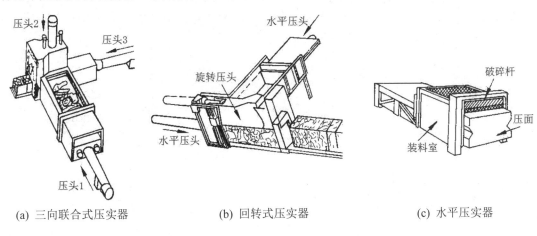

(a) 三向联合式压实器　　　　　　(b) 回转式压实器　　　　　　(c) 水平压实器

图 4-3　几种常用的压实器

2. 破碎

利用外力使固体废物由大块碎解为小块的工艺过程称为破碎。固体废物破碎的目的是多方面的，主要有减少其容积，以便于运输和储存；增大其比表面积，以大幅度提高焚烧、热解或堆肥等作业的反应速率；使待分选的物料实现单体分离，以便从中提取有用成分；防止粗大锋利的固体废物对处理设备造成破坏；加快填埋场的早期稳定化过程等。不同的固体废物处理工艺有着各自不同的严格的粒度要求。

常用的破碎方法主要有压碎、劈碎、折断、磨碎和冲击破碎等。破碎方法的选择和固体废物物料性质有关，如对坚硬废物一般采用挤压破碎和冲击破碎；对塑料、橡胶一类的韧性废物主要采用剪切破碎；对脆性废物一般采用劈碎和冲击破碎；而对较细的物料则采用磨碎机处理。

3. 分选

分选是指采用适当的技术将可回收利用的废物组分或不利于后续处理工艺要求的废物组分从固体废物中分离出来的方法。由于固体废物所包含的成分多，性质不一，其处理和回收方法具有多样性，使得分选过程成为固体废物处理与利用中最重要的预处理技术。通过分选，可在固体废物中挑选出有用的成分加以利用，或分离出有害成分，防止其损害处理设施或设备。

分选常用的方法有筛选、重力分选、磁力分选、电力分选、手选等，一般依据物料性质如颗粒粒度、密度、磁性、电性、外形等进行具体选用。筛选是利用固体废物的粒度差异，通过筛孔将固体废物中粗、细物质分离开来；重力分选是根据不同密度的物料在介质中运动行为(速度、加速度、运动轨迹)的差异进行分选的，因此只有密度差相当大的物料，才适合采用这种方法；磁力分选是利用固体废物中各组分之间存在的磁性差异而进行分选的，在城市垃圾和其他各种固体废物的处理中，用得较多的是各种吸铁器；电选是按物料导电性能的差异进行分离的方法；手选是根据物料外形特征的差异而实施分离的。图 4-4 所示是几种常用的分选方法示意图。

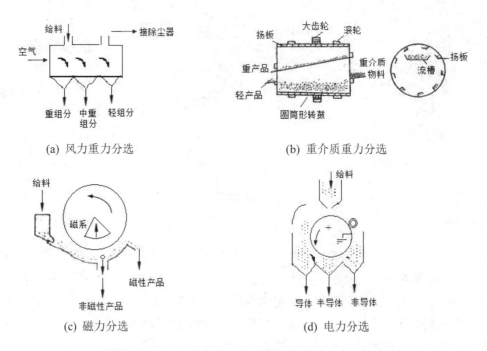

(a) 风力重力分选　　　　　　　　　(b) 重介质重力分选

(c) 磁力分选　　　　　　　　　(d) 电力分选

图 4-4　几种常用的分选方法示意图

4. 浓缩、脱水和干燥

浓缩、脱水常用于对城市污水处理厂或工业废水处理站产生的污泥固体废物的处理。由于污泥中含有较多有用成分，因而可以对其实现资源化利用，但由于污泥的含水率较高，所以在利用前必须对其进行浓缩和脱水减容，以便运输和使用。

干燥方法主要是对城市垃圾预处理而言的。城市垃圾经破碎、分选之后，为便于能源回收，需要对其进行干燥，以达到去水减重的目的。

5．固化处理

固化处理是利用物理、化学等作用将有害废物固定或包容在惰性材料中的无害化方法。其目的是让固体废物中的污染物呈现化学惰性或被包容起来，以便于运输、填埋、储存以及用作建筑基材。该方法主要作为危险废物最终处置的预处理技术，如危险废物在安全填埋前大多需要进行固化处理。固化所用的惰性材料称为固化剂，形成的固化产物为固化体。在固化体的利用或处置过程中，为了防止其中的有害废物再次进入环境，理想的固化体应该具有良好的抗渗透性和抗浸出性，具有足够的机械强度，抗干、湿性和抗冻、融性良好。根据固化剂的不同，固化可分为水泥固化法、塑料固化法、水玻璃固化法和沥青固化法等多种方法。

4.2.2 固体废物的资源化技术

固体废物的资源化是指将固体废物中的有用物质转化成有用的产品或能源的技术，主要包括热处理技术和生物处理技术。

1．热处理技术

固体废物的热处理技术是通过高温破坏和改变固体废物的组成和结构，使废物中的有机物质得到分解或转化，同时达到减容、无害化或综合利用的目的，主要包括焚烧、热解和湿式氧化等方法。

1) 焚烧

焚烧是将固体废物作为燃料送入炉膛内燃烧，在 800℃～1000℃的高温条件下，固体废物中的可燃组分与空气中的氧进行剧烈的化学反应，转化为高温燃烧气和少量的惰性残渣，并释放出热量。该法适宜处理燃烧值较高的垃圾(如城市垃圾)、没有利用价值的但又不适合用安全填埋法处置的可燃性危险固体废物(如医疗垃圾)，以及化工行业产生的难以治理的有毒有害的有机废物。

经过焚烧处理，固体废物中的细菌、病毒能被彻底消灭，带恶臭的有机废物被高温分解，产生的高温燃烧气可以作为热能进行回收利用，性质稳定的惰性残渣可直接填埋，固体废物体积大大减小，如城市垃圾经焚烧后体积可减小 80%～90%。因此，焚烧可以同时实现固体废物的无害化、资源化和减量化。但是焚烧法也存在一些缺点：焚烧过程中会产生大量的烟气，容易产生二次污染；投资大、运行管理费用高；对废物的组成要求高，只能处理含可燃物成分高的固体废物等。

固体废物焚烧必须在焚烧设备内进行，常用的焚烧处理设备有流化床焚烧炉、往复式炉排焚烧炉、多膛式焚烧炉、回转窑式焚烧炉和敞开式焚烧炉等。几种常用的焚烧炉如图 4-5 所示。

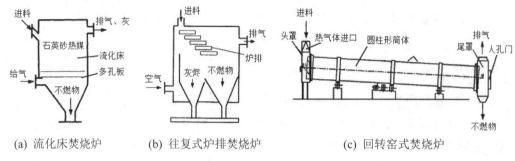

(a) 流化床焚烧炉　　　(b) 往复式炉排焚烧炉　　　(c) 回转窑式焚烧炉

图 4-5　常见的焚烧炉示意图

2)　热解

热解主要是利用固体废物中大分子有机化合物的热不稳定性，在无氧或缺氧、500℃～1000℃高温受热条件下，将大分子有机物分解成小分子的过程。该法适合处理的对象是废塑料、废橡胶、污泥、城市垃圾、人畜粪便等含有机物较多的固体废物。

固体废物热解与焚烧相比有以下优点。一是可以将固体废物中的有机物转化成可燃的低分子化合物，如气态的氢、甲烷、碳氢化合物、CO；液态的甲醇、乙醛、丙酮、醋酸等有机物以及焦油、溶剂油等；固态的焦炭或炭黑。二是固体废物在无氧或缺氧条件下受热分解，废气产生量少，有利于减轻对大气的二次污染。三是固体废物中的硫、重金属等有害成分大部分被保留在残灰中，便于处置。

3)　湿式氧化

湿式氧化又称湿式燃烧法，是在水为介质的条件下，对固体废物进行加压和加热，使废物中的有机物在湿式氧化器中进行快速氧化的过程，产生的产物主要为水蒸气、二氧化碳、氮气等气体以及残余液，残余液包括残留的金属盐类和未完全反应的有机物。由于有机物的氧化过程是放热反应，所以一旦反应开始，在该过程中不再需要添加辅助燃料就可自动进行。该法适用于处理含有水分的固体有机物料，如污泥和高浓度有机废水。

湿式氧化法的优点是耗能少，反应速度快，消毒灭菌彻底，不产生粉尘和煤烟，可以不经过污泥脱水过程而直接有效地处理污泥；但不足之处是设备费用和运转费用较高。

2. 生物处理技术

固体废物的生物处理技术是指直接或间接地利用微生物的氧化、分解能力，对固体废物中的某些组分进行降解、转化，以降低或消除污染物，同时还可生产有用物质和能源的工程技术。可见，生物处理技术既可实现固体废物的减量化、无害化，又可实现其资源化。在废物排放量大且普遍存在、资源和能源短缺的情况下，采用该处理技术具有深远的意义。目前，应用比较广泛的生物处理技术有固体废物的堆肥化和固体废物的沼气化等。

1)　堆肥化

堆肥化是在人工控制条件下，依靠自然界广泛存在的细菌、放线菌、真菌等微生物，使来源于生物的有机废物发生稳定作用，促进可生物降解的有机物质转化为稳定腐殖质的过程。堆肥中使用的有机废物、填充剂和调节剂大部分来自植物，主要成分是碳水化合物、蛋白质、脂肪和木质素等。堆肥化的产物称为堆肥，它是一种土壤改良剂，具有改良土壤结构、增大土壤容水性、减少无机氨流失、促进难溶磷转化为易溶磷、增加土壤缓冲能力、提高化学肥料的肥效等功能。

根据堆肥化过程中氧气的供给情况所导致的微生物生长环境的不同，可将堆肥分为好氧堆肥和厌氧堆肥两种。但通常所说的堆肥化一般是指好氧堆肥，这是因为厌氧堆肥时，厌氧微生物对有机物分解速率缓慢，处理效率低，容易产生难闻的恶臭，且工艺条件较难控制。

好氧堆肥是指有氧条件下，依靠好氧微生物的氧化、分解有机物的作用进行堆肥化。由于堆肥温度高，一般在 55℃～65℃之间，有时甚至高达 80℃，故亦称高温堆肥化。好氧堆肥具有堆肥温度高、基质分解比较彻底、堆肥周期短、异味小、可大规模采用机械处理，并能更有效地防止二次污染等优点，故国内外利用垃圾、污泥、人畜粪便等有机废物制造堆肥的工厂，绝大多数采用好氧堆肥化。好氧堆肥化原理同废水的好氧生物处理原理相似，如图 4-6 所示。

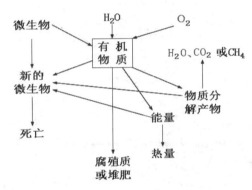

图 4-6　堆肥原理示意图

微生物通过自身的生命代谢活动，把一部分有机物氧化成简单的无机物，并释放出微生物生长、活动所需要的能量；在能量的供应下，微生物把另一部分有机物转化合成新的细胞物质，使其自身生长繁殖，产生更多的生物体。

2) 沼气化

固体废物制沼气是指在完全隔绝氧气的条件下，依靠多种厌氧菌的生物转化作用，使废物中的可生物降解有机物分解为稳定的无毒物质，同时产生沼气、沼气液、沼气渣等产物。沼气可作为清洁能源使用，而沼气液、沼气渣又是理想的高效肥料，该法无害化效果好，是一种理想的无废工艺，因而在农业固体废物、城市垃圾、污泥和粪便等含有机物比较多的固体废物处理中得到了广泛应用。

沼气池根据贮存方式可分为水压式、浮罩式等多种类型。水压式沼气池和浮罩式沼气池的工作原理及结构分别如图 4-7 和图 4-8 所示。

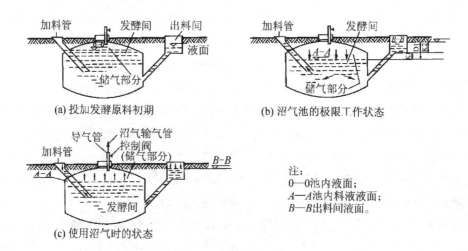

图 4-7　水压式沼气池的结构和工作原理示意图

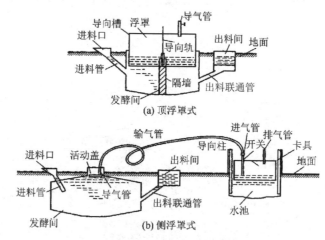

图 4-8　浮罩式沼气池的结构和工作原理示意图

分析与思考:

为什么说固体废物的焚烧既是资源化技术,又是减量化和无害化技术? 它有什么缺点?

4.2.3　固体废物的最终处置技术

固体废物的最终处置是解决其归宿问题。一些固体废物经过资源化利用后,或多或少会有残渣存在,这些残渣中往往富集了大量有毒有害成分,而且难以加以利用。另外,还有一些固体废物在现在的技术条件下无法被利用,只能长期存在于环境中。为了控制这些废物对环境的污染,需要对其进行科学处置,以确保其中的有毒有害物质在任何时候都不对环境和人类造成危害。固体废物的最终处置方法分为海洋处置和陆地处置两大类。

1．海洋处置

固体废物的海洋处置包括海洋倾倒和远洋焚烧两种方法。

海洋倾倒是利用海洋巨大的环境容量，将固体废物直接倾入海水中。为了方便运输和操作，被处置的固体废物一般要进行预处理、包装或用容器盛装，特别是，像放射性废物或重金属废物等有毒有害废物，在进行倾倒前必须进行固化或稳定化处理。固体废物通常装在专用处置船内，用驳船拖到处置区域。散装废物一般在驳船行进中投放入海，容器装的废物通常加重物后沉入海底，有时也先将容器破坏后沉海。

远洋焚烧是利用焚烧船将固体废物运至远洋处置区，以高温破坏有毒有害废物为目的而进行的焚烧作业。这种技术适用于易燃性固体废物，焚烧设施一般包括船舶、平台或其他人工构筑物。远洋焚烧的优点是焚烧后产生的废气通过净化装置与冷凝器后，冷凝液可直接排入海中稀释，形成的残渣直接倾入海洋，而且处置费用比陆地处置费用低，因为它对空气净化的要求低，工艺相对简单。

固体废物的海洋处置由于简单经济，早期被许多工业化国家采用。近几十年来，由于海洋环境问题的频发、海洋保护法的制定以及国际影响不断扩大，使得固废海洋处置成为一种有争议的处置方法。世界绿色和平组织、中国以及一些关爱环境的国家反对不加限制地利用海洋处置固体废物，制定了有关海洋倾倒的管理条例或公约，如中国的《中华人民共和国海洋倾废管理条例》、美国的《海洋保护、研究和保护区法》、国际性合约《伦敦协议》和《奥斯陆协议》等。但是由于海洋有很大的环境容量，不充分利用又是浪费，因此，越来越多的国家对该问题共同的指导思想是，既不能放弃海洋巨大的环境容量，又不能让其受到污染而危害人类的生存。只要符合相关的法规，经济上可行，并充分考虑到对海洋生态的影响，这种方法还是可供选择的处置途径之一。

2．陆地处置

固体废物的陆地处置主要包括土地耕作、深井灌注和土地填埋三种方法。

1）　土地耕作

土地耕作处置是指将固体废物施于农田，充分利用土壤表层的离子交换、吸附、微生物降解、渗滤水的浸出，以及降解产物的挥发等综合作用净化受纳污染物，同时起到改良土壤和增产作用的方法。该方法对废物的质和量均有一定的限制，通常适合处置含有较丰富且易于生物降解的有机质，含盐量较低，不含有毒物质的固体废物，如污泥、粉煤灰、城市垃圾等。当这类废物在土壤中经过上述各种作用后，大部分有机质被分解，一部分与土壤底质结合，改善土壤结构，增加肥效；另一部分挥发到大气中，未被分解的部分则永久留存于土壤中。

土地耕作处置受多种因素的制约，包括固体废物本身的性质、耕作场地的选址、土地的地形、土壤的成分和性质及含水率、当地气候条件等。被处置固体废物要求含有较丰富且易于生物降解的有机物；耕作场地应远离居民区，场地四周应有完善的地表径流导流措施，且距场地 30 m 内的水井、水塘不能作为饮用水源；耕作的土地应平整，坡度小于 0.05，以防表土过量流失；土壤以中性或偏碱为宜，土壤中必须保持适量的空气，且含水率一般在 6%～20%之间；由于生物降解作用受温度的影响较大，所以必须根据季节进行操作，当环境温度低于 0℃时不宜进行。耕作处置后，每年还需要对土壤进行定期分析，以掌握固体废物降解速度与施用固体废物的时间间隔。

  2) 深井灌注

  深井灌注是将固体废物液体化，用强制性措施注入可渗性岩层内。深井灌注的主要设施为灌注井，其剖面结构如图 4-9 所示。

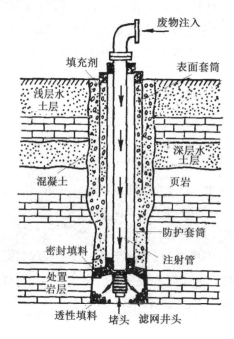

图 4-9 灌注井剖面结构示意图

  在灌注井施工前，应对灌注区进行钻探，探明地层，寻找适宜的灌注岩层。适于灌注的地层必须满足以下条件：岩层必须位于地下饮用水层之下；岩层孔隙率大，有足够的液体吸收容量、面积与厚度，能在适当的压力下将灌注液以适宜的速度注入；有不可渗透性岩层或土层与含水层相隔；岩层结构及其含有的液体能与注入液相容。

  在灌注前应对废物进行适当的预处理，防止灌注后堵塞岩层孔隙。预处理可以采用固液分离，使易堵塞的固体沉出。

  3) 土地填埋

  土地填埋是指在陆地上选择合适的天然场所或人工改造出的合适场所，把固体废物用土层覆盖起来的处置技术。该法工艺简单、成本较低，可以有效地隔离污染物，而且填埋完毕后的土地还可重新用作停车场、游乐场、高尔夫球场等场所，目前已成为处置固体废物的一种主要方法，适用于处置多种类型的废物。但该法也存在着产生渗滤水、易燃易爆或有毒气体以及臭味等致命缺点。根据处置的废物种类不同，土地填埋可分为卫生填埋和安全填埋两种。

卫生填埋的处置对象主要是城市垃圾或一般固体废物。根据地形和地质条件，其操作方式大体分为地面填埋、开槽填埋与天然洼地(谷地)填埋。无论采用何种方式，其填埋的结构形式基本上是一致的，如图 4-10 所示。

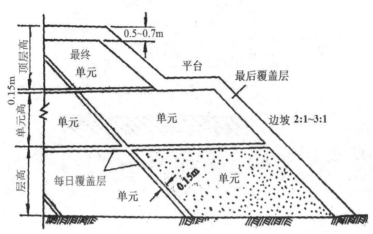

图 4-10　卫生填埋场的结构示意图

每天把运到填埋场的废物在限定的区域内铺成 40～75 cm 的薄层，然后逐层压实以减少废物体积，并在每天操作之后，在废物表面用一层厚 15～30 cm 的土壤覆盖压实，边坡控制为 2∶1 至 3∶1，废物层和土壤覆盖层共同构成的单元称为填筑单元。当填埋场全部完成后，外表面再用 0.5～0.7 m 厚的覆盖土封场，为最终的场地开发利用创造良好的表面条件。

填埋场运行过程中，因所填废物含有大量的病原菌和有机物质而产生非常难闻的臭气，且被填埋的固体废物受到进入场地内的地表水的溶浸和自身的降解作用，会产生大量的渗滤液，渗滤液中含有高浓度的有害组分和大量的病原菌。同时，填埋废物在降解时还会产生大量的甲烷、二氧化碳和硫化氢等气体，当甲烷的浓度在有氧条件下达到 5%～15% 时，就有可能发生爆炸。因此，卫生填埋场应着重考虑三个方面的问题：一是合理选址，填埋场必须远离居民区，考虑臭味和病原菌的消除问题；二是填埋场必须做好防渗层，以防止渗滤液渗漏带来的污染问题，同时考虑渗滤液的收集、处理和回用系统；三是填埋场必须有气体的导排系统，以解决气体的释出问题，同时做好填埋气的综合利用。

安全填埋的主要处置对象是有毒有害固体废物，考虑到其对环境的长期潜在危害性，安全填埋对防止二次污染的要求更严格，除了建造更完善的渗滤液集水、排水和处理设施以外，还须设置人造或天然防渗层，并要求渗透系数小于 10^{-7}cm/s，最下层填埋物须高于地下水位；要采取适当的措施控制和引出地表水；采用覆盖材料或衬里以防止气体随意逸出，并设置气体的收集、利用和监测系统。另外，对所填废物必须有严格的要求，不适合处理易燃性、易反应性、易挥发性等废物以及大多数液体、半固体及污泥，也不应处置互不相容的废物，以免混合以后发生爆炸，产生或释出有毒有害气体或烟雾。中、低放射性废物宜选用填埋法处置。已经封场的安全填埋场结构如图4-11所示。

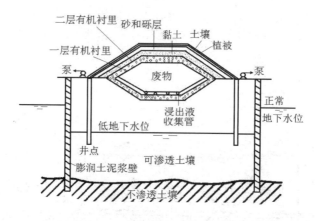

图4-11 安全填埋场结构示意图

重点提示:

填埋法是固体废物最终处置的主要方法，掌握填埋法对环境带来的不利影响以及填埋场设计运行应着重考虑的哪些问题?

4.3 固体废物在土木工程中的综合利用

土木工程营建的是一个以人为中心的自然、经济与社会复合起来的人工环境。在这一系统中，舒适、便捷是土木工程营建的第一需求，因而土木工程，包括建筑都是从掠夺式的自然资源利用中发展起来的，任何土木工程的建造都直接或间接地消耗大量的物质资源。而同时，在我们的生产生活中又会产生大量的固体废物，如建筑行业的建筑垃圾、冶金行业的废渣、城市生活中的废纸等，它们既是废物，又是"放错地方的原料"，对其进行合理地回收和利用，就有可能转变成有用的土木工程建造材料。因此，对固体废物实现分类收集、回收、资源化利用，一方面可以减少最终排入环境中的固体废物，另一方面，又可减少土木工程建造对自然资源的消耗，符合可持续发展的时代要求。

4.3.1 建筑垃圾在土木工程中的综合利用

新《固废法》中，建筑垃圾是指建设单位、施工单位新建、改建、扩建和拆除各类建筑物、构筑物、管网等，以及居民装饰装修房屋过程中产生的弃土、弃料和其他固体废物。由此可见，建筑垃圾主要来自建筑活动中的三个环节：一是生产环节，即建筑物的施工，主要有开挖的土石方、剩余混凝土、碎砖、砂浆、包装材料等；二是使用环节，即建筑物的使用和维修，主要有装修类材料、沥青、塑料、橡胶等；三是报废环节，即建筑物的拆除，主要包括废混凝土、废钢筋、废砖瓦、废木材、屋面废料、石膏和灰浆、碎玻璃等。

建筑垃圾的产生量很大，据测算统计，在每 1 万 m² 建筑的施工过程中，会产生 500～600 t 的建筑垃圾。若按此计算，我国每年仅施工建设所产生和排出的建筑废渣就有 4000 万吨。相对于生活垃圾，建筑垃圾在我国的再利用没有引起多大重视，往往不屑一顾地把它归于只能用于路基等低级要求的低档材料。其实不然，建筑垃圾除了可以用作工程回填，如铺设道路、修筑建设用地、城市造景、填海、筑堤坝等的回填材料外，其中的许多废物经过分拣、剔除或粉碎后，大多是可以作为再生资源被重新利用的。以下介绍几种主要的建筑垃圾在土木工程中的综合利用。

1. 废旧混凝土的综合利用

相对天然砂石骨料而言，废旧混凝土经过破碎、分级、清洗并按一定比例混合后形成的骨料，称为再生骨料。再生骨料按粒径大小可分为再生粗骨料(粒径为 5～40 mm)和再生细骨料(粒径为 0.15～2.5 mm)。将再生骨料部分或全部代替天然骨料拌制成的新混凝土称为再生骨料混凝土，简称再生混凝土。再生骨料的制造过程如图 4-12 所示。

再生骨料表面粗糙，棱角较多，组分中含有相当数量的孔隙率大、吸水率高的水泥砂浆，且混凝土在解体、破碎过程中由于损伤积累而使再生骨料内部存在大量微裂纹，致使再生骨料具有孔隙率高、吸水性强、强度低等特性，这对配制再生混凝土是不利的，导致配制的混凝土流动性差、收缩值和徐变值增大，抗压强度偏低，限制了该混凝土的使用范围。因此，利用废混凝土资源化制造出的低标号再生骨料混凝土，只能用于地基加固、道路工程垫层、室内地坪及地坪垫层等场所，以及用于非承重混凝土空心砌块、混凝土空心隔板墙、蒸压粉煤灰砖等的生产。要扩大再生骨料混凝土的应用范围，将其用于钢筋混凝土结构工程中，则必须要对再生骨料进行改性强化处理。

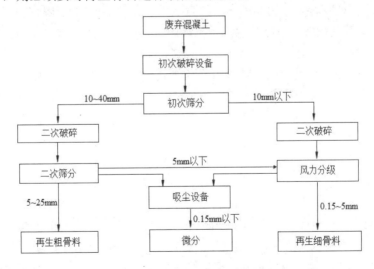

图 4-12   再生骨料的制造工艺流程图

2. 废旧砖瓦的综合利用

长期使用的废旧砖瓦因所含的矿物成分使其在本质上存在被继续利用的基础和价值。

例如，废砖瓦经过破碎、筛分等过程，可生产混凝土砌块、再生轻骨料混凝土、耐热混凝土，以及制造免烧砌筑水泥、再生砖瓦等。

(1) 碎砖块生产混凝土砌块。1988年，朱锡华研究开发了利用碎砖块和碎砂浆块生产多排孔封底结构轻质砌块，并取得了成功。该产品的保温隔热性能较好，强度等级越高，其吸水率和干缩率越低，体积密度则越高。产品投放市场后深受用户的欢迎，现已在南通市多项重点工程中得到应用，产品供不应求。其生产工艺流程如图4-13所示。

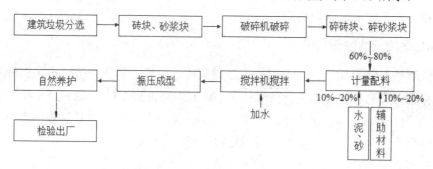

图4-13 碎砖块生产混凝土砌块工艺流程

除此以外，袁运法和张丽萍等人采用旧建筑拆迁下来的碎砖块和碎砂浆块，经破碎、筛分得到粗、细集料生产混凝土小型空心砌砖，所得产品质量也符合国家标准《轻集料混凝土小型空心砌块》(GB 15229—2011)的要求。

(2) 废砖瓦替代骨料生产再生轻骨料混凝土。当混凝土的表观密度不大于 1950 kg/m³ 时，被称为轻骨料混凝土。将废砖瓦破碎、筛分、粉磨得到废砖粉，废砖粉在石灰、石膏或硅酸盐水泥熟料激发的条件下，具有一定的强度活性，基本具备作轻骨料的条件，再辅以密度较小的细骨料或粉体，用其制作成具有承重、保温功能的结构轻骨料混凝土(板、砌块)、透气性便道砖及花格、小品等水泥制品。用这种构件作建筑砌块代砖、作隔墙板、作低档保温隔热材料很有前途。

王长生也对废黏土砖进行破碎处理来替代骨料，配制了再生轻骨料混凝土，并对其可行性和性能进行了分析。发现通过掺加适宜的塑化剂、粉煤灰，或通过对骨料采取预湿技术，可改善和提高混凝土拌和物的黏聚性、保水性和流动性等工作性能，使其满足施工要求。

(3) 废砖块作骨料生产耐热混凝土。刘亚萍曾尝试用破碎的废红砖作骨料配制耐热混凝土。试验结果表明，其强度主要取决于骨料和水泥石之间的界面连接。在一定的蒸养、标养等条件下，具有一定活性的碎红砖表面与水泥的水化产物之间形成稳定的化合物，使结构体具有一定的强度。在300℃的高温条件下，骨料和水泥石之间的界面结合得到进一步的强化，使结构体表现出更强的物理性能。特别是经高温灼烧后，其表面不产生龟裂，而用普通砂石、耐火骨料等作粗骨料制作成的耐火混凝土试件，在高温灼烧后表面均有较多的龟裂。这可能与粗骨料的弹性模量和热胀性有关，碎红砖的弹性模量较小，胀缩性也接近于水泥石，所以用废砖块作骨料生产的耐热混凝土表面不产生龟裂。

(4) 废砖瓦粉再生免烧砖瓦。将废旧砖瓦破碎制成废砖粉，然后利用石灰、石膏激发，通过免烧、免蒸制得 100 号及 150 号砖, 其 28 天强度符合国家标准《烧结普通砖》(GB 5101—2017)的要求, 可用于承重结构。而且, 这种免烧砖的强度随着使用期限延长还可提高, 使用 90 天时的强度比 28 天提高 60%左右, 而普通烧结砖在出窑后的使用强度不会再提高。

3. 废旧沥青路面的综合利用

沥青路面在使用过程中, 经受着行车和各种自然因素如空气、阳光、温度、风、水等的作用逐渐脆硬老化, 出现龟裂。其主要原因是沥青路面中的油分减少, 沥青质增加, 导致一些路面技术指标发生变化, 如针入度减小, 软化点上升, 延度降低。因此, 可用简单的方法掺加某种组分, 如乳化沥青、粉煤灰、水泥、石灰、氯化钙等, 或者将其与新沥青材料重新混合, 调配成新的沥青混合物, 使之重新表现出原有的性质。

国外非常重视对沥青路面的再生利用, 如美国沥青路面的重复利用率目前已达 80%; 芬兰几乎所有的城镇都组织旧路面材料的收集和储存工作; 德国 1978 年就开始将全部废弃沥青路面材料加以回收利用; 法国已在高速公路和一些重要交通道路的路面修复工程中推广使用再生沥青等。

我国虽不同程度地利用废旧沥青材料来修路, 但由于缺乏必要的理论指导和合适的再生剂、机械设备的支持, 目前再生旧料并没有在实际工程中得到大量应用, 经过再生的沥青混合料一般仅限于道路的基层、小面积的坑槽修补、低等级路面的面层等。随着我国沥青路面高等级公路的发展, 特别是许多高等级路面已经或即将进入维修改建期, 大量的翻挖、铣刨沥青混合料被废弃。这对优质沥青极为匮乏的我国来说, 是环境污染, 更是一种资源的浪费。因此, 对沥青路面旧料再生技术有必要进行深入、系统的研究, 以推动我国再生沥青路面的广泛使用, 而且它的推广应用还可节约大量的新石料, 进而减轻开采石矿导致的森林植被减小、水土流失等严重的生态环境破坏。

4. 其他废旧建筑垃圾的综合利用

除废旧混凝土、废旧砖瓦、废旧沥青路面材料外, 建筑垃圾中包含的其他一些废物也可进行综合利用, 如废木材可作模板和建筑用材外, 还可通过木材破碎机转化成碎屑用于制造中密度纤维板; 废陶瓷洁具、废瓷砖经破碎、筛分、配料后压制成型生产烧结地砖或透水地砖; 废渣土可制成渣土砖; 废旧水泥、玻璃、砖、石、沙等经过配制处理, 可制作成空心砖、实心砖、广场砖和建筑废渣混凝土多孔砖等。另外, 利用建筑拆迁所得的碎砖烂瓦、废钢渣、矿渣砖、碎石、石子等废物材料作为填料, 采用特殊工艺和专利施工机具, 可形成夯扩超短异型桩, 这是针对软弱地基和松散地基的一种地基加固处理新技术。

4.3.2　其他固体废物在土木工程中的综合利用

1. 污泥的资源化利用

在废(污)水处理过程中, 会产生大量的污泥, 其数量占处理水量的 0.3%～0.5%。污泥中含有大量的污染物质,如寄生虫卵、病原微生物、细菌、重金属离子等,易腐败发臭,因此污泥必须进行妥善处理,防止对环境造成二次污染。同时,污泥中又含有一些有用物质,如植物营养素(氮、磷、钾)、有机物及水分等,因而污泥可以某种形式被再度利用。例如,污泥在通过堆肥后既可作为农业肥料使用,又可用作土壤的改良剂,将露天矿场、尾矿场、采石场、粉煤灰堆场、沙漠等改造为耕地;污泥厌氧消化产生的沼气可作为能源利用;污泥经过干化、干燥后,采用煤裂解工艺可制成燃气、焦油、苯酚、丙醇、甲醇等化工原料;污泥焚烧发电等。当污泥因其含有的有机物、重金属和有毒有害微生物等的数量过高不宜作农肥使用,简单填埋又容易造成二次污染,以及其他原因不适合对其进行焚烧时,污泥可用于生产建筑制品,如制砖、制纤维板、制水泥等,原因在于污泥中除含有机物外,还含有20%~30%的硅、铝、铁、钙等无机物。污泥制造建材的基本途径有两类,一是污泥脱水、干化后直接用于制造建材;二是污泥进行焚烧和热熔使其化学组成转化后,再用于制造建材。

(1) 污泥制砖。当利用干化后的污泥直接制砖时,需要对其成分做适当的调整,使之接近于制砖黏土的化学成分;当利用污泥焚烧后的焚烧灰制砖时,其化学成分与制砖黏土的成分比较接近,但仍需在制坯时加入适量的黏土与硅砂,适宜的质量比为焚烧灰:黏土:硅砂为100:50:(15~20);当污泥与粉煤灰混合制砖时,一般为1份含水率为85%的污泥加入3份干粉煤灰,然后通过搅拌、成粒、烘干、熔烧等过程制成。

(2) 污泥制纤维板。污泥中含有粗蛋白和球蛋白,这些物质能溶解于水、稀酸、稀碱,以及盐的水溶液,而且在碱性条件下,经加热、干燥、加压后会发生理化性质的改变。利用这种蛋白质变性作用,污泥可制成活性污泥树脂,然后再与漂白、脱脂后的废纤维合起来压制成板材,即生化纤维板。虽然制成的生化纤维板力学性能可达到国家三级硬质纤维板的标准,可用来制造建筑材料或家具,但还存在着有臭气且强度有待提高等方面的不足。

(3) 污泥制水泥。污泥焚烧灰的成分与水泥原料相近,可作为生产水泥的原料加以利用,而且在煅烧过程中,污泥中的重金属元素被固定于水泥熟料晶格中,污泥中的可燃物在煅烧过程中产生的热量也可以得到充分利用。因此,用污泥作为原料生产水泥,可实现污泥的资源化和无害化。

用污泥作水泥原料有三种方式:一是直接用脱水污泥;二是用干燥后的污泥;三是利用污泥焚烧后的焚烧灰。不管采用哪种方式,污泥中所含无机物的组成必须符合生产水泥的要求。一般情况下,污泥焚烧灰成分与黏土成分相近,理论上可替代部分黏土原料生产水泥。新加坡理工大学的研究人员也进行了这方面的试验研究,在105℃条件下,将脱水后的污泥干燥至含固率为95%以上,将其粉碎后,再与石灰石、黏土混合,然后磨碎并进行煅烧。结果表明,用50%的污泥和石灰石在1000℃条件下煅烧4 h,生产出的水泥性能优于美国材料试验学会规定的建筑水泥的标准。

(4) 污泥制其他土木工程材料。陶粒是一种轻质材料,可用作路基材料、混凝土骨料、花卉覆盖材料以及污水处理厂滤池的滤料。污泥制陶粒的方法可分为两种:一是用生污泥或厌氧发酵污泥的焚烧灰造粒后烧结；二是直接用脱水污泥经烧结工艺制取陶粒。前者需要单独建设焚烧炉，而后者无需建设焚烧装置。由于成本和商品流通上的问题，陶粒在路基材料、混凝土骨料、花卉覆盖材料等方面还没有得到广泛应用。近年来，日本将其作为污水处理厂过滤池的滤料，代替目前常用的硅砂、无烟煤，取得了良好的效果。陶粒由于空隙率大，不易堵塞，反冲洗次数少，而且其密度相对普通滤料较大，反冲洗时流失量少，因而使用过程中的补充量和更换次数也少。

活性炭是以含碳物质为原料，经高温炭化、活化制成的，广泛应用于土木工程中的水处理领域。污泥中含有较多的碳质成分，客观上具备了制取活性炭的条件。目前，用污泥制活性炭的研究主要集中在选择污泥的最佳炭化、活化条件，以提高污泥活性炭质量、降低生产成本。污泥活性炭处理有机废水时，其吸附容量和吸附平衡优于商品活性炭，且可节约木材、煤炭等原料，降低处理废水的成本。当污泥活性炭不再生时，还可考虑将其烧掉以固化其中的重金属，减轻污泥的危害性。

2. 废塑料的资源化利用

废塑料生产建筑材料是废塑料资源化的重要途径。目前，利用废塑料可生产许多新型的建筑材料产品，如涂料、塑料砖、建筑用瓦、保温材料、塑料油膏等。

(1) 废塑料生产涂料。因不同来源、不同品种的废塑料理化性质不同，所以在生产涂料前，废塑料必须先进行除杂、改性处理，以适应各种涂料性能的要求。图 4-14 所示是废塑料某种配方生产涂料的工艺流程图。

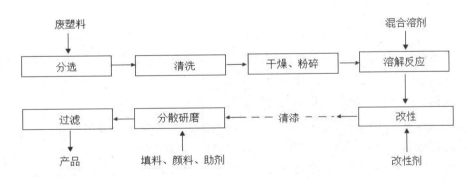

图 4-14　废塑料生产涂料工艺流程

废塑料先进行分选，清水洗净，再晾干、晒干或烘干后，粉碎成合格的粒度，然后将其加入装有混合溶剂的容器中，在一定温度下使废塑料全部催化溶解，制成塑料胶浆。在另一容器中加入配制好的改性树脂，与塑料胶浆按比例混合制成清漆，然后在清漆中添加颜料、填料和助剂，进行高速搅拌分散均匀，研磨到所需细度，最后用溶剂汽油调节黏度，经过滤制得合格产品。

(2) 废塑料生产塑料砖。塑料砖是以热塑性废旧聚氯乙烯塑料为主要材料烧制的。将破碎的废塑料掺和在普通烧砖用的黏土中，烧制而成的建筑用砖称为塑料砖。在烧制过程中，热塑性塑料化为灰烬，砖里呈现出孔状空隙，使其质量变轻，提高了保温性能。

(3) 废塑料生产建筑用瓦。废塑料经清洗后，加入适当的粉煤灰、石墨和碳酸钙等填料制备建筑用瓦。粉煤灰表面积很大，塑料与其具有良好的结合力，可保证制备的瓦具有较高的强度和较长的使用寿命；加入碳酸钙能提高制品的硬度和韧性，减小其变形与收缩；加入石墨能在制瓦过程中起脱模剂的作用，并能阻止制品中塑料成分的光氧化，提高制品的抗老化能力。

(4) 废塑料生产保温材料。建筑保温材料是以废发泡聚苯乙烯或其他废发泡塑料制品作原料制作的。将废塑料破碎成碎粒作为超轻骨料，然后使用石膏、水泥等胶凝材料胶结，压制成型，常温养护，可得到绝热性能优良的建筑保温板。该保温板具有导热系数小、吸水率低、防水与抗水能力强、干燥收缩率低、柔韧性好的特点；但是耐热性较差，只能用于常温和低温下的保温、保冷部位，不能用于温度高于70℃的地方。

(5) 废塑料生产塑料油膏。塑料油膏是一种新型的建筑防水嵌缝材料，主要是以废旧聚氯乙烯塑料、增塑剂、煤焦油、稀释剂、防老剂及填充剂等配制而成。塑料油膏是一种黏结力强、内热度高、低温柔性好、抗老化性好、耐酸碱、宜热施工，也可冷用的新型弹塑性建筑防水防腐蚀材料，主要适用于各种混凝土屋面板的嵌缝防水、大板侧墙、天沟、落水管、桥梁、堤坝等混凝土构配件的接缝防水以及旧屋面的补漏工程。

除此以外，废塑料通过清洗、粉碎、溶解等工艺后，还可生产色漆、油漆、胶黏剂等建筑制品。

3. 废纸的资源化利用

受循环经济和产业政策的驱动，2012年至2021年，中国废纸的回收量和回收率总体呈上升趋势。根据中国造纸协会的数据得知，2021年，国内废纸回收总量达6491万吨，比2020年增长18.17%；2021年中国废纸回收率达到51.3%，为2012年以来最高值。但是，与发达国家相比，国内废纸回收体系仍有较大优化空间。

回收的废纸除了可用于生产好纸、制作纸质家具、日用或工艺专用品外，基于纤维材料可以彼此与胶黏剂混合，还可以制作成多种复合的土木建筑材料。

(1) 废纸制作板材。废纸可通过以下方法制成不同的板材：①将废纸粉碎，加入高分子树脂和玻璃纤维后，压制成不同大小、厚度、规格的板材，该板材具有耐高温、防水、防蛀、防火等功能，可用于房顶绝热覆盖物；②将废纸板与石膏混合制成石膏板，或用湿法制成中密度纤维板，可用于建筑物隔墙、天花板等；③利用废纸并添加其他材料可模压出沥青瓦楞板，这种新型建筑材料具有隔热性能良好、不透水、轻便、成本低、不易燃烧和耐腐蚀等特点；④将废纸浸渍树脂后，加压熟化制成胶合硬纸板、蜂窝板等，其抗压强度高于普通纸板，可用于内墙装修。

(2) 废纸制砖或糊墙材料。将废纸碎磨成纸浆后，与水泥拌和可制成一种砌砖或糊墙用的灰泥材料。

(3) 废纸制隔热保温材料。将废纸打碎盛于纸袋内，置于房顶下天花板内、板类隔墙内起隔热作用，可节省其他取暖方式所消耗的燃料或电费。

(4) 废纸制混凝土铸模。废纸可通过热压成型法生产混凝土铸模。首先把废纸用切书机裁切成细小长方形，再用解纤设备解成棉絮状，然后用一定量的臭氧处理，使废纸中的木质素活化，之后再添加一定量的热固型黏合剂，最后热压成型，制成混凝土铸模。

4.3.3　工业固体废物在土木工程中的综合利用

工业固体废物主要包括冶金、电力、化学、矿业等工业部门产生的固体废物，如煤矸石、粉煤灰、高炉渣、钢渣、铜渣等。其成分大部分是硅酸盐、硫酸盐、碳酸盐等物质，而建筑材料大多也是这些物质组成的材料，所以说多数工业固体废物在成分上具备生产建筑材料的潜能，加之建筑材料是最大宗的材料，具备消耗大量工业固体废物的能力，且能产生良好的经济效益。因此，通过一定的技术手段和途径，多数工业固体废物比较适合用作建筑材料。

1．工业固体废物用作回填、筑路材料

工业固体废物用作回填、筑路材料时，一般不必进行预处理，可直接使用，虽然这是一种低水平的综合利用，但用量很大，可以明显减轻工业废渣对环境的压力，取得良好的环境和经济效益。

2．工业固体废物生产建材制品

工业固体废物可以生产多种建材制品，如煤矸石既可用作制砖的原料，又可作为烧砖的燃料，通过综合利用，既可以减轻黏土资源的负担，又充分利用了煤矸石的热值；高炉熔渣可加气制成具有保温、吸声和防火性能的矿渣棉，进而制作成保温板、吸声板和防火纤维材料；钢渣可利用其中的水硬性矿物，掺入部分高炉水渣或煤灰以及石灰、石膏粉等激发剂，加水搅拌，经轮碾、压制成型、蒸养制成建筑用砖；粉煤灰的成分因与黏土相似，可以部分替代黏土并加入一定量的其他物质，制成粉煤灰烧结砖、泡沫粉煤灰保温砖以及轻质耐火保温砖等。

3．工业固体废物生产水泥

多数工业固体废物的化学成分与水泥原料的化学成分相似。因此，可以把工业固体废物用作水泥生料、或与水泥熟料共同磨细、或与水泥进行预混合，以制得各种不同性能的水泥。如掺粉煤灰制得的粉煤灰水泥；利用高碱度钢渣制成的钢渣水泥；用高炉渣生产的矿渣硅酸盐水泥、普通硅酸盐水泥、石膏矿渣水泥、石灰矿渣水泥等；用铬渣代替部分石灰质原料烧制的硅酸盐水泥、铝酸盐水泥、硫铝酸盐水泥等。除此以外，某些工业废渣还可作为生产水泥的外加剂，以改善水泥的生产工艺和水泥性能，如利用磷渣和铜渣作煅烧硅酸盐水泥熟料的矿化剂时，可以改善生料的易烧性，降低碳酸钙的分解温度，加速碳酸钙的分解，有利于硅酸盐水泥熟料矿物的形成和长大。

4．工业固体废物制备混凝土

工业固体废物经过磨细、加工等处理，可制得各种矿物掺和料、骨料或外加剂，可以显著改善混凝土的性能，满足不同工程的实际要求。如在配制混凝土时，以粉煤灰掺和料取代部分水泥，可以减少水化热、改善和易性、提高强度，改善混凝土工作性能，所制备的粉煤灰混凝土可用于大体积水工混凝土工程、地下和水下混凝土构筑物以及大型建筑工程；利用粉煤灰生产的粉煤灰陶粒之所以成为制备轻集料混凝土的理想骨料，原因在于其具有质量轻、强度高、热导率低、化学稳定性好等优点，可用于生产各种用途的高强度混凝土；利用固硫渣生产膨胀剂可制备补偿收缩混凝土，以提高混凝土的抗渗性能等。

分析与思考：

建筑垃圾、工业固体废物在土木工程中进行综合利用的共同点。

4.4 土木工程中的固体废物污染与控制

土木工程中产生的固体废物包含了大量的污染物质，若处理不当或随意弃置，容易造成下水道堵塞，路面污染，散发臭味，占据有限的施工场地，并带来视觉污染，同时还会造成资源的浪费。因此，应对固体废物进行积极管理和控制，以减少对环境造成的压力。

4.4.1 土木工程中可能产生固体废物的活动

土木工程在施工期和运营期都会产生大量的固体废物。运营期的固体废物，主要包括生活垃圾、工业废渣、水处理污泥等，因配套设施比较完善，一般都有收集、运输、处理处置和利用系统，部门管理容易到位，因而对环境的危害可在一定程度上得到控制。施工期的固体废物主要包括建筑垃圾和生活垃圾，因场地分散、人员杂多，固体废物的收集、处理、利用和管理存在较多不便，使其很容易成为环境的二次污染源，所以对施工期固体废物的污染控制应给予更多的关注和重视。

1．运营期

运营期，工业与民用建筑工程产生的固体废物主要包括来自生活中的生活垃圾、医疗垃圾和来自生产中的工业废渣；市政水处理工程产生的固体废物主要包括粗细格栅的栅渣、沉砂池的排砂、沉淀池的浮渣、脱水污泥以及职工生活垃圾；公路、铁路等交通工程产生的固体废物主要为职工、旅客产生的生活垃圾和车辆维修产生废金属配件等。这些固体废物或含有大量的有机成分、细菌和病毒，或含有毒有害物质，有时还散发臭气等，很容易污染环境。

2．施工期

工程施工产生的固体废物数量大，种类繁多，随着建筑物趋向深度开发利用，以及古老城区不断更新重建，必然会造成废物的数量越来越多。工程施工期产生的固体废物主要来源如表 4-1 所示的作业项目。

表 4-1　引起固体废物污染的作业项目和污染物

作 业 项 目	污 染 物
进场前清场	杂草、灌木等残体、废土等
混凝土结构体拆除、铺面拆除等	废料(废混凝土块、废砖块等)
路基开挖、地下室开挖、管道开挖、地基与基础施工	废土、废料(废砖、废混凝土块、钻渣等)
水泥砂浆作业	水泥砂浆残余渣、拆除废料等
混凝土作业	废料(混凝土块、废木材等)
型钢、钢板等切片、钢筋切割边角料、破损钢管等	废料(废金属)
木作工程的切割作业、钢材加工	废屑(木材、金属)
装修材料、包装材料及切割等	废料(废塑胶、废塑料、废纸等)
装饰作业的玻璃切割、瓷砖和面砖铺贴等	边角废料和破损(玻璃、陶瓷块等)
水电管道作业	废料(废塑料、废金属、废陶瓷)
屋面、卫生间的防水作业	废溶液、废油防水材料边角料、防水沥青和乳剂等残余
运输材料和建筑垃圾	散落的建材、建筑垃圾
施工机械的维修和渗漏	废旧零部件等
施工人员生活	生活垃圾和粪便等

由此可见，土木工程施工期产生的固体废物主要包括建筑垃圾、生活垃圾和机械维修垃圾三大类。建筑垃圾主要来自施工环节中的挖方余土、材料残余、包装材料、边角料、落地灰、拆除废物，包括废渣土、废纸、废塑料、废陶瓷、废砖瓦、废混凝土块、废砂浆、废溶液等；生活垃圾主要来自施工营地的厨房和厕所，包括菜渣、剩饭、塑料、废纸和粪便等；而废旧零部件等机械维修垃圾则主要来自施工机械的维修环节。这些固废随意堆置，不仅严重地影响了施工现场环境卫生，还为传播疾病的鼠类、蚊、蝇提供滋生条件，进而导致疾病流行，影响施工人员的身体健康，而且造成大量资源的浪费，所以应做好施工现场垃圾处置及固体废物的管理，尽量避免对人群健康可能产生的不利影响。

4.4.2　土木工程中固体废物污染的控制

根据"三化"原则，土木工程中固体废物的污染控制，无论是运营期还是施工期，都应从三方面着手：一是源头上控制，减少其产生量；二是过程中控制，对其资源化利用；三是末端控制，对其进行无害化处置。

1. 运营期固体废物污染的控制

运营期产生的各种固体废物污染控制可通过以下措施实施。

(1) 提倡绿色消费方式。生活垃圾可通过在生活中提倡绿色消费方式，避免或减少过度包装和一次性商品的使用，提高民用燃气比例等措施减少其产生量。

(2) 改革生产工艺。生产工艺落后、原料品质差是产生工业废渣的主要原因。因此，可通过改革生产工艺，采用无废或少废的清洁生产技术减少其产生量。其次，发展循环利用工艺，使第一种产品的废物成为第二种产品的原料，第二种产品的废物又成为第三种产品的原料等，以减少最终进入环境中的工业固体废物。除此以外，在生产中通过采用精料提高原料品质，以减少物料杂质，从而减少工业固废的产生量。

(3) 进行综合利用。固体废物是"放错地方的原料"，其中包含了较多的有用物质，如生活垃圾中存在的废纸可以回收生产好纸，废玻璃可以回收利用炼玻璃，废塑料可以回收炼油等。工业废渣中常含有很大一部分未变化的原料或副产物，也可以回收利用，如硫铁矿废渣可用来制砖和水泥、高炉渣可生产水泥和混凝土等。通过综合利用，不仅可以回收到有用的资源，还可减少排入环境中的固体废物最终量，具有明显的环境效益和经济效益，因而应对固体废物进行分类回收、资源化处理和综合利用。

(4) 进行无害化处置。固体废物没有利用价值或在现今的技术条件下难以被利用时，可采用无害化处置方式使其转化为无害物质进入环境，或使有害物质含量达到国家规定的排放标准。如城市垃圾可采用填埋、焚烧等方式进行处置，医疗垃圾可委托有资质的单位采用焚烧进行集中处理，危险废物还可通过安全填埋法、固化法等进行无害化处置。

2. 施工期固体废物污染的控制

要减少工程建设中产生的固体废物，应从源头上控制其产生数量，综合利用已有的建筑垃圾，以及外运进行最终处置等方面入手。根据住房和城乡建设部 2007 年 9 月 10 日颁布的《绿色施工导则》，建筑施工垃圾控制应遵循以下三点：一是制定建筑垃圾减量化计划，如住宅建筑每万平方米的建筑垃圾不宜超过 400t；二是加强建筑垃圾的回收再利用，力争建筑垃圾的再利用和回收率达到 30%，建筑物拆除产生的废物的再利用和回收率大于40%，对于碎石类、土石方类建筑垃圾，可采用地基填埋、铺路等方式提高再利用率，力争使其再利用率大于 50%；三是在施工现场生活区，设置封闭式垃圾容器，对生活垃圾实行袋装化，及时清运，而对建筑垃圾应进行分类，并收集到现场封闭式垃圾站，集中运出现场。

结合施工现场产生固体废物的作业和污染物，施工期一般可采用以下具体的污染控制措施。

(1) 清场废物处理。施工清场的树木、农作物、杂草等应及时清运，表层土可集中堆存，用作绿化用土。

(2) 施工弃土处理。开挖形成的废土除部分回填外，应统一规划处置，合理安排其流向。为减少回填土方的堆放时间和堆放量，应精心组织施工，先后有序，使后序施工点开挖的土方作为之前施工点的回填土方，既减少了土方对环境的污染，又可节约工时和资金，对繁华地段的施工尤为重要。对弃土不得随意堆放，应设弃土场进行集中处置，而且应避开暴雨期，要边弃土边压实，弃土完毕后应尽快复垦利用。

(3) 施工废料处理。钢筋、钢板、木材、玻璃、塑料、陶瓷等施工废料，首先考虑对其回收利用。因此，应根据需要设置容量足够的、有围栏和覆盖措施的堆放场地和设施，分类存放，加强管理，并寻找物资回收公司或交废物收购站处理。必须外运的建筑垃圾应及时清运至专门的建筑垃圾堆放场，防止其长期堆放而产生扬尘。

(4) 生活垃圾处理。施工人员应尽可能地利用已有宿舍和公共厕所等设施，若没有现成设施时，施工现场应建设有冲洗水和粪便回收装置的临时厕所，且能够随时清扫保持清洁。生活垃圾严禁乱堆乱扔，应实行专门的袋装化收集，并定期将其送至较近的垃圾场进行卫生填埋处置，或交由环卫局统一清运处置。如施工人员集中，生活垃圾需增加处理设施和加强管理，人员较多时可增设垃圾筒。临时垃圾堆放点应有沟道相通，以防浸出液浸流而破坏自然景观和污染环境。

(5) 运输散落废物。运输材料和建筑垃圾的车辆应保持箱体完好和有效遮盖，运输过程中不得撒漏，若有散落应及时清理干净。

(6) 有毒有害施工废物的处理。对于施工中产生的含有油漆、涂料、沥青等有毒有害物质的垃圾应及时收集，减少弃失量，并送到指定垃圾场处理。

除上述措施外，施工期间还应采用严格的管理手段，减少建筑垃圾的产生量，且施工单位应有专人来负责建筑垃圾的处置和管理。在工程开工前，施工单位应向有关部门申报建筑垃圾、工程渣土的排放处置计划，如实填报建筑垃圾和工程渣土的种类、数量、运输路线及处置场地等事项。另外，在将废物交至接收单位处理时，施工单位与废物接收单位之间应签订环境卫生责任书，确保运输过程中保持路面清洁。

4.4.3　建筑装修垃圾的污染控制

1. 建筑装修垃圾及其危害

装修垃圾是建筑垃圾的一种，是指居民对房屋进行装饰、装修、修缮产生的混合废弃物。它一般包括墙面移动、门口扩大时敲墙产生的碎砖石；木工作业过程中，锯、刨等产生的大量碎片、板头、锯末；水、电安装或改装时，钻挖墙面、地面所产生的废砂浆、废渣土、废砖等；铺瓷砖、地砖、批墙时产生的残余水泥、黄沙、碎石以及下脚料和破损物等混合物；更换房子原有的门、铝合金门窗、马桶等形成的玻璃、金属以及其他废弃物。

近年来，随着人们生活水平的提高和对居住环境改善的追求，装修垃圾的产生量不断增加。据不完全统计，2021 年广州年均装修垃圾产生量约 350 万立方米，预计未来五年，年均产生量将达 545 万立方米。逐年增长的装修垃圾及其随意弃置不仅影响了小区的生活环境卫生，而且裸露在外的玻璃、碎块等物很容易使人员受伤，同时又造成了很大的浪费。

那么，为什么会有越来越多的装修垃圾产生呢？

2. 建筑装修垃圾产生的原因

据统计，装修过程中每平方米的建筑面积会产生 $0.1\sim0.4\ m^3$ 的装修垃圾，其值的大小与房屋将要装修的精致程度、被装修房屋的原状有关系。一般认为装修垃圾的产生主要有以下几方面原因。

(1) 人们的消费观。人们生活水平的提高和对居住环境改善的追求是造成大量装修垃圾出现的最主要原因。由于住房目前基本上是普通中国人生活中最大的投资，有人倾其一生积蓄，有人壮着胆子"花明天的钱"才能买得起一套商品房，所以对房子格外重视，想把新家精雕细琢，力争做到完美，也无可厚非。因此，人们往往愿意按照自己的想法对住房再一次进行改建和装饰。

(2) 二次装修普遍。二次装修现象比较普遍，也是装修垃圾产生量大的重要原因。比如说有的房主为了他自己喜欢的空间样式，把房屋的一些非承重墙拆除掉，那自然就会产生很大的固体废物量了。特别是一些旧房子，当重新装修的时候，若房主把原有的装修部分都给剔除掉，也会产生较大的装修垃圾量。

(3) 毛坯房的大量存在。目前，市场上还有数量不少的毛坯房在销售，消费者拿到钥匙以后，必须要面对新家"一穷二白"的局面。很多毛坯房简陋到了毛墙毛地、客厅、卧室连门甚至门框都没有的程度。为了入住，住户必须自行装修住房，这种挖墙打洞、私接管线等行为，不仅可能会改变房屋的结构和设施，留下质量和安全隐患，而且产生的大量装修垃圾，既浪费了资源，又污染了环境。而这种单家独户、手工作坊式的操作模式，也在一定程度上增加了装修成本，加重了消费者的经济负担。

(4) 精装房的千篇一律。一般来说，精装房可以让业主不再去考虑装修的琐事，拿到钥匙后也可以很快入住。但是目前市场上提供的很多精装房，户型结构和装修方案千篇一律，家家户户没什么区别，很难体现住户的个性。因此，很多住户买了精装修的房子，为了自己心目中的理想方案，也同样会对已装修好的房子大动干戈。

(5) 装修人员的素质。装修人员的素质良莠不齐，技能较好的工人在施工中产生的装修垃圾也就比较少。比如说木工，下料的时候计算好了，下脚料就会少，瓦工在贴砖的时候，手底下利落一点儿，落地灰就少了等。

除此之外，房地产开发商采用的流水线、一张图纸盖很多房子的开发方式，以及市场上大量的期房存在等，也是导致装修垃圾大量产生的原因。

3. 建筑装修垃圾的污染控制措施

大量存在的装修垃圾既污染了环境，又造成了很大的浪费。因此，建筑装修垃圾的污染控制首先应从装修垃圾的减量化开始，这是控制其污染的首要方面。

(1) 提倡节俭，杜绝铺张。应在全社会引导人们转变装修观念，提倡节俭，杜绝铺张。在住房满足使用功能的情况下尽量减少拆除，尽量不要改动原有墙体，尽量少用会产生装修垃圾的工序和材料等。

(2) 提供多样化的精装房。对于房地产开发商而言，应尽可能提供多样化的精装房。因为批量装修在材料质量和价格、保证施工人员素质，以及施工下料等方面具有优势，产生的装修垃圾总比单家独户装修要少，且住户进来居住时，装修垃圾已经被开发商清运处理完毕，可最大程度地保证小区的环境卫生。除此以外，不但要提供精装修的房子，开发商还应该给消费者提供更多不同户型、不同档次、不同装修风格的选择，且最好能在房屋的装修设计方案上充分听取消费者的意见，给消费者提供个性化的最适合的装修方案，真正做到以人为本。

其次，只要装修总会产生垃圾，完全杜绝装修垃圾是不可能的，而且装修垃圾中的钢铁、陶瓷、木材、塑料、玻璃等，回收再利用的价值也很高。对已经产生的装修垃圾进行回收利用，既可回收到有用的物质资源，又可最大化地降低它带来的污染，具有明显的资源和环境效应。但实际中大部分装修垃圾的混合收集，给其回收利用带来较大的困难，且要回收利用的话，可能需要更多的费用，在经济上还不太可行。因此，在装修垃圾的管理方面，应积极实施分类处理机制，配套建设分类处理的硬件设施、软件方面的政策及制度，制定相关的激励政策和监督机制，以形成全民对于减少装修垃圾产生、监督装修垃圾倾倒、使用可再生材料、共同保护环境的共识。

目前，许多城市已对居民装修垃圾的处置管理作出规定，如《上海市市容环境卫生管理条例》《杭州市城市市容和环境卫生管理条例》《广州市建筑废弃物管理条例》以及《广州市居民住宅装饰装修废弃物管理办法(征求意见稿)》等，这些管理办法对装修垃圾的处理，采取的基本是"谁产生、谁承担处置责任"的原则，实行的是袋装收集、定点投放、集中清运的作业模式。

另外，为了使装修垃圾便于回收利用和弃置于环境后没有危害性，房地产商在建设住房的时候，应该积极使用环保型的、可再生利用的材料，尽可能选择使用寿命长、能够重复利用、循环利用的材料，这些对减少装修垃圾、提高装修垃圾的回收利用率，都是非常有意义的。

重点提示：

掌握施工期固体废物污染的控制措施；建筑装修垃圾产生的原因及其防控措施。

本 章 小 结

本章重点介绍了固体废物的分类和污染危害；固体废物管理的"三化"原则；固体废物的压实、破碎、分选、浓缩、脱水、干燥和固化等预处理技术；固体废物的热处理和生物处理等资源化技术；固体废物的填埋处置技术；废旧混凝土、废旧砖瓦和废旧沥青等建筑垃圾在土木工程中的综合利用；污泥、废塑料和废纸等其他固体废物以及工业固体废物在土木工程中的综合利用；土木工程施工期和运营期可能产生固体废物的活动，以及采取的污染控制措施；建筑装修垃圾的危害、产生原因及污染控制措施等。此外，还简要地介绍了固体废物的来源和污染途径；固体废物管理的相关法规、制度、标准以及全过程管理原则；固体废物的海洋倾倒和远洋焚烧等海洋处理技术；固体废物的土地耕作和深井灌注等相关内容。

思 考 题

1. 什么是固体废物？我国固体废物可分为哪些类型？

2. 固体废物有哪些危害？

3. 固体废物的管理原则有哪些？分别是什么？

4. 什么是固体废物的分类管理制度？

5. 什么是危险废物？在对危险废物的管理方面有哪些制度？

6. 固体废物的处理处置技术包括哪些？

7. 卫生填埋场应着重考虑哪些方面的问题？为什么？

8. 建筑垃圾主要来自建筑活动中的哪些环节？

9. 简述建筑垃圾在土木工程中的利用途径。

10. 简述污泥在建材中的资源化利用。

11. 简述工业固体废物在土木工程中的应用途径。

12. 如何控制施工期固体废物带来的污染？

13. 如何控制建筑装修垃圾的污染？

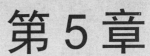

第 5 章

噪声污染及控制

学习目标

- 掌握噪声的定义、特征和分类。
- 熟悉噪声对环境的污染危害，了解相关的噪声环境标准。
- 熟悉噪声的客观量度、主观量度和评价。
- 掌握噪声控制的基本原理和相关的声学控制技术。
- 掌握土木工程施工噪声的污染成因及控制措施。
- 熟悉道路交通噪声的污染成因及控制措施。
- 掌握民用建筑噪声的污染成因及控制措施。

本章要点

本章主要学习噪声的定义、特征、分类和污染危害；与噪声有关的环境标准；噪声的客观量度、主观量度和评价；噪声的污染控制原理和技术。在此基础上，重点学习土木工程施工噪声的产生原因和污染控制；道路交通噪声的产生原因和污染控制；民用建筑噪声污染和控制等相关内容。

导读

随着工业、交通运输业和城市建设的发展，噪声对居民的干扰和危害日趋严重。据统计，近年来，向环境保护部门投诉的各类污染事件中，噪声事件逐年增加。因此，加强对环境噪声污染的控制，改善和提高人们的生活质量，保持社会的和谐稳定发展，已越来越成为人们的共同愿望。

5.1 概　　述

正如水、空气、土壤、矿藏、生物是人类生存的基本条件一样，人类也需要生活在一个有声的环境之中，借助声音进行信息传递、交流感情、认识事物等。尽管人们的生产和生活活动不能没有声音，但有些声音并不是人们所需要的。

5.1.1 噪声的特征及分类

1. 噪声的定义

噪声可从生理学、物理学、环境学的角度进行定义。就生理学而言，噪声是指人们不需要的声音；就物理学而言，不和谐的声音被称为噪声，是各种不同频率和强度的声音无规则地杂乱组合，给人以烦躁的感觉；从环境学而言，危害人们身体健康、干扰学习、工作和睡眠的声音称为噪声。综上所述，一般认为凡是不需要的，使人厌烦的并对人类生产和生活产生妨碍的声音都是噪声。2022 年 6 月 5 日起施行的《中华人民共和国噪声污染防治法》规定，噪声是指在工业生产、建筑施工、交通运输和社会生活中产生的干扰周围生活环境的声音。噪声污染，是指超过噪声排放标准或者未依法采取防控措施产生噪声，并干扰他人正常生活、工作和学习的现象。

广义上讲，任何声音都有可能成为噪声。某种声音是否成为噪声与许多条件和因素有关，除与声音本身的波长、频率和强度等基本特性有关外，还与人的心理和生理状态有关。例如，听音乐会时，除演员和乐队的声音外，其他声音都是噪声；睡眠时，再悦耳的声音也会变成噪声。当然，一般意义上的噪声指的还是过响声、妨碍声和不愉快的声音。因此，噪声和非噪声的区别不仅在于其本身特性，更在于接受对象的感受性和条件性。

2. 噪声的特征

(1) 噪声是一种感觉性公害。噪声是一种感觉性污染，一种声音是否属于噪声，完全由判断者当时的心理因素和生理因素决定的。例如，一首优美的歌曲对于正在听歌的人来说是享受，但对于正在休息或正在思考的人来说却是噪声。

(2) 噪声污染具有局部性。噪声的传播是声音的传播，因为声音在空气中传播时的衰减速率很快，一般情况下，噪声的传播距离有限，因而噪声污染具有明显的局部性，不会造成区域性或全球性污染。

(3) 噪声污染具有暂时性。噪声污染是物理性污染，其传播时没有给周围环境留下任何污染物质。一旦声源停止发声，噪声及危害也便消除了。因此，噪声对环境的影响不积累、不持久，具有暂时性，无后期效应。

(4) 噪声防治具有分散性。噪声声源分布广泛而分散，而且一旦声源停止发声，噪声也就消失了。因此，噪声不能集中处理，只能采用特殊的方法针对噪声源进行控制。

3．噪声的分类

按照产生的机理，噪声可以分为机械振动性噪声、空气动力性噪声、电磁性噪声和电声性噪声四种类型。由于机械运转中的机件摩擦、撞击以及运转中由于动力不平衡等原因而产生的机械振动辐射出来的噪声，称为机械振动性噪声；由于物体作高速运动、气流高速喷射引起周围空气急速膨胀而产生的噪声，称为空气动力性噪声；电磁性噪声是指由于电磁场交替变化引起电气部件振动而产生的噪声；电声性噪声则是由于电声转换而产生的噪声。

频率是表征声音特征的重要参数。按照频率的高低，噪声又可分为低频噪声、中频噪声和高频噪声，三者分别指的是频率(f)小于 500 Hz、500 Hz～1000 Hz、大于 1000 Hz 的噪声。噪声对人体的危害通常与其频率有关，其中危害最大的噪声频率一般为 20 Hz～2000 Hz，它成为噪声控制的主要对象。

按照产生的来源，噪声又可分为交通运输噪声、工业噪声、建筑施工噪声、社会和家庭生活噪声四大类。交通运输噪声由交通车辆产生，如公路和城市街道上的各种汽车轰鸣声、喇叭声，喷气式飞机螺旋桨产生的高速气流与空气的摩擦声；火车车轮与铁轨的撞击声和汽笛声等。工业噪声由各种机器设备的振动、摩擦和管道排气产生。建筑施工噪声由各种施工机械设备产生，如打桩机与桩的撞击声、钢筋切割机噪声等。社会和家庭生活噪声则产生于人们的社会活动与生活之中，如各种电影院、KTV、空调、电风扇、洗衣机和电视机等产生的噪声。典型噪声的噪声级范围如表 5-1 所示。

表 5-1　典型噪声的噪声级范围

不同噪声源		噪声级/dB	不同噪声源		噪声级/dB
交通运输噪声	喷气式飞机发动机	120～160	建筑施工噪声	柴油机打桩机	93～112
	160km/h 运行列车	93～98		混凝土搅拌机	70～86
	机动车辆	70～90		挖掘机、推土机	75～84
	交通堵塞时的车辆	可达 100 以上		振动机	84～91
工业噪声	电子工业	90 以下	社会和家庭生活噪声	洗衣机	50～80
	纺织厂	90～106		抽水马桶、电视机	60～83
	机械工业	80～120		排风机	45～70
	大型球磨机	120 左右		电风扇	30～65
	大型鼓风机	130 以上		电冰箱	35～45

5.1.2 噪声对环境的危害

噪声污染对人、动物、仪器仪表以及建筑物均构成危害，其危害程度主要取决于噪声的频率、强度及暴露时间的长短。

1. 噪声对人的影响

噪声对人的影响主要体现在损伤听力，干扰睡眠、工作和学习，诱发多种疾病等方面。

1) 损伤听力

噪声引起听觉器官的损伤关键是长期作用。人们在强噪声环境中暴露一小段时间后，会感到双耳难受，甚至会出现头痛、耳朵疼痛等感觉，但离开强噪声环境到安静的场所休息一段时间，听力就会逐渐恢复正常，这种现象称为暂时性听阈偏移，又称听觉疲劳。如果人们长期在强噪声环境下工作，听觉就会反复受到噪声的不断刺激，从而造成内耳器官发生器质性病变，形成永久性听阈偏移，即噪声性耳聋。在噪声环境中工作 40 年后，噪声性耳聋发病率的统计情况如表 5-2 所示。

表 5-2　不同噪声强度下工作 40 年的噪声性耳聋发病率

噪声级/dB(A)	国际统计/%	美国统计/%
80	0	0
85	10	8
90	21	18
95	29	28
100	41	40

由此可见，85 dB 以下的噪声一般情况下不至于危害听觉器官，而 85 dB 以上的噪声则可能发生危险，长期工作在 90 dB 以上的噪声环境中，耳聋发病率明显增加。因此，大多数国家把 90 dB 作为噪声的听力保护标准。当人们突然暴露在 140～150 dB 这样极其强烈的噪声环境中时，听觉器官还可能会发生急剧外伤，引起鼓膜破裂出血，螺旋器急性剥离，导致出现爆震性耳聋。

2) 干扰睡眠、工作和学习

噪声对人的睡眠影响极大，即使在睡眠中，人的听觉也要承受噪声的刺激。噪声会导致人多梦、易惊醒、睡眠质量下降等，突然的噪声对睡眠的影响更突出。实验证明，40～50 dB 较轻的噪声干扰，也会使人从熟睡状态变成半熟睡状态；突然的噪声达 40 dB 时，可使 10%的人惊醒，60 dB 时可使 70%的人惊醒。当受到噪声干扰而不能入睡时，人就会出现呼吸急促、神经兴奋等现象，长期下去，会引起失眠、耳鸣、多梦、疲劳无力、记忆力衰退等症状。

噪声还会干扰人的谈话、工作和学习。实验表明，当人受到突然而至的噪声干扰时，就会丧失 4 s 的思想集中。据统计，噪声可使劳动生产率降低 10%～50%，随着噪声强度的增加，差错率还会上升。由此可见，噪声会分散人的注意力，导致反应迟钝，容易疲劳，工作效率下降，差错率上升。噪声还会掩蔽安全信号，如报警信号和车辆行驶信号等，以致造成事故。人类对不同强度噪声的主观反应如表 5-3 所示。

表 5-3　人类对不同强度噪声的主观反应

噪声级/dB	0	0～20	20～40	40～60
主观反应	无声	寂静	安静	稍吵
噪声级/dB	60～80	80～100	100～120	120～140
主观反应	吵	很吵	感到疼痛	无法忍受

3) 诱发多种疾病

诱发疾病是噪声污染的一个重要体现。在神经系统方面，强噪声会使人出现头痛、头晕、倦怠、失眠、情绪不安、记忆力减退、植物性神经系统功能紊乱等现象；在心血管系统方面，强噪声会使人出现脉搏和心率改变，血压升高，心律不齐等心血管系统疾病；在内分泌系统方面，强噪声会使人出现甲状腺机能亢进，肾上腺皮质功能增强，基础代谢率升高，性机能紊乱，月经失调等现象；在消化系统方面，强噪声会使人出现消化机能减退，胃功能紊乱，胃酸减少，食欲不振等现象；在视觉方面，长时间处于噪声环境中的人很容易发生眼疲劳、眼痛、眼花和视物流泪等眼损伤现象。由此可见，强噪声会导致人体一系列的生理、病理变化。

孕妇长期处在超过 50 dB 的噪声环境中，会使内分泌腺体功能紊乱，并出现精神紧张和内分泌系统失调，严重的会使血压升高、胎儿缺氧缺血、导致胎儿畸形甚至流产。而高分贝噪声能损坏胎儿的听觉器官，致使部分区域受到影响，甚至影响大脑的发育，导致儿童智力低下。

2．噪声对动物的影响

噪声可使动物的听觉器官、视觉器官、内脏器官及中枢神经系统产生病理性变化。如在 150～160dB 的强噪声环境中，豚鼠的耳廓对声音的反射能力会下降甚至消失，在暴露时间不变的情况下，随着噪声强度的增高，耳廓反射能力明显减小或消失，听力损失程度越严重。

噪声对动物的行为也有一定的影响，可使动物失去行为控制能力，出现烦躁不安、失去常态等现象。如在 165 dB 的噪声环境中，大白鼠会疯狂窜跳、互相撕咬和抽搐，然后僵直地躺倒。

此外，强噪声环境还会引起动物死亡，鸟类出现羽毛脱落、影响产卵率等现象。例如，20 世纪 60 年代初，美国空军在俄克拉荷马市上空做超音速飞行实验，飞机每天在 10 000m 的高空飞行 8 次。6 个月后，当地一个农场饲养的 1 万只鸡，被飞机的轰鸣声杀死的有 6000 只，在幸存下来的 4 000 只鸡中，有的羽毛全部脱落，有的母鸡甚至不下蛋了。

3. 噪声对物体的影响

随着超声速飞机、火箭和宇宙飞船的发展,噪声对仪器设备、建筑物的损坏也引起了人们的注意。

实验研究表明,特强噪声会损伤仪器设备,甚至使仪器设备失效。噪声对仪器设备的影响与噪声强度、频率以及仪器设备本身的结构与安装方式等因素有关。当噪声强度超过150dB时,会严重损坏电阻、电容、晶体管等元件。当特强噪声作用于火箭、宇航器等机械结构时,可使材料产生疲劳现象而断裂。

一般的噪声对建筑物几乎没有影响,但是噪声强度超过 140 dB 时,对轻型建筑开始有破坏作用。当超音速飞机低空掠过时,产生的轰鸣声对建筑物会有不同程度的破坏,出现门窗损伤、玻璃破碎、墙壁开裂、抹灰振落、日光灯掉下、烟囱倒塌、商店货架上的商品振落等现象。例如,在美国统计的 3 000 件喷气飞机使建筑物受损害的事件中,抹灰开裂的占 43%,抹灰损坏的占 32%,墙开裂的占 15%,瓦损毁的占 6%。此外,在建筑物附近使用空气锤、打桩或爆破,也会导致建筑物损伤。

综上所述,噪声对环境的危害很大且是多方面的。因此,人们应该加倍重视环境中的噪声污染,并进行必要的防护和控制。

5.1.3 噪声环境标准

噪声控制的目的是为了创造一个适宜和健康的声环境,使人们能在愉快的气氛中工作、学习和生活。因此,需要制定一系列的标准和规范作为噪声防治工作的目标。关于噪声的控制标准主要包括噪声卫生标准、噪声环境质量标准和噪声排放标准三类。

1. 噪声卫生标准

卫生标准是指为实施国家卫生法律、法规和有关卫生政策,保护人体健康,在预防医学和临床医学研究与实践的基础上,对涉及人体健康和医疗卫生服务事项制定的各类技术规定。从事噪声作业的职业劳动者,其接触的噪声限值应符合现行的《工业企业设计卫生标准》(GBZ 1—2010)和《工作场所有害因素职业接触限值第 2 部分:物理因素》(GBZ 2.2—2007)的相关要求。

《工业企业设计卫生标准》(GBZ 1—2010)规定,对于生产过程和设备产生的噪声。应首先从声源上进行控制,使噪声作业劳动者接触噪声的声级符合《工作场所有害因素职业接触限值第 2 部分:物理因素》(GBZ 2.2—2007)的卫生要求,采用工程控制技术措施仍达不到 GBZ 2.2—2007 要求的,应根据实际情况合理地设计劳动作息时间,并采取适宜的个人防护措施。在 GBZ 2.2—2007 中,对噪声职业接触限值的卫生要求如表 5-4 所示。

表 5-4　工作场所噪声职业接触限值

接触时间	接触限值/dB(A)	备注
5d/w，=8h/d	85	每周工作 5 天，每天工作 8 小时，稳态噪声限值为 85dB(A)，非稳态噪声等效声级的限值为 85 dB(A)
5d/w，≠8h/d	85	每周工作 5 天，每天工作时间不等于 8 小时，需要计算 8 小时的等效声级，限值为 85 dB(A)
≠5d/w	85	每周工作不是 5 天，需要计算 40 小时的等效声级，限值为 85 dB(A)

2．噪声环境质量标准

为贯彻《中华人民共和国环境噪声污染防治法》，防治噪声污染，保障城乡居民正常生活、工作和学习的声环境质量，国家制定了噪声的环境质量标准，主要包括《声环境质量标准》(GB 3096—2008)和《机场周围飞机噪声环境标准》(GB 9660—1988)两个标准。

1) 《声环境质量标准》(GB 3096—2008)

按区域的使用功能特点和环境质量要求，《声环境质量标准》中划定了 5 类声环境功能区。其中，0 类声环境功能区是指康复疗养区等特别需要安静的区域；1 类声环境功能区是指以居民住宅、医疗卫生、文化教育、科研设计、行政办公为主要功能的需要保持安静的区域；2 类声环境功能区是指以商业金融、集市贸易为主要功能，或者居住、商业、工业混杂，需要维护住宅安静的区域；3 类声环境功能区是指以工业生产、仓储物流为主要功能，需要防止工业噪声对周围环境产生严重影响的区域；4 类声环境功能区是指交通干线两侧一定距离之内，需要防止交通噪声对周围环境产生严重影响的区域(包括 4a 类和 4b 类两种类型：4a 类为高速公路、一级公路、二级公路、城市快速路、城市主干路、城市次干路、城市轨道交通(地面段)、内河航道两侧区域；4b 类为铁路干线两侧一定区域)。

《声环境质量标准》是对《城市区域环境噪声标准》(GB 3096—1993)和《城市区域环境噪声测量方法》(GB/T 14623—1993)的修订，于 2008 年 10 月 1 日开始实施。该标准适用于一定区域声环境质量的评价与管理，但机场周围区域受飞机通过(起飞、降落、低空飞越)噪声的影响，不适用于本标准。《声环境质量标准》如表 5-5 所示。

表 5-5　声环境质量标准

单位：dB

声环境功能区		时　段	
		昼　间	夜　间
0 类		50	40
1 类		55	45
2 类		60	50
3 类		65	55
4 类	4a 类	70	55
	4b 类	70	60

2) 《机场周围飞机噪声环境标准》(GB 9660—1988)

该标准规定了适用于机场周围受飞机通过所产生噪声影响的区域的噪声标准值，如表 5-6 所示。其中一类区域指特殊住宅区、居住、文教区，二类区域指除一类区域以外的生活区。

表 5-6　机场周围飞机噪声环境标准

适用区域	标准值/dB
一类区域	≤70
二类区域	≤75

3. 噪声排放标准

噪声排放标准是对噪声源的排放行为进行噪声限值控制，从而实现噪声的环境质量标准。按噪声的来源划分，噪声排放标准可分为《社会生活环境噪声排放标准》(GB 22337—2008)、《工业企业厂界环境噪声排放标准》(GB 12348—2008)、《建筑施工场界噪声限值》(GB 12523—2011)、《铁路边界噪声限值及测量方法》(GB 12525—1990)修改方案等，分别对社会生活噪声源、工业企业噪声源、建筑噪声源以及铁路交通噪声源等在排放噪声时的限值进行了规定，各标准如表 5-7～表 5-11 所示。其中，《社会生活环境噪声排放标准》在我国是首次发布。上述标准中，声环境功能区的划分同《声环境质量标准》。

表 5-7　社会生活噪声排放源边界噪声排放限值

单位：dB

边界外声环境功能区	时　段	
	昼　间	夜　间
0 类	50	40
1 类	55	45
2 类	60	50
3 类	65	55
4 类	70	55

表 5-8　工业企业厂界环境噪声排放限值

单位：dB

厂界外声环境功能区	时　段	
	昼　间	夜　间
0 类	50	40
1 类	55	45
2 类	60	50
3 类	65	55
4 类	70	55

表 5-9　建筑施工场界噪声限值

单位：dB

昼　间	夜　间
70	55

表 5-10　既有铁路边界噪声限值

单位：dB

昼　间	夜　间
70	70

表 5-11　新建铁路边界噪声限值

单位：dB

昼　间	夜　间
70	60

5.2　噪声的量度与评价

噪声在空气中的传播是声音的传播，因此，凡是能表征声音大小的一切物理量都可以表征噪声的大小，如声压和声压级、声强和声强级、声功率和声功率级等，这些构成了噪声的客观量度。但是，噪声又是一种感觉性污染，它对人体的危害程度与人对它的感觉大小密切相关。因此，为了很好地反映噪声造成的危害大小，需要用一些能反映人主观感觉的物理量来表征噪声的大小，如响度和响度级、A 噪声级、等效连续 A 噪声级等，这些构成了噪声的主观量度和评价量。

5.2.1　噪声的客观量度

在噪声污染控制中，最常用的表示噪声强弱的客观物理量为声压和声强。因声压和声强的变化范围非常宽广，故在实际应用中一般采用对数标度即声压级和声强级等无量纲的量来度量噪声。当空间存在多个噪声源时，空间总的噪声强度大小将按能量叠加原理进行计算。

1. 声压和声压级

1) 声压

声音在空气中的传播是纵向波。当声波通过时，可使周围空气发生疏密交替变化并向外传递，这将引起空气中质点所受压强的变化。通常将声场中某一质点在某时刻的压强变化称为瞬时声压，即超过或小于未受声波影响时大气压强的量。其值可为正，也可为负。

$$p(t) = P(t) - P_0 \tag{5-1}$$

式中：$p(t)$——有声波时，空气中某质点在某时刻的瞬时声压，Pa 或 N/m²；

$P(t)$——有声波时，空气中某质点在某时刻的压强，Pa 或 N/m²；

P_0——未受声波影响时，该质点的大气压强，Pa 或 N/m²。

由于空气的疏密状态不断改变，所以瞬时声压值时时刻刻都在变。但不论是人耳，还是测量仪器，都无法跟上这种变化，它们能反映的只是瞬时声压值的均方根值，即有效声压 p_e。在实际工作中，如不作出说明，声压指的就是有效声压。

声压是衡量噪声强弱的物理量，它是用压强的大小来反映噪声的大小。声压越大，噪声则越大。正常人耳刚刚听到的声音即听阈的声压为 2×10^{-5} Pa，一般说话声的声压为 $2 \times 10^{-2} \sim 7 \times 10^{-2}$ Pa，使人耳感到疼痛的声音即痛域的声压为 20Pa，当声压达到数百帕以上时，可引起耳鼓膜损伤。

2) 声压级

从听阈声压 2×10^{-5} Pa 到痛域声压 20 Pa，声压的绝对值数量级相差 100 万倍，用它表示声音的强弱很不方便，而且人耳对声音强弱的感觉并不与声压的绝对值成正比，而是与其对数成比例的。因此，人们采用了声压的对数量级来表示声音的大小，这就是声压级。用数学公式表示为

$$L_p = 20 \lg \frac{p_e}{p_0} \tag{5-2}$$

式中：L_p——声压级，dB；

$\quad\quad p_e$——被测声压，Pa 或 N/m²；

$\quad\quad p_0$——基准声压，其值为 2×10^{-5}Pa 或 N/m²。

由式(5-2)可看出，引入声压级分贝(dB)来表示声音的大小后，可使声音的听阈和痛域变化范围缩小为 0～120 dB。噪声的声压级分贝值越大，噪声就越大。

2．声强和声强级

1) 声强

声强是指在单位时间内，垂直于声波传播方向上的单位面积内通过的平均能量，以 I 表示，单位为 W/m²。声强也是衡量噪声强弱的物理量，它是从能量的大小反映噪声的大小，声强越大，噪声则越大。一般正常人耳的听阈声强为 10^{-12} W/m²，声强再低则听不到；痛阈声强为 1W/m²，声强再高则会引起耳聋。

2) 声强级

声强的范围非常大，人耳正常感受的最大声强与最小声强之比为 10^{12}。与声压一样，直接用声强的绝对值来度量声音的大小也很不方便。因此，在声强的基础上，也引入一个新的物理量来表示声音的大小，这就是声强级。用数学公式表示为

$$L_I = 10 \lg \frac{I}{I_0} \tag{5-3}$$

式中：L_I——声强级，dB；

$\quad\quad I$——被测声强，W/m²；

I_0——基准声强，其值为 10^{-12} W/m²。

由式(5-3)可看出，引入声强级分贝(dB)来表示声音的大小后，可使声音的听阈和痛域变化范围也缩小为 0～120 dB。噪声的声强级分贝值越大，噪声则越大。在自由声场中，声强与声压之间存在 $I = P_e^2/\rho c$ 的关系，因而使声压级与声强级在数值上相等，即 $L_p = L_I$。

3. 声级运算

实际中，常常会出现几个声源同时存在的情况。求这些声源发出的总声级或某个单声源的声级会涉及声级的运算，声级运算是按照能量叠加进行计算的。

1) 声级相加

假设有 n 个噪声源同时存在，声强与声强级分别为 I_1, I_2, …, I_n 和 L_1, L_2, …, L_n，总声强级为 L。根据声强级的计算公式，n 个噪声源的总声强级为

$$L = 10 \lg\left(\frac{I_1}{I_0} + \frac{I_2}{I_0} + \cdots + \frac{I_n}{I_0}\right) \tag{5-4}$$

由式(5-3)可得到 $\frac{I_1}{I_0} = 10^{0.1L_1}$，$\frac{I_2}{I_0} = 10^{0.1L_2}$，…，$\frac{I_n}{I_0} = 10^{0.1L_n}$，则总声强级为

$$L = 10 \lg\left(10^{0.1L_1} + 10^{0.1L_2} + \cdots + 10^{0.1L_n}\right) \tag{5-5}$$

2) 声级相减

同理，声级的相减也是能量的相减。若已知两个声源的总声级为 L，其中一个声源的声级为 L_1，则另一声源的声级 L_2 可按下式进行计算。

$$L_2 = 10 \lg(10^{0.1L} - 10^{0.1L_1}) \tag{5-6}$$

声级相减的公式在现场测试中非常有用。如在车间内测量某一设备的运转噪声声级时，先关闭受测设备，测得背景声级为 L_1，然后启动受测设备，测出同一点处的总声级为 L，最后利用声级的相减公式，即可求出受测设备单独运转时该点的噪声声级 L_2。

分析与思考：

声压和声强分别从压强和能量方面反映出噪声客观上的强弱，为什么还要用声压级和声强级表征噪声的大小？

5.2.2　噪声的主观量度

声压和声压级、声强和声强级都是衡量噪声强弱的物理量，声压和声强越大，声压级和声强级越高，噪声越大。但是人耳对声音的感觉不仅与声压级或声强级有关，还与频率有关。人耳对高频率声音感觉灵敏，对低频率声音感觉相对迟钝，频率不同而声压级相同的声音听起来感觉不一样响。所以仅仅声压级并不能表示出人对声音的主观感觉，而人类研究噪声的目的主要是防止噪声对人类的影响。因此，衡量噪声的大小必须要以人的主观感觉程度为准，同时要考虑声压级和频率对人的作用。

1．响度和响度级

噪声强弱的主观感觉可用响度和响度级来表示。响度是人耳判别声音由轻到重的强度等级概念，它与人们的感觉成正比，是描述声音大小的主观感觉量。它不仅取决于声音的强度(如声压级)大小，还与声音的频率有关。响度的单位是宋(sone)，符号是"N"。1宋的定义是人耳对声压级为40 dB，频率为1kHz声音的主观感觉强度。如果另一个声音听起来比这个大n倍，即另一个声音的响度为n宋。

响度级是用来定量地确定声音轻或响的程度的参数，是建立在两个声音的主观比较上的。响度级是以1 kHz的纯音作为基准和任何其他频率的受测声音相比较，当调节1 kHz纯音的强度使之与其他声音一样响时，该1 kHz纯音的声压级分贝数则定义为受测声音的响度级值。响度级的单位是方(phon)，符号是"L_N"。

2．等响曲线

在一定条件下，根据人们的主观感觉对不同频率不同声级的声音进行试听分析。以声音的频率为横坐标，以声音的声压级为纵坐标，把在听觉上听起来一样响的点用曲线连接起来得到的曲线，称为等响曲线，如图5-1所示。

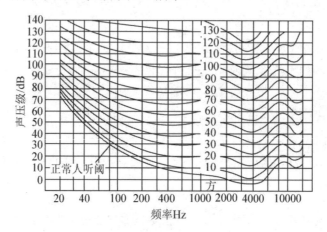

图 5-1　等响曲线

在等响曲线族中，每一条曲线都代表着一列频率不同、声压级不同，但响度级相同的声音。由图5-1可见，人耳对低频声的感受比较迟钝，对高频声的感受比较敏感。如声压级同为10 dB的两个声音，频率为200 Hz时，人耳听不见，而频率为400 Hz时则可以听见，而且人耳对3 000~4 000 Hz的声音特别灵敏。因此，高频噪声常常成为噪声防控的主要对象。

5.2.3　噪声评价

噪声评价是在调查分析噪声源和敏感目标的基础上，根据评价目的选择合适的评价量，根据相关要求设点监测，然后将监测值或计算值对照相应的环境噪声标准，评价声环境质量、声源的排噪情况或预测建设项目的噪声影响，并据此提出相应的防治噪声的对策、措施，为城市和工业区的规划、环境噪声治理和管理提供技术依据。由此可见，噪声评价与评价量的选取、噪声评价标准以及测量方法密切相关。其中选取合适的评价量是噪声评价中首先需要解决的最基本的问题。因此，各国学者提出了各种评价指标和方法，以下几种是被公认且广泛使用的评价量。

1．A 噪声级

人耳对不同频率的声音响应不同，其实质相当于一个滤波器。例如，有一台机器发出的噪声，含有从低频率到高频率的不同声音，该噪声一进入人耳就失真了，或被滤去了一部分低频成分，或被放大了一部分高频成分。因此，可以说该噪声被人耳"计权"了。

由于人耳无法测定出声音的频率成分和相应的强度，只能利用测量仪器声级计来测定，而且测定时必须考虑人耳的特征，使测得的结果与人耳的实际感觉相一致。为了模拟人耳的听觉特性，在声级计中安装了一个滤波器，使它对频率的判别与人耳相似，对低频部分进行衰减，对高频率部分进行放大，该滤波器称为计权网络。通过装有计权网络的声级计测得的噪声值称为噪声级。

一般声级计有 A、B、C 三种计权网络，分别模拟人耳对 40 方、70 方和 100 方纯音的响应特性，测得的值称为 A 噪声级、B 噪声级和 C 噪声级。因为 A 噪声级能很好地反映人类对噪声的主观感觉，与噪声引起听力损害程度的相关性也很好，所以被广泛地用于噪声的主观评价中，记作 dB(A)，用于区别声压级。

A 声级主要用于宽频带连续稳态噪声的一般评价。

2．等效连续 A 噪声级 L_{eq}

A 声级适用于连续稳态噪声的评价，但现实生活中，存在很多不连续、时强时弱的噪声，如道路两旁的噪声，当有车辆通过时，测得的 A 声级就大；当没有车辆行驶时，测得的 A 声级就小。对于这样的非稳态噪声，A 声级就不适用了。为了较准确地评价非稳态噪声的强弱，1971 年国际标准化组织公布了等效连续 A 声级。等效连续 A 声级是指在某个时间段范围内，各个时刻 A 声级的平均值(能量)，符号为 L_{eq}。用公式表示为

$$L_{eq} = 10 \lg \left[\frac{1}{t_2 - t_1} \int_{t_1}^{t_2} 10^{0.1 L_p(t)} \, dt \right] \tag{5-7}$$

式中：t_2，t_1——噪声测量的起始时间和终止时间；

　　　　L_{eq}——在(t_2-t_1)时间段内的等效连续 A 声级，dB(A)；

　　　　L_p——在(t_2-t_1)时间段内，各时刻的 A 声级，dB(A)。

3．昼夜等效声级 L_{dn}

昼夜等效声级是指对昼夜的噪声进行能量加权平均得到的噪声值，符号为 L_{dn}。由于考虑到夜间噪声对人们的影响更大，所以对夜间测得的所有噪声级都加上 10 dB(A)进行修正。其计算公式为

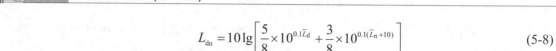

$$L_{dn} = 10\lg\left[\frac{5}{8}\times10^{0.1\bar{L}_d} + \frac{3}{8}\times10^{0.1(\bar{L}_n+10)}\right]$$ (5-8)

式中：L_{dn}——为昼夜等效声级，dB(A)；

$\bar{L}_d$——为昼间噪声级，dB(A)，昼间为07:00－22:00，共15小时；

$\bar{L}_n$——为夜间噪声级，dB(A)，夜间为22:00－7:00，共9小时。

昼夜等效声级考虑到夜间噪声对人的干扰更大，适用于评价城市环境噪声和起伏的交通噪声。

4．时间统计噪声评价量

连续等效A声级反映了不稳定噪声对人体的影响，但是未能反映噪声的起伏程度或时间分布特性，而噪声的时间特性也是决定公众对噪声反应的重要因素之一。常用的时间统计噪声评价量包括统计A声级L_N，以及在此基础上形成的交通噪声指数(TNI)和噪声污染级(NPL)。其中，交通噪声指数(TNI)是一个与公众对交通噪声反应相关性较好的评价量，已广泛用于交通噪声评价。

统计A声级L_N是指某点噪声级有较大波动时，用于描述该点噪声变化状况的统计量，又称累计百分数声级，一般用L_{10}、L_{50}、L_{90}表示。L_{10}表示在取样时间内有10%的时间超过的噪声级，相当于噪声的平均峰值。L_{50}表示在取样时间内有50%的时间超过的噪声级，相当于噪声的平均值。L_{90}表示在取样时间内有90%的时间超过的噪声级，相当于噪声的背景值。统计A声级一般只用于有较好正态分布的噪声评价，可以用来评价城市环境噪声或起伏的交通噪声，以及计算交通噪声指数(TNI)和噪声污染级(NPL)。

$$TNI = 4L_{10} - 3L_{90} - 30$$ (5-9)

$$NPL = L_{50} + d + \frac{d^2}{60}$$ (5-10)

$$d = L_{10} - L_9$$ (5-11)

分析与思考：

A噪声级和等效连续A噪声级在评价噪声方面的不同之处。

5.3　噪声污染控制技术

噪声污染控制是指采用工程技术措施控制噪声源的声音输出、控制噪声的传播途径和接收，把噪声污染限制在可容许的范围内，以得到人们所要求的声学环境。噪声污染控制的一般程序是：首先进行减噪环境的噪声现状调查，测量现场的噪声级和噪声频谱，然后根据有关的环境标准确定现场允许的噪声级，并根据现场实测的噪声级和容许的噪声级之差确定降噪量，进而制定技术上可行、经济上合理的噪声污染控制技术方案。

5.3.1　噪声控制的基本原理

噪声源、噪声的传播途径、接受者是发生噪声污染的三个要素,只有这三个要素同时存在时,才会构成噪声污染。因此,控制噪声污染必须着眼于三要素,即首先要降低噪声源的噪声级,其次从传播途径上降低噪声,最后考虑接受者的个人防护。只有综合考虑这三方面,噪声污染才能得到有效控制。

1. 噪声源的控制

声源是噪声系统中最关键的组成部分,噪声污染的能量均来自声源。因此,降低噪声源的发声声级是噪声控制中最根本和最有效的手段,也是近年来最受重视的问题。对噪声源进行控制,一般有设计控制、管理控制和技术控制三种方法。

1) 设计控制

设计控制是指在工程或产品设计上,使其符合国家有关噪声标准。为此,应首先逐步完善各种噪声标准和法规,使噪声控制实践有法可依,有标准可循。其次,在设计环节应严格执行国家噪声标准和法规。如汽车车辆、建筑机械设备等产品在出厂时,必须把噪声标准作为其众多产品标准的重要组成部分,严把噪声标准关;民用建筑工程在设计时,务必要考虑如水泵、通风系统等声源的合理选址和选型,使其符合《民用建筑隔声设计规范》(GB 50118—2010)的相关要求等。

2) 管理控制

管理控制是指通过管理措施对噪声源的使用加以控制。如汽车在市区内行驶不许鸣喇叭;载重大的过境货车通过途经城市时走外环城路;限制噪声超标的汽车在马路上行驶;限制高噪声车辆的行驶区域;发展公共交通,合理减少道路上的车辆;淘汰高噪声施工机械和工艺,推广使用低噪声的施工机械和工艺;采用合理的操作方法以降低机械设备噪声的发生功率;建筑工程质量监督部门对施工现场的噪声进行测量和监督;对施工人员进行环境知识、意识等方面的教育,使其进行文明施工;环保部门采取行政手段,对娱乐饮食业等社会噪声进行控制等。

3) 技术控制

技术控制是指对声源的某些装置采取一定的技术措施,使其发出的声音变小。如将现有的道路路面改造成低噪声路面,以降低车辆轮胎与路面的摩擦噪声;水泵安装时装设减振垫,以降低振动发出的噪声;改进设备结构,提高部件加工精度和装配质量,以降低噪声的发生功率;用润滑剂或提高光洁度等方法减少机械零部件之间的摩擦噪声等。

2. 传播途径的控制

由于技术或经济上的原因,使得从声源上控制噪声难以实施时,可以考虑从传播途径上加以控制,常用方法有以下几种。

1) 充分利用噪声随距离衰减的规律

合理规划防噪布局，切断噪声的传播途径。如在城市规划时，把高噪声工厂或工业园区与居民区、文教区等隔离开；在工厂内部，把强噪声的车间与生活区分开，强噪声源尽量集中安排，便于集中治理；避免过境道路穿越城市中心；长途汽车站应尽量紧靠火车站，且不宜放在市中心，以避免下火车的旅客为改乘长途汽车而往返于市内；合理划定建筑物与交通干道的防噪声距离，并提出相应的规划设计要求，规定交通干道距离居住区不小于30 m，一级公路、二级公路和铁路不允许穿越居民区等。

2) 充分利用声源的指向性

高频噪声的指向性较强，可充分利用声源的指向性特点降低噪声。如通过改变机械设备安装的方位来控制噪声的传播方向，使噪声源指向旷野或天空；安装火车站列车报站的喇叭时，应避免朝向周边居民区、学校、幼儿园等敏感性目标；通风系统的出口应避免朝向人群密集处；城市中多建一些带底层商店的住宅等。

3) 利用屏障的阻挡作用

当声波在传播过程中遇到障碍物时，一部分会被反射，另一部分则从屏障的上部绕射，在屏障后形成声影区，声影区的噪声明显降低。因此，可充分利用屏障阻止噪声的传播。如在噪声严重的工厂周围，利用土坡、山岗等天然屏障或设置足够高的围墙建立隔声屏障；在施工现场周围采用围墙围挡可防止建筑施工噪声外泄；交通道路两侧设置足够高的围墙或植树造林，以降低交通噪声对敏感性目标的影响；垂直于街道的住宅建筑，可在山墙墙头沿街布置一些商店之类的服务建筑，或者建筑物后退，在建筑物与车行道之间布置林带，以降低交通噪声对住宅建筑的影响等。

4) 利用声学控制技术

当采用上述措施不能满足环境要求时，可利用吸声、隔声和消声等局部的声学技术进行噪声控制，这是传播途径上进行噪声控制的最有效措施。如利用泡沫塑料、吸声砖等吸声材料，减少室内噪声的反射；在临街建筑设置隔声门窗，以降低交通噪声的传播问题；在通风管道上装设消声器，以降低空气动力性噪声的传播等。

3. 个人防护

因条件限制，噪声源控制和传播途径控制都难以达到标准时，需要采取个人防护的被动措施，在接收点有效阻止噪声。如采用耳塞、防声棉、耳罩和头盔等防护用具对听觉和头部进行防护；采取轮班作业，缩短在强噪声环境中的暴露时间。当噪声超过 140dB 时，不但对听觉、头部有严重的危害，而且对胸部、腹部各器官也有极严重的危害，尤其是心脏。因此，在极强噪声的环境下，还要考虑人们的胸部防护，如穿上由玻璃钢或铝板内衬多孔吸声材料制成的防护衣等。

5.3.2 吸声技术

在未做任何声学处理的房间内，人们听到的声音除了由声源直接通过空气传来的直达声外，还有由房间的墙壁、门窗、地板、天花板等经多次反射、叠加而构成的混响声。混响声的叠加增加了噪声的声级和危害性。吸声技术是指在房间内壁或空间中装设吸声材料或结构来降低室内噪声的措施，其基本原理如图 5-2 所示。当声波投射到这些材料或结构表面后，部分声能被吸收，使反射声减弱，接受者听到的只是直达声和已减弱的混响声，总声音强度降低。在噪声技术控制中，经常采用吸声系数来表示吸声材料或结构的吸声能力，其值为 $(E-E_r)/E$。

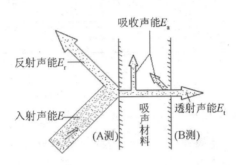

图 5-2 吸声基本原理示意图

1．吸声材料

1) 常见吸声材料

吸声材料大多是松软多孔、透气的材料，主要包括纤维材料、颗粒材料和泡沫材料三种。①纤维材料包括有机纤维(如植物纤维、毛毡、动物纤维等)、无机纤维(如玻璃棉、岩棉、中粗棉、矿渣棉等)、纤维材料制品(如软质木纤维板、矿棉吸声板、岩棉吸声板、玻璃棉吸声板等)；②颗粒材料包括砌块(如矿渣吸声砖、陶土吸声砖等)、板材(如珍珠岩吸声装饰板等)；③泡沫材料包括泡沫塑料(如聚氨酯泡沫塑料、脲醛泡沫塑料等)、泡沫玻璃以及加气混凝土等。

2) 吸声原理

因为吸声材料具有大量的孔隙，内部松软多孔，孔与孔之间互相连通，当声波透过吸声材料的表面进入内部孔隙后，会引起孔隙中的空气和多孔材料细小纤维的振动，使部分声能由于空气和小孔壁之间的摩擦、空气的黏滞阻力等转化为热能而耗散掉，从而降低了声能。

多孔吸声材料对中高频噪声的吸收效果好，使用时必须加护面层，且应具有一定的厚度，以便多孔材料的固定，防止飞散、抖落。护面层可采用开孔率不低于 20%的穿孔护面板、金属丝网、塑料网纱、玻璃布、麻布、纱布等。

2．吸声结构

利用共振原理做成的吸声结构称为共振吸声结构，如薄板共振吸声结构、穿孔板共振吸声结构和微孔板共振吸声结构，适用于对低频噪声和中频噪声的吸收。

1) 薄板共振吸声结构

薄板共振吸声结构是将无孔的金属板、胶合板等板材的四边固定在框架上，并在薄板的背后设置一定深度的空腔，形成薄板与空气层共同构成的共振系统，如图 5-3 所示。

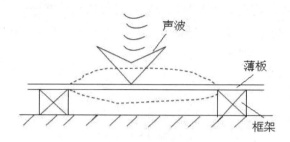

图 5-3　薄板共振吸声结构示意图

在图 5-3 中，薄板相当于质量，空气层相当于弹簧。当声波入射到薄板板面时，引起薄板和空气共振系统的振动，使部分声能转变为热能而散失掉。特别是当入射声波的频率与薄板系统的固有频率一致时，会产生共振，此时的吸收系数最大，吸声效果最好。薄板共振吸声结构对低频声音有较高的吸声效果。

2) 穿孔板共振吸声结构

穿孔板共振吸声结构是在钢板、胶合板、塑料板等薄板上，以一定孔径和穿孔率的小孔构成穿孔薄板，并将穿孔薄板固定在墙壁的框架上，使之与墙体之间留有一定厚度的空气层而形成共振系统，如图 5-4 所示。

当声波入射到穿孔薄板时，孔颈处的空气就如同活塞一样进行往复振动，产生摩擦和阻尼，使声能转变为热能而削减。当入射声波的频率和系统的共振频率一致时，孔颈处空气柱往复振动的速度、幅值达到最大值，摩擦和阻尼也最大，此时吸声系数最高。该吸声结构对中、低频率的声波有较高的吸声效果。为进一步提高吸声性能，可将穿孔板的孔径设计得偏小一些，或在穿孔板后面的空腔中填放一些多孔吸声材料，或在穿孔板后覆盖一层薄布或玻璃布，以提高结构的声阻，从而提高吸声系数。

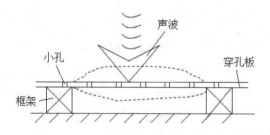

图 5-4　穿孔板共振吸声结构示意图

3) 微孔板共振吸声结构

微孔板共振吸声结构是在穿孔板吸声结构的基础上发展起来的一种新型共振吸声结构。在厚度不超过 1mm 的薄金属板上，开一些直径不超过 1mm 的微孔构成穿孔率为 1%～

3%的微孔板，板后留有一定深度的空腔。这种由板厚和孔径均在 1mm 以下的微穿孔板和空腔组成的复合结构称为微孔板共振吸声结构。

　　微孔板共振吸声结构的吸声原理同穿孔板吸声结构的吸声原理一样，但由于微孔板的孔细而密，与普通穿孔板相比，具有声质量小、声阻大的特点，因而其吸声频带宽度和吸声效果都好得多。实际应用中，常使用两层不同穿孔率的微孔板，做成前后两个空腔深度不同的双层微孔板吸声结构，以提高吸声效果。双层微孔板吸声结构具有宽频带高吸收的特点，其示意图如图 5-5 所示。

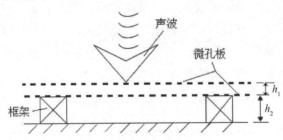

图 5-5　双层微孔板吸声结构示意图

3．吸声技术的应用场合

　　吸声技术仅仅减弱反射声的强度，对从声源来的直达声不起消减作用，因此只适用于室内混响声为主、接受者距离声源较远时的情况。如在车间或房间体积不太大、内壁吸声系数很小、混响声较强、接受者距离声源较远时，可以采用吸声处理来获得较理想的降噪效果。此外，在噪声源多且分散的室内，当对每个噪声源都采取噪声控制措施有困难时，采用吸声技术和其他降噪方法配合使用，将会起到良好的降噪效果。一般情况下，吸声技术可以降噪 3～5 dB(A)，对于混响严重的车间可以降噪 6～10 dB(A)。

5.3.3　隔声技术

　　隔声是噪声控制工程中常采用的一种技术措施，它是利用墙体、各种板材及构件作为屏蔽物，将噪声源和接受者分开，阻断声波在空气中的传播，从而达到降噪的目的。隔声降噪的基本原理如图 5-6 所示。

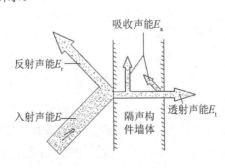

图 5-6　隔声降噪原理示意图

当声波入射到屏蔽物表面时，一部分声能被反射回去，另一部分进入屏蔽物。进入屏蔽物的声能中，一部分在传播过程中被吸收，另一部分透过屏蔽物进入到另一空间，从而降低了噪声的传播。具有隔声效果的屏蔽物称为隔声材料或隔声构件，主要有隔声墙、隔声间和隔声罩以及隔声屏(帘)等。其隔声效果可用透声系数 E_t/E 表示，该值越大，隔声效果越差。

1. 隔声墙

墙壁隔声是房间或车间声学处理的一个重要方面。实践证明，空心墙和泡沫混凝土砖墙、留有足够间隔的间壁墙都具有良好的隔声降噪效果，而普通门板、双层玻璃窗和空心楼板等，中间都有一定厚度的空气层，不仅保温，而且隔声，也是常见的隔声构件。隔声墙的隔声效果与声源距离相关，墙壁离声源越近，则隔声效果越好。

2. 隔声间

在吵闹的环境中建造一个具有良好隔声性能的小房间，给工作人员一个安静的环境，或将多个强声源置于上述房间内，以保护周围环境的安静。例如，强噪声车间和风机房等的控制室、观察室以及高级宾馆等都是隔声间。隔声间由许多不同的隔声构件组成，如墙、门窗、帘等。为了达到预期的隔声效果，隔声间的入口、隔声门窗、进气和排气管道及其接头缝隙都必须进行必要的隔声处理。

3. 隔声罩

将体积较小的噪声源封闭在一个相对小的空间内，以减少其向周围辐射噪声的罩状结构，称为隔声罩。隔声罩是在机械噪声控制中最常用的方法之一，适用于车间内独立的强噪声源(如风机、空压机、柴油机、电动机和变压器以及制钉机、抛光机等)设备的隔声降噪。

隔声罩是由隔声材料、阻尼材料和吸声材料组成的构件，一般用 1.5～3.0mm 的钢板作为外层，为防止产生混响声，提高隔声效率，通常采用穿孔板做里层护面板，并在里层的内侧涂上阻尼材料，在夹层间充填多孔吸声材料。其降噪量一般在 10～40dB(A)。

4. 隔声屏(帘)

隔声屏(帘)是指在声源和接受者之间设置屏障或帘幕状屏蔽物，以阻挡噪声直接传播到屏障后的区域。屏障后面的一定范围内仅接受到很少的透射声与小部分衍射声，形成声影区，将接受者设计在声影区内就可以有效地隔声降噪。

建筑物内，在对隔声要求不高的情况下，如果难以从声源本身治理，又不便于安装隔声罩或需要分隔较大的车间或办公室时，都可以设置隔声屏(帘)。由于隔声屏主要用于对直达声降噪，因此在混响严重的房间中，隔声屏不起作用，必须配合吸声才能达到隔声降噪效果。此外，交通干道的两侧等室外也可以设置隔声屏来有效地屏蔽噪声。

为了阻止直达声的发散，隔声屏常做成二边、三边和遮檐形式，其中遮檐式降噪效果最好。在室内，隔声屏可做成移动式，并设置扫地橡皮，以减少漏声。在人流较多的室内，且隔声要求不高的情况下，可以在通道中设置隔声帘。常见的隔声屏构造和形式如图 5-7 所示。

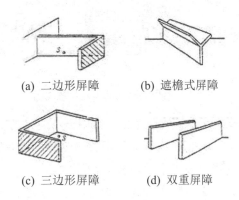

(a) 二边形屏障   (b) 遮檐式屏障

(c) 三边形屏障   (d) 双重屏障

图 5-7 常见的隔声屏构造和形式

5.3.4 消声技术

消声技术是利用消声器来阻止或减弱噪声的传播，主要用于空气动力性噪声的控制，如各种风机、空气压缩机、机械设备输气管道等的消声降噪。消声器通常安装在空气动力设备的气流进出口或通道上，阻止或减弱噪声的传播，一般可以降噪 20～40 dB(A)。

根据消声原理的不同，消声器主要有阻性消声器、抗性消声器两种类型。在实际应用中，也可以将二者组合构建成复合式消声器，以提高消声效果。

1. 阻性消声器

阻性消声器属于吸收型消声器。它是利用装置在管道内壁或中部的吸声材料吸收声能从而达到消声的目的。当声波通过敷设吸声材料的通道时，声波激发吸声材料以及内部众多小孔内空气分子的振动，由于摩擦阻力和黏滞阻力的作用，使一部分声能转换为热能而耗散掉，从而起到消声作用。阻性消声器对中、高频噪声的降噪效果较好，主要用于风机的进气和排气降噪。

阻性消声器种类很多，消声通道截面形式除了扁矩形以外，还有方形和圆形的；通道轴线有平直的，也有折弯或弯曲的；截面面积可以是等截面的，也可以是变截面的。常用的阻性消声器示意图如图 5-8 所示。

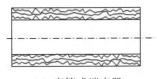 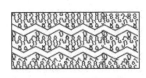 

(a) 直管式消声器   (b) 折板式消声器   (c) 声流式消声器

图 5-8 常用的阻性消声器示意图

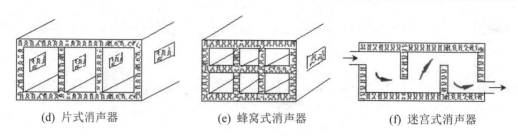

(d) 片式消声器　　　　(e) 蜂窝式消声器　　　　(f) 迷宫式消声器

图 5-8　常用的阻性消声器示意图(续)

上述消声器中，最简单的是直管式消声器，常用于小流量的空气动力设备的降噪方面。对于大流量的空气动力设备，其管道截面面积很大，若仍采用直管式消声器降噪的话，将产生高频失效现象。因为高频声波以窄声束在大截面的通道中传播，很少或根本不能与吸声材料接触，导致消声效果大大下降。因此，为了避免高频失效现象的发生，常常把消声器做成折板式、声流式、片式和蜂窝式等。

2. 抗性消声器

抗性消声器是通过控制声抗的大小来消声的。与阻性消声器不同，抗性消声器内一般不设吸声材料，而是利用消声管道截面的突变或旁接共振腔的方法，使声波产生反射、干扰现象，从而降低消声器向外辐射的声能。抗性消声器适用于脉冲气流产生的低、中频噪声降噪，如空压机的进气噪声、内燃机和汽车的排气噪声。抗性消声器一般有扩张室消声器和共振腔消声器两种形式。

扩张室消声器又称膨胀式消声器，由扩张室和连接管组成，如图 5-9 所示。它是利用管道截面的突然扩张和收缩，造成通道内声阻抗的突变，使某些频率的声波因反射和干涉而不能顺利通过，从而达到消声的目的。

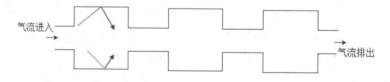

图 5-9　扩张室消声器示意图

共振腔消声器实际上是共振吸声结构的一种应用。它是由一段在管道壁上开小孔的气流管道和管外的密闭空腔构成，主要有旁支式和同心式两种，如图 5-10 所示。

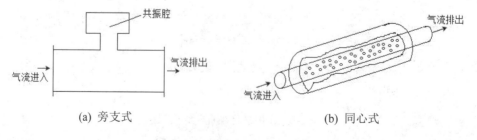

(a) 旁支式　　　　　　　　　　(b) 同心式

图 5-10　共振腔消声器示意图

分析与思考：

阻性消声器和抗性消声器在消声原理方面的不同点；吸声技术和消声技术的应用场合。

3．阻抗复合式消声器

大多数情况下，生产生活中产生的噪声都属于宽频带噪声，单靠阻性消声器或抗性消声器都不能较好地解决问题，而阻抗复合式消声器是由阻性消声器和抗性消声器复合而成的，它既有阻性消声器能消除中、高频噪声的特点，又有抗性消声器能消除低、中频噪声的特点，具有消声量大、消声频带宽的优良性能，是实际生产生活中最常用的消声器。

重点提示：

掌握噪声控制的基本原理；在传播途径上控制噪声的常用方法。

5.4　土木工程中的噪声污染与控制

土木工程不仅施工期会产生干扰周围生活环境的噪声，运营期同样也会产生噪声污染。例如，随着城市道路、高速公路的日益发展，交通噪声日益泛滥，并且已毫不留情地闯进了我们的居住空间，严重地威胁着人们的正常生活。此外，居住建筑内部的噪声对人们带来的影响也逐渐增大，诸如电冰箱、吸尘器、空调、电风扇、钢琴、音响等的使用都会带来意外噪声。因此，在土木工程的建设和运营期间，人们都必须要采取各种各样的措施，以避免和消除噪声带来的危害。

5.4.1　土木工程中的施工噪声污染与控制

土木工程施工噪声是指施工过程中产生的各种让人厌烦的声音，是噪声污染的一项重要内容。这类噪声虽是暂时性的，但随着城市建设的发展，兴建和修理的工程量与范围不断扩大，其影响越来越广泛。而且施工现场多处于居民区，有时施工在夜间进行，产生的噪声严重影响了周围居民的睡眠和休息，加之具有强度高、分布广、波动大、控制难等特点，这不能不引起人们的高度重视，控制和防治施工噪声也成了一个刻不容缓的问题。

1．土木工程施工中可能产生噪声的活动

土木工程施工期间，各种施工机械和运输车辆会辐射出较强烈的噪声，对附近居民、学校的生活、休息和教学产生较大的影响。引起噪声污染的主要活动和设备如表 5-12 所示。

从产生噪声的施工活动及设备可知，土木工程施工噪声大多具有以下特点：①具有移动性，而且通常位于室外；②发生时间常随着工程作业进度而改变；③污染发生时间短暂，非持续；④具有随意性和无规律性。这是因为不同的施工阶段使用的施工机械不同，同一施工阶段投入的施工机械也有多有少，所以施工机械种类繁多。而施工机械不同，噪声源

特性也不同，如有些设备噪声呈振动式的、突发的或脉冲特性的，对人的影响较大；有些设备(如搅拌机)频率低沉，不易衰减，使人感觉烦躁；有的施工机械噪声较大，可高达110 dB左右，这些决定了施工噪声的随意性和无规律性。

表5-12　产生施工噪声的污染源

施工活动	施工设备
打桩作业	打桩机、混凝土罐车等
开挖、装卸、整地、滚压等土方作业	推土机、挖土机、装载机、运输车辆、压路机等
构造物拆除、铺面板拆除、路面拆除等作业	手提式破碎机、混凝土破碎机、切割机、手提式破碎机等
支拆模板、搭拆脚手架及修理作业	外用电梯、切割机、钻孔机、电钻等
混凝土输送、泵送和浇捣作业、钢筋加工等结构施工作业	混凝土罐车、混凝土泵送车、混凝土振动棒、电锯、切割机、外用电梯等
室内装修及设备安装作业	外用电梯、钻孔机、电钻、石材切割机、电焊等
运输建筑材料和废料等作业	运输车辆等

2．土木工程施工噪声污染的成因

土木工程施工中，噪声多来源于以下几方面。

(1) 施工设备、工艺陈旧落后，操作管理不善。受经济条件的制约，一些施工单位在工程施工过程中，使用简易、陈旧、质量低劣的施工设备或技术落后的施工工艺，导致施工噪声严重超标。如转盘电锯噪声高达 90 dB(A)；钢筋切割机产生的噪声高于钢筋夹断机产生的噪声；垂直振打的打桩工艺产生的噪声远远高于螺旋、静压或喷注式打桩工艺的噪声等。此外，由于缺乏维护保养，一些机具设备处于不良运行状态，加之施工人员操作方法不正确等，都会带来一些无谓的噪声污染。

(2) 施工现场安排不合理。部分施工单位不太注重施工场地的合理布置，将电锯、混凝土搅拌机、切割机等高噪声设备及其加工场所安置在场地内靠近住宅、学校、幼儿园等敏感区的一侧，或在同一地点集中布置，导致设备噪声扰民严重。另外，一些施工单位对噪声极大的设备采取露天设置，没有任何防噪、降噪措施，导致这些设备产生的噪声超出了噪声排放标准的要求。

(3) 施工时间安排不合理。《中华人民共和国环境噪声污染防治法》对夜间施工有严格规定。在城市市区噪声敏感建筑物集中区域内，禁止夜间进行产生环境噪声污染的建筑施工作业，但抢修、抢险作业和因生产工艺上要求或者特殊需要必须连续作业的除外，且需要进行严格审批。实际施工中，一些施工单位为提高工程进度，违反相关规定进行夜间施工，或白天大量高噪声设备同时施工，严重影响了附近居民的正常生活。

(4) 运输时间和路线的不合理。施工期间，由于运输施工材料、土方、建筑垃圾等，交通运输对周边环境影响较大。如果夜间运输量较大，或将施工道路、物资运输路线布置在敏感目标的周围或沿线，容易引发车辆噪声扰民问题。

除此以外，施工现场的环境管理不到位，也会带来不必要的噪声影响。例如，高声叫喊、无故摔打模板、高音喇叭的使用，以及坑坑洼洼的施工便道或车辆行驶路线等。

3. 土木工程施工噪声污染的控制

随着我国经济建设步伐的加快，各地都在加快土木工程的建设，但是工程施工不能以噪声扰民为代价。因此，施工单位应遵守国家和地方法规，采取有力措施保护和改善施工现场环境，尽量减少对施工现场周围环境的影响，减少对周边居民生活的干扰。

(1) 尽量选用低噪声的施工设备和工艺。施工期间的噪声主要来自施工机械。因此，施工单位必须选用符合国家有关标准的施工机具，对落后的施工设备进行淘汰，尽量选用低噪声设备。如不同型号压路机噪声声级可相差 5 dB(A)，低噪声搅拌机与旧搅拌机相比，声源噪声值可降低 10 dB(A)等，所以这是降低声强的根本措施。另外，采用低噪声施工工艺也是降低施工噪声的重要方面，如不采用锤式打桩工艺，而改为静压桩或钻孔桩工艺；以焊接代替铆接；用螺栓代替铆钉；以定型组合模板和脚手架代替钢管脚手架的搭设和模板支护等。

(2) 加强施工机具的管理和维护。工程施工前，应首先对操作人员进行操作规程和技术培训，采用正确的操作方法，减少或避免无谓的噪声污染。如作业等待时，停止施工机具引擎的转动，避免机械设备同时运转等。其次，还要注意对机具设备定期进行维修保养，保持润滑，紧固各部件，使其处于最佳工作状态，以减少运行振动产生的噪声。另外，对机械设备进行改造，以及对机械设备加装隔音或防振装置等，以避免或降低噪声的发生量。如将柴油引擎更换成电动马达、履带式改换成胶轮式，对机械设备安装防音罩、消音器、防振座和防振垫等，来减少机械设备本身产生的噪声污染量。

(3) 合理安排施工场地。施工期间，应当严格执行国家有关噪声控制的标准要求，采取积极有效的措施，合理安排施工场地，使居民区等敏感点处于其施工防护距离外，如公路施工，学校、医院、疗养院等敏感点应在路基两侧外 200 m 以上；若在施工防护距离内有敏感点，则必须采取有效的隔声措施，如隔声窗、声屏障等，使噪声降低至标准范围之内；根据声波衰减原理，在施工场界内也应合理安排施工机械，将噪声大的施工机械布置在远离居民区等敏感点的一侧；避免在同一地点安排大量的动力机械设备，以避免局部声级过高；对高噪声的机械设备，应设法建立隔声房或掩蔽物或将其放入地下室等隔声处，以最大限度地减轻它对周围环境的影响。

(4) 合理安排施工工序和时间。在编制施工组织设计、安排施工计划时，不应仅仅考虑项目本身的工程特点，还应充分考虑项目周围的环境状况，走访了解居民的作息时间，合理安排施工时段，尽可能避免夜间施工，禁止在夜间使用高噪声设备，或缩短噪声较大的施工工序时间。如确因施工需要必须在夜间连续施工的，应事先报环保部门审批，获准后方可在指定日期内施工，并提前告示所在区域的居民、单位等。

(5) 减少施工交通噪声。因夜间环境相对安静，同样强度的噪声引起的污染程度不同，所以应尽量减少夜间运输量；尽量选用低噪型运载车，因为一些低噪型运载车在行驶中的噪声声级比同类水平其他车辆约降低 10～15 dB(A)；大型载重车辆进入居民区时应限速，不贸然加快车辆行驶速度；对运输车辆定期维修、养护；加强运输车辆的管理，杜绝超载、超速、减少或杜绝鸣笛等。同时，应合理安排运输路线，使施工便道、物资运输路线远离居民区、学校等敏感点等，以尽量减少施工期交通噪声的污染危害。

(6) 加强现场环境管理。在施工中，较好的工作环境通常也可以减少噪声的发生量。如经常检修施工便道或车辆行驶路线，当有坑坑洼洼出现时，应随时进行补修；材料、器具尽可能堆放整齐、合理，避免不必要的转输；为保护施工人员的健康，施工单位应合理安排工作人员轮流操作强噪声的施工机械，减少接触高噪声的时间，或穿插安排高噪声和低噪声的工作，对强噪声环境中作业的人员应配备噪声防护用具；严格控制人为噪声，进入现场不得高声喧哗，不得无故摔打模板、乱吹哨等。

除上述措施以外，还可通过以下途径对施工噪声进行有效防控。如施工场地不设水泥搅拌站，代之以使用商品混凝土；施工现场应设置不低于一定高度的硬质体围墙实施打围作业；应在施工现场显著处悬挂施工工地环保牌，注明工地环保负责人及工地现场电话号码，以便公众监督；若现场超标排放则应采取积极有效的措施，避免或减少施工噪声扰民，并按照国家规定缴纳超标排放费；如果采取了相应的防护措施，还会导致周边噪声超标，则应给予受影响人群一定的经济补偿等。

5.4.2　道路交通噪声污染与控制

现代城市中，生活噪声、工业噪声和道路交通噪声是城市噪声污染的主要来源。其中，道路交通噪声具有移动性大、影响范围广等特点，治理起来难度较大。随着我国城市化进程的不断加快，路网密度和汽车数量还将不断增加，道路交通将愈加繁忙，交通噪声污染将日益凸显。如何有效防治交通噪声污染加剧，并逐步减轻其环境影响，将是未来很长时期内的重要课题。

1. 道路交通噪声污染的成因

(1) 快速行驶和喇叭噪声。在路况一定的情况下，道路交通噪声通常随着车速的增加而增加，而现如今的快节奏城市生活也使得车辆在马路上的急速行驶较为常见。另外，在行驶过程中，车辆穿梭于各条道路、多个车辆之间，尤其在交通拥堵时刻，为了避免碰撞，喇叭声此起彼伏，也加剧了交通噪声的污染。

(2) 行驶车辆设备老化。由车辆自身造成的噪声来源主要有发动机的噪声和启动刹车时的噪声。现实生活中，虽有不少老旧车辆已经严重不能满足对交通车辆的管理要求，但仍频繁地行驶在各城区道路上，因而产生了大量的噪声污染。

(3) 道路设计不规范和路面损毁。在交通道路的设计上，许多城市只是在居民密集的区域进行了一些比较简单的防控处理，一些区域尤其是在交叉路口处，道路设计未能根据实际需要进行规划，导致道路交通噪声极为突出。另外，有的道路出现了不同程度的损毁而导致路面粗糙，也很容易使交通噪声增大，而道路维修工作不及时，进而使道路交通噪声污染进一步恶化。

(4) 对道路交通噪声缺少监控与管理。对道路交通噪声进行有效监测是研究其防控治理的重要依据，而现在多数城市却只在道路交叉路口处设有噪声监测的设备，更多地方则得不到检测，使得噪声管理和防控缺少大量基础数据的支持。目前，许多城市虽然实施了一些减少噪声污染的规定，如机动车禁止鸣笛、道路单行线等，但是由于管理措施仍不够细化和具体，加之噪声污染的分散性和短暂性，使得道路交通噪声污染问题一直未能得到有效的解决。

2．道路交通噪声污染的控制

道路交通噪声污染已成为城市规划与建设中不可忽视的一个重要问题，它不仅影响人们的日常生活、学习和休息，而且对城市的环境和可持续发展产生很大影响。因此，应通过多种措施对其进行有效控制，给人们提供一个良好的城市生活环境。

(1) 合理控制噪声源。控制车辆噪声是控制道路交通噪声最直接的措施。因此，可通过采用高效率排气消音器、采用发动机隔声罩、采用自动变速器、研制开发低噪声车辆、加强对车辆的护理和保养、对不符合国家标准的老旧车辆进行报废处理等措施来合理控制噪声源，以减少道路交通噪声。

(2) 改进城市道路路面。道路交通噪声与路面材料和路面性质等因素有关，改造城市道路路面，选用低噪声路面对于降低和控制交通噪声污染非常有效。低噪声路面从降噪机制上可分为两大类：一类是以吸声为主的多孔性低噪声路面，如多孔性沥青路面、露石水泥混凝土路面、薄沥青混凝土路面等；另一类是以减振为主的弹性低噪声路面，如橡胶沥青路面、沥青玛蹄脂碎石路面和骨架密实型路面等。据调查，汽车行驶在沥青混凝土路面比行驶在水泥混凝土路面的噪声要低 13 dB。近 10 年来，国外对疏水性混凝土的减噪特性进行了研究，认为这种低噪声路面可降低车辆的轮胎噪声 2～8 dB。国内同济大学对杭州—萧山和杭州—建德两段低噪声路面进行的实测表明，轮胎与路面接触噪声降低了 3～5 dB，取得了较好的降噪效果。

(3) 合理设计交通规划。城市交通情况是影响城市交通噪声的重要因素。城市道路附近的噪音，主要取决于机动车的流量、重型车辆的比例数和机动车的行驶速度，如一些比较拥挤的街道和交叉路口，因为车辆的频繁启动加速，噪声往往比一般街道高很多。因此，在城市总体规划和设计时，要对各交通干线和噪声源进行合理布局，如城市主干道、快速路和支路的长度比例要适当；对于平时交通繁忙的道路口，应使用立体方式代替平面交叉方式，以减少车辆的加速和停车次数；采用环形交叉路口可以减少交通冲突点，减少机动车的连续启动和刹车；对于像学校、医院等周围要求比较安静的街道，应适当地限制车流量和机动车行驶速度等，以降低道路交通噪声。

(4) 设置声屏障降噪。设置声屏障是防治交通噪声的重要措施，对距道路 200 m 范围内的受声点有非常好的降噪效果。声屏障可分为吸声式和反射式两种,吸声式主要利用吸声材料降低噪声,而反射式主要通过对噪声的传播进行反射来降低噪声。一个合理的声屏障可以对处于声影区的受声点降噪 5～15 dB,如现在普遍采用的多孔混凝土高吸声性声屏障,可有效降低 8～10 dB 的噪声。但声屏障的作用也有很大的局限,因为声屏障起作用必须要有足够的高度和长度来挡住道路上的声源,这样会在一定程度上破坏城市景观,而且对 6 楼以上超出声影区的楼层及大尺寸声源的控制效果较差。

(5) 建设绿化带减噪。利用绿化带来吸收噪声也可以有效地减少道路交通噪声。相对于声屏障而言,传统的绿化降噪不是以完全阻断声波为主,而是通过声波与植被树叶等粗糙面的摩擦及吸声减少能量,同时由于树木对声波有散射作用,通过枝叶摆动,使声能转化为动能,进一步分离声能,从而降低噪声。所以在城市道路干道上条件允许的地方,要适当地增加步行道和行道树距离建筑物的宽度,保持充足的绿化缓冲带。除此之外,利用密集的树木把人行道和机动车道隔开,在建筑物与步行道之间种植乔木、灌木和绿草地等,也会起到一定的减噪效果。

(6) 加强道路交通行政管理。加强道路交通行政管理,首先应把禁止鸣笛与限制鸣笛落到实处,严格控制入城车辆的鸣笛声和其他音响设施产生的噪声,如在夜间禁止鸣笛,除消防车、医护车、警车、工程抢险车执行任务外,任何车辆不得使用报警器等。其次,在交通相对拥挤的地段、时段和需要安静的区域应对机动车辆进行限速,对违规者加大处罚力度。最后,还要通过禁止通行与限制通行等措施,对车型和机动车流量进行严格控制,如在噪声敏感地段和时段,严格禁止重型机动车辆的通行;通过设置单行通道和更改行车路线等措施控制机动车的流量,以降低道路交通噪声影响等。

除上述防控措施外,还可通过其他措施来降低交通噪声污染,如对机动车辆进行定期检查,不符合噪声标准的车辆要实施淘汰;驾驶员应掌握车辆的基本维护知识,对车辆进行定期检修,防止行驶途中部件出现松动、噪声异常等;在城区干道附近建设对噪声要求较高的建筑物时,应提前由建设部门对噪声进行评价,以保证满足住户的要求;加强道路交通噪声的检测,为以后在其污染控制方面提供理论研究的依据;对主干道临街建筑安装防声窗等降噪,但其实施直接影响了建筑物的采光、通风等,给居民生活带来不便。

5.4.3　民用建筑噪声污染与控制

民用建筑是城市居民生活、工作的主要场所,也是安静、舒适的休闲场所。随着我国经济建设的发展,大量高层住宅、高级宾馆和商场、高档公寓、高级写字楼等高层建筑不断涌现,伴随而来的建筑声环境问题也日益突出。为了控制噪声污染,保证人们拥有健康、安全的室内生活空间,我国《民用建筑隔声设计规范》(GB 50118—2010)明确规定了住宅、学校、医院及旅馆等民用建筑的室内允许噪声级为 40～55 dB,超出此范围则必须进行隔声减噪设计。除此之外,我国目前涉及居住建筑声环境的标准还有《声环境质量标准》(GB 3096—2008)、《民用建筑设计统一标准》(GB 50352—2019)、《住宅建筑规范》(GB 50386

—2005)和《绿色生态住宅小区建设要点与技术导则》等，这一系列规范和标准反映了良好的声环境品质是住宅建筑尤其需要重视的问题。

1. 民用建筑噪声污染的成因

1) 配套设备和家电噪声增多

高层楼宇相对设计配备了较多的高噪声设备，如水泵房、热泵机、风机、发电机房、锅炉房、变电站、冷却塔和冷冻机房等，这些动力设备的噪声源现状如表 5-13 所示。

表 5-13　几种动力设备的噪声源

噪声源类别	水泵房	热泵机	风机	发电机房
噪声级/dB(A)	65～72	60～75	68～72	65～70
噪声源类别	锅炉房	变电站	冷却塔	冷冻机房
噪声级/dB(A)	75～78	60～65	62～68	68～73

注：表中噪声级为离噪声源 10m 处所测数据。

由表 5-13 可以看出，这些噪声源释放出的噪声明显高于民用建筑的室内允许噪声级。当设备房设计位置不合理或噪声及振动处理措施不够完善时，将会带来严重的噪声污染，对设备周边住宅、学校或办公地区人员的正常生活、工作和学习影响甚大。

除此以外，在民用建筑中，通常还存在着其他多种设备声源，诸如电梯的运行声、空调室外机的转动声、楼内供暖机组的振动声、变压器的蜂鸣声等，这些噪声强度虽然不像上述声源那么强烈，但长期辐射同样也会对周围环境产生极大的干扰和破坏。而且，随着生活水平的提高，建筑物内越来越多地安装了办公用具、家用电器等，如办公用的打字机和计算机；家庭用的厨房油烟机、电风扇、空调、吸尘器、电视机和立体声系统等，都成为建筑物内部的噪声源，它们带来的种种"不需要的声音"对职工本身和周围居民的危害也在逐年增加。

2) 给排水管道噪声严重

随着建筑的高层化发展，室内给排水管道系统的噪声污染逐渐成为一个困扰居民生活的普遍问题。有学者对此问题做过研究，64%的居民表示目前他们居住的建筑内存在着噪声问题，36%的居民表示未感觉到噪声问题，14%的受访居民表示管道的噪声对他们的生活影响非常严重。在认为住宅内存在噪声问题的受访居民中，76%的人表示大部分噪声来自上层建筑的排水噪声，59%的人反映上层建筑抽水马桶的排水噪声影响最大。可见，住宅内排水管道系统的噪声问题已经严重影响到居民的日常生活。除此之外，室内给水管道产生的水锤噪声、流水噪声和气蚀噪声，以及水龙头等给水配件放水时，水撞击脸盆等受水器产生的器具噪声等，也是引起室内噪声的主要原因。

3) 墙体、楼板隔声质量下降

我国 20 世纪 80 年代以前的建筑，隔墙大多采用黏土砖，240 mm 黏土砖墙的隔声量在 50 dB 以上，隔声效果好。但为了环保需要和新型建筑体系以及高层建筑的自轻要求，现在的建筑隔墙已发生了根本性变化,使隔墙结构趋向于轻薄,而轻质墙体的隔声量普遍较低,单层墙一般达不到 50 dB,通常在 45 dB 以下。另外,为了节约空间和建筑造价,当前建筑工艺发展的趋向是在不影响结构稳定和保温的情况下,尽量节省一些材料。因此,在建筑结构和构造方面,越来越多地采用薄而轻的建筑材料和构造,如建筑物的内外墙、隔断、楼板和吊顶,已广泛采用预制构件。这些构件的重量轻,隔声能力比较差,导致有害的室外噪声通过构件之间的接缝和轻质板材本身传入室内。

2. 民用建筑噪声污染的特点

1) 噪声源多而集中,难以治理

在声学控制中,对噪声源采取控制措施是最根本、最有效的方法,但在民用建筑物中,产生噪声的设备种类多而集中,很难治理。如锅炉房内动力设备较多,除锅炉外还包括引风机、鼓风机、电机、水泵、排气放空装置等,各类噪声源对建筑主体影响的状况常常会因情况而有所改变。如鼓风机、引风机噪声得到治理后,水泵、泄压排气口、调节阀等处的噪声会转而成为主导作用,这些都给噪声控制方案的选择带来困难。

2) 噪声在传播途径上难以衰减

声音在自由声场中传播时,声级会随着距离按对数平方规律衰减,所以人们常常可以利用该规律在传播途径上降低噪声。但大多数民用建筑楼与周围居民区相隔不远,导致衰减效果较小,特别是目前在我国大城市中,许多街道两旁都是民用建筑物,这样就形成了所谓的"噪声长廊",两个对面建筑物产生的噪声在两面建筑物间来回反射,产生很大的混响,使声压级增加了很多,增大了利用传播途径控制噪声的难度。

3) "接受者"与声源交错,难以实行功能区分

保护"接受者"的重要措施之一是按噪声对城市区域分区,但由于高层建筑大多是民用建筑,声源与"接受者"居民区同属同一声功能区域,所以按照工业、商业、文教卫生实行功能区分,严格划定"安静"区域,再用道路将其互相连接十分困难。因此,必须因地制宜地制定切实有效的措施,方能控制噪声污染问题。

3. 民用建筑噪声污染的控制

安全、健康的室内环境是人们共同的追求,鉴于噪声的危害,室内噪声污染问题将越来越受到重视。民用建筑噪声污染虽然难以彻底杜绝,但只要针对噪声产生的不同原因,在设计、施工、使用和管理等各方面进行综合防治,室内噪声还是可以被控制到人们可以接受的程度。实践表明,在建筑设计阶段,如果未采取相应有效的噪声控制措施,声环境的缺陷一旦形成,是难以通过其他方面的补救措施改进和弥补的。因此,设计阶段应该尤其重视民用建筑的噪声污染问题。

1) 总体规划布局控制

民用建筑从功能区的划分、交通道路网的分布、绿化与隔离带的设置、有利地形和建筑物屏蔽的利用,均应符合防噪设计要求。在具体设计时,可从以下几方面考虑噪声污染问题。①住宅、学校、医院、旅馆等建筑，应远离机场、铁路线、编组站、车站、港口、码头等建筑。②如果地方条件允许，最好把建筑物的背面朝向街道，增大街道和建筑界限之间的距离，达到减噪的效果。如果建筑物和喧闹交通道路之间没有足够的距离，应把不开窗户的房间或无窗户的房间朝着吵闹的道路。③新建小区应尽可能将对噪声不敏感的建筑物排列在小区外围临交通干线上，以便形成周边式的声屏障，且交通干线不应贯穿小区。④对安静要求较高的民用建筑，宜设置于本区域主要噪声源夏季主导风向的上风侧。⑤当住宅沿城市干道布置时，卧室或起居室不应设在临街的一侧。如设计确有困难时，每户至少应有一个主要卧室背向吵闹的干道。

2）　设备噪声源控制

在总平面设计时，就应充分考虑配套设备可能带来的噪声污染，合理布置高噪声设备所在的位置。如供水加压水泵是常见的高噪声设备，《民用建筑隔声设计规范》规定，条件许可时宜将噪声源设置在地下，但不宜毗邻主体建筑或设在主体建筑下，如不能避免时，必须采取可靠的隔振、隔声措施。设计时，若不考虑其他可行方案，而将其直接放入主体建筑下面的地下室，尽管在设计中也采取了隔振措施，但由于施工、材料、管理等多方面原因，极易导致其实际隔振性能不能充分发挥，水泵噪声超标的概率很大，进而影响到楼上的住户，且治理很困难。因此，条件具备时水泵房应远离居住区和办公区，不宜设计在主体建筑物内，特别是不宜设计在住宅建筑物内。

另外，民用建筑中大量的动力源所辐射的噪声主要来自高速气流，或来自机器运转过程中部件的撞击和机壳的振动。因此，对于较分散的单个声源，可以设计消声器或隔声罩；对于较集中的多个声源，可以设计整体隔声效果良好、结构特殊的隔声室等，以有效降低声源的噪声。如水泵设有水泵房时，需要将水泵房按照隔声间进行设计，单台室外露天放置的水泵需要设隔声罩或半隔声罩来进行防噪等。

在建筑设计过程中，也要注意对室内其他声源控制的要求，应将要求安静的房间和吵闹的房间在水平和垂直方向上分开设置。安静的房间包括卧室、书房等，有噪声的区域包括厨房、浴室、设备室、楼梯间等。根据"闹静分开"的原则，在住宅平面设计时，应使毗连分户墙的房间和分户楼板上下的房间属于同一类型，厨房、厕所、电梯机房不得设在卧室与起居室的上层，亦不得将电梯与卧室、起居室相邻布置。当厨房或厕所与卧室、起居室、书房相邻时，其管道或设备等有可能传声的物件，不得设于卧室、书房与起居室一侧的墙上，且对于管道等固定于墙上可能引起传声的物件，应采取隔振措施。把吵闹房间和安静房间分开设计，则会大大减少使用隔声材料，从而降低建筑造价。

3）　建筑给排水系统噪声控制

建筑给排水系统对建筑室内声环境的影响较大，因此控制给排水系统产生的噪声对建设良好的室内声环境是至关重要的。建筑给排水系统的噪声控制可以从给排水管道和房间的合理布置、给水管道的噪声控制、卫生器具的噪声控制、排水管道的噪声控制等方面进行降噪。

(1) 给排水管道和房间的合理布置。给排水管道的布置应当与建筑结构相协调，为人们营造一个安静的居住和工作环境。如有给排水管道的卫生间、厨房等应尽量相邻布置，且不与卧室、工作室相邻，卫生间与卧室、工作室之间可用客厅或饭厅相隔；当卫生间紧贴卧室等要求安静的房间时，其给排水管道应当布置在不靠卧室的墙角；给水管道不宜穿过卧室、书房、录音室、阅览室等有较高安静要求的房间；旅馆客房的卫生间立管应当布置在门朝走廊的管井内等。

(2) 给水管道的噪声控制。给水管道噪声与水流流速、压力有关，流速越大、压力越大，则噪声越大，而流速过小又会增加管道口径，从而增加建造成本。因此，控制流速和压力是防治给水管道噪声的关键。《建筑给水排水设计规范》规定，卫生器具给水配件承受的最大工作压力不得大于 0.6 MPa；高层建筑生活给水系统应进行竖向分区，各分区压力应符合以下要求：①各分区最低卫生器具配水点处的静水压不宜大于 0.45 MPa；②静水压大于 0.35 MPa 的入户管或配水横管宜设减压或调压装置。因此，设计人员应选择合适的给水系统分区，在满足用户用水的基础上控制好给水管道压力。同时在确定给水管径的时候，可以根据规范要求在满足经济性的前提下，选择合理的水流速度，以降低给水管道噪声。确定管道的流速和管径大小时，可参考表 5-14 所示。

表 5-14　生活给水管道的水流速度

管径/mm	15～20	25～40	50～70	≥80
流速/(m/s)	≤1.0	≤1.2	≤1.5	≤1.8

此外，给水管道噪声在很大程度上还与管材的选用有关。为了降低水流引发的振动噪声，在经济允许的前提条件下，可选用密度大、壁厚大的给水管材，而一些阀门、水龙头不宜采用快速启闭的配件，应考虑设置水锤消除器或缓闭逆止阀，减少水锤噪声。

(3) 卫生器具的噪声控制。为了降低出水撞击受水器的噪声，可采取以下措施：①龙头等出水设备在满足规范要求前提下尽量降低其设计高度；②尽量选用节水消声型卫生器具，如受水表面是弧形的光洁陶瓷器具，以避免水流与卫生器具的剧烈撞击；③在卫生间内布置洁具时，尽量把坐便器布置在与卧室不相邻的墙壁一侧。

(4) 排水管道的噪声控制。排水管道噪声可从管材和管件的选择，以及合理的设计等方面进行控制。①选择合适的排水管材。近年来，塑料管以其价格低、管材轻、安装方便、水流阻力小等优点在室内排水工程中得到广泛应用，有逐渐取代传统铸铁排水管的趋势，但大多塑料排水管具有水流噪声大、隔声效果差的缺点，所以在噪声受到严格限制的地方，建议采用铸铁排水管，也可根据条件选用比重大且隔声效果好的塑料管。②选择合适的排水管件。各楼层的排水横支管是通过三通管件接入排水立管的，三通管件使水流方向改变而产生噪声。有学者研究得出，偏心三通可以改善水流进入立管后的水流流态，并降低立管内的气压波动，从而有效降低立管的排水噪声。③同层排水技术。同层排水是指卫生器具排水管不穿越楼板，排水横管在本层套内与排水总管连接，一旦发生需要清理疏通的情况，在本层套内就能解决问题的一种排水方式。相比于传统的异层排水方式，同层排水在排水管道降噪方面的效果比较明显。因此，设计人员在对住宅建筑进行设计时，应与结构专业进行协调配合，将排水方式设计成为同层排水。

4)　墙体、楼板、门窗隔声质量控制

(1) 墙体隔声质量控制。在结构设计阶段，确定墙体的材料和厚度时，其承重量和材料强度不能作为唯一的设计准则，应充分考虑结构的隔声量。例如，已被禁用的实心黏土砖双面抹灰墙体的隔声效果好，而替代墙体材料如混凝土空心砌块、多孔砖等难以满足隔声要求，加大材料的容重或墙厚虽可增加隔声但不经济，而根据测定，150 mm 加气混凝土墙双面抹灰，计权隔声量可达 54 dB，相当于实心黏土砖双面抹灰墙体的隔声效果。因此，可在构造上予以加强，采用加气混凝土或泡沫混凝土等轻质多孔材料做墙体来协调这一矛盾。住宅建筑的户内隔墙常用轻、薄的纸面石膏板、纤维板、硅钙板、埃特板、莱特板等板材，由于其隔声性能差，设计时，可将其做成有空气间层的双层墙以改善隔声性能，如在空气间层中填充玻璃棉、矿渣棉等轻质多孔材料，墙体隔声量可以显著提高。

(2) 楼板隔声质量控制。住宅室内上层人的脚步、物体移动等引起的撞击噪声，通过楼板传到下层，对下层住户产生严重的噪声干扰，是住宅隔声中最难以解决的问题，往往成为邻里纠纷的根源。而普通钢筋混凝土楼板采用刚性面层时，其撞击声压级在 80 dB(A) 以上，容易带来上下层之间的噪声污染。因此，对于要求较高的民用建筑，如别墅、高级宾馆、高级会所、生态建筑等，可通过在楼板面层、木楼板的龙骨下面设置片状、条状或块状的弹性垫层，形成"浮筑楼板"以减弱结构层的振动；或在楼板下设置由弹性挂钩连接的吊顶棚，也可以显著提高楼板隔绝空气声和撞击声的能力。

(3) 门窗隔声质量控制。门窗是墙体隔声的薄弱构件。提高门隔声能力的关键在于提高门扇隔声能力及密封周边缝隙，如门扇采用复合材料或在夹板门空腹内填充吸声材料；门框与墙体间的缝隙加弹性松软材料或密封膏等密封。窗户起着采光通风的作用，但普通窗隔声能力很差，所以对声环境要求较高的建筑可采用带空气间层的双层玻璃窗，在空气层中充惰性气体和内层镀膜的双层玻璃窗，既可隔声又满足了保温隔热的建筑节能要求。同时，窗框应使用隔声性能较好的材料如 PVC 塑钢或塑料窗，以避免金属窗框产生的声桥。另外，在立面划分上，尽量减少可开启窗扇，扩大固定扇面积并采用较厚的玻璃，这样可以缩短窗扇的缝隙长度，减少由缝隙传入室内的噪声。

总之，民用建筑的噪声污染是一个难以彻底解决的问题，但设计阶段各种有效措施的综合实施可以将其危害降至最低。随着经济的高速发展和生活质量的快速提高，建筑的声环境品质必将越来越受到人们的重视。因此，为保证室内良好的声环境，设计人员应树立整体环境意识，努力为人们营造一个安静、健康的室内生活环境。

重点提示：

掌握土木工程施工噪声的产生原因及防治措施；道路交通噪声污染的成因及控制措施；民用建筑噪声污染的成因及控制措施。

本 章 小 结

　　本章重点介绍了噪声的定义、特征和分类；噪声控制的基本原理，包括噪声源控制、噪声传播途径控制和个人防护等；噪声控制的吸声、隔声和消声等声学控制技术；土木工程施工噪声的产生源、产生原因和污染控制措施；道路交通噪声的产生原因和污染控制措施；民用建筑噪声污染的产生原因和控制措施等相关内容。详细阐述了噪声污染对人类、生物和物体的环境影响；噪声的客观量度，包括声压和声压级、声强和声强级、声级的运算；噪声的主观量度，包括响度和响度级、等响曲线；噪声的 A 噪声级、等效连续 A 噪声级、昼夜等效声级以及时间统计噪声评价量等相关评价指标。此外，还简要介绍了与噪声控制有关的相关标准，包括噪声的卫生标准、噪声的环境质量标准和噪声的排放标准等相关内容。

思 考 题

1. 什么是噪声？噪声污染有哪些特征？

2. 噪声的主要来源有哪些？它对环境有什么危害？

3. 噪声环境标准包括几类？分别是什么？

4. 请简述 70dB 的声压级、70dB 的 A 噪声级、70 方的响度级三者之间的区别。

5. 噪声污染的三要素分别是什么？结合三要素简述噪声控制的基本原理。

6. 从传播途径上控制噪声，可采取哪些措施？

7. 吸声材料的吸声原理和应用场合分别是什么？

8. 什么是隔声技术？常用的隔声装置有哪些？

9. 消声器按消声原理可分为哪几种类型？其消声原理分别是什么？

10. 简述土木工程施工中产生噪声的原因。

11. 简述土木工程施工中噪声污染的控制措施。

12. 简述道路交通噪声污染的原因和控制措施。

13. 民用建筑噪声污染的原因主要有哪些？

14. 如何减少民用建筑室内的给排水管道噪声污染？

第6章

其他物理污染及控制

学习目标

- 了解热污染的成因及危害，熟悉其防治措施。
- 了解光污染的分类及其对环境的危害，熟悉其防治措施。
- 了解放射性污染的污染源、污染途径和危害，熟悉其防护措施。
- 熟悉土木工程常见的热污染及控制措施。
- 掌握玻璃幕墙污染及防治措施。
- 熟悉土木工程常见的放射性污染及控制措施。

本章要点

本章主要学习热污染的成因、危害和防治措施；光污染的分类、危害和防治措施；放射性污染的污染途径、危害和防治措施等。在此基础上，重点学习上述物理污染在土木工程中的表现和防控，如常见的热污染及控制、光污染及控制，以及放射性污染及控制等相关内容。

导读

人类不但生活在物质世界中，而且生活在能量世界中，如声、热、光、电磁、放射性等。因此，人类在关注物质污染、控制物质污染的同时，也要关注物理污染带来的危害及其防控。近年来，随着城市生活的现代化，除噪声外的其他物理污染也已逐渐成为影响城市居民健康的主要公害。

6.1　热污染与控制

热污染是指人类生产、生活产生的废热对环境造成的污染，可通过水体、空气等受体的温度升高或增温作用来对人类和生态环境产生危害，形成大气热污染和水体热污染两种主要的污染类型。热污染作为一种物理污染曾被忽视，但随国民经济的迅速发展，该项污染的危害正日趋加重，造成的损失也正在扩大。因此，人们应引起足够的重视来加强热污染的防治。

6.1.1　大气热污染及危害

1. 大气热污染及成因

按照大气热力学原理，现代社会生产、生活中的一切能量都可转化为热能扩散到大气中，大气温度升高到一定程度，就会引起大气环境发生变化，形成大气热污染。其主要原因有以下几方面。

(1) 热量的直接排放。工业生产的迅速发展带来煤、石油、天然气等各种燃料的消费剧增，产生了大量的废热气和废热渣被释放到环境中，导致局部地区的气温升温。而且，在工业生产过程中，与热过程有关的工业热灾害，如火灾、爆炸和毒物泄漏等，也是热污染的来源。除此之外，其他如汽车废气、家庭炉灶、电视、电风扇、微波炉，特别是现已深入千家万户的空调设备等，也会散发出大量废热进入大气而造成热污染。

(2) 大气组成的变化。人类在生产生活中排向大气的温室气体，如 CO_2、CH_4、NO_x 以及 CFC 等的总量逐步增加。这些温室气体具有保温功效，一方面对太阳光的透射率较高，另一方面对从地面辐射的热长波吸收力也较强。随着温室气体总量的增多，通过大气照射到地面的太阳光将增强，且对地面辐射热能的吸收也将逐步增加，然后再以逆辐射的形式还给地表，显著加速了地表温度的增高。另外，臭氧层被大量损耗后，吸收紫外线辐射的能力大大减弱，导致到达地球表面的紫外线明显增加，从而使地表受热升温。

(3) 下垫面的改变。随着现代化工农业生产的发展和人口的增加，人们需要更多的食物来维持生存。于是，在一系列的开荒、放牧、填海填湖造田的同时，自然植被大量破坏，地表状态的改变，破坏了环境的热平衡；特别对城市而言，地表被覆无机化，越来越多的地表被建筑物和道路所侵占，混凝土、沥青等建材改变了地表热交换及大气动力学特性，使蒸发作用减弱，空气流通不畅，大气得不到冷却，而建筑物和道路的蓄热作用，更使它们成为大型蓄热器，白天吸热，夜晚散热，使市区温度居高不下，从而导致特有的城市大气热污染，即城市热岛效应。

2．大气热污染的危害

(1) 影响全球气候变化。大气热污染会影响全球气候变化。大气的热量增加，地面反射太阳热能的反射率增高，吸收太阳辐射热减少，导致沿地面的空气热量减少，这就使得地面上升的气流相对减弱，阻碍云、雨的形成，进而影响正常的气候，造成局部地区炎热、干旱、少雨，甚至造成更严重的自然灾害。大气热污染在全球可表现为全球气候变暖，整个地球的热污染一方面使海水温度升高，可能破坏大片海洋从大气层中吸收 CO_2 的能力，另一方面又会使吸收 CO_2 能力较强的单细胞水藻死亡，而引起吸收 CO_2 能力较弱的硅藻数量增加，如此引起恶性循环，使地球变得更热。此外，大气热污染引起南极冰原持续融化，造成海平面上升，这对于那些地势较低的海岛小国和沿海地区生活着大量人口的国家无疑是灾难性的。

(2) 加剧城市大气污染和城市能耗。大气热污染在城市表现为城市热岛效应。由于热岛中心区域近地面气温高，大气做上升运动，与周围地区形成气压差异，周围地区近地面大气向中心区辐合，从而形成一个以城区为中心的低压旋涡，造成人们生活、工业生产、交通工具运转等产生的大量大气污染物聚集在热岛中心，继而危害人们的身体健康甚至生命安全。

夏季为了降低室温和提高空气流通速度，人们普遍使用空调、电扇等家用电器，从而消耗更多的能源，将更多的废热排放到环境中去，进一步加剧了城市的热岛效应。

(3) 危害人体健康。大气热污染对人体健康构成严重危害，它可降低人体的正常免疫功能。高温不仅会使体弱者中暑，还会使人心跳加快，引起情绪烦躁，精神萎靡，食欲不振、思维反应迟钝、工作效率低；另外，高温还会助长多种病原体、病毒的繁殖和扩散，使蚊虫、病毒和细菌滋生，导致以疟疾、登革热、血吸虫病、恙虫病、流行性脑膜炎等病毒病原体疾病的扩大流行和反复流行。

6.1.2　水体热污染及危害

1．水体热污染及成因

向水体排放温热水，使水体温度升高到有害程度，引起水质发生物理、化学和生物等变化的现象，称为水体热污染。

水体热污染主要由于工业冷却水的排放，其中以电力工业为主，其次为冶金、化工、石油、造纸、核电站和机械工业等。火力发电厂、核电站、钢铁厂的冷却系统排出的热水，地表水热泵的冷却水，以及石油、化工、造纸等工厂排出的生产性废水中均携带大量废热，这些废热排入地面水体之后，均能使水温升高。以火力发电为例，在燃料燃烧的过程中，能量的 40%转化为电能,12%随烟气排放,48%随冷却水进入水体;核电站排放到大气中的热量占废热总量很少,大量的热量被冷却水持续排入天然水体。据估计,核电站能耗的 33%转化为电能,其余的 67%均变为废热转入水中。

2. 水体热污染的危害

(1) 使溶解氧减少。温度是水体重要的物理参数,水温升高,一方面会使水中溶解氧逸出而减少,另一方面又使水中生物代谢增强而需要更多的溶解氧。两者叠加作用使水体缺氧更加严重,最终导致鱼类因缺氧而死亡。

(2) 破坏鱼类等水生生物的生存环境。水体热污染首当其冲的受害者是水生生物,由于水温升高使水中溶解氧减少,一般当水体溶解氧降到 1mg/L 时,大部分鱼类会窒息而死亡。鱼类对于水体的温升非常敏感,即使只有 1℃的温升,都会对鱼类的生存繁殖造成不小的影响,而且鱼类的耐高温性一般不高,甚至暖水种鱼类通常也只能忍受 30℃～35℃的温度。因此,水域急剧的温度变化或过热,通常会对鱼类造成致命的伤害。例如,在我国曾发生过四川岷江河段、沱江河段水产养殖网箱内数十万公斤的鱼因某发电厂排出的废热水而被活活烫死,给当地养殖业造成致命打击的事件。

(3) 使水体富营养化,影响水质。水体的富营养化是以水体有机物和氮、磷等营养盐含量的增加为标志,它引起水生生物大量繁殖,藻类和浮游生物爆发性生长。这不仅会破坏水域的景色,而且还会影响水质,使水体发臭,丧失饮用、养殖的价值,并对航运带来不利影响。另外,温度升高,水的黏度降低、密度减小,水中沉积物的空间位置和数量也会发生变化,导致污泥沉积量增多,甚至由于水质改变而引发一系列问题。

(4) 引起传染病蔓延,有毒物质毒性增大。水温的升高给水中含有的病毒、细菌提供了一个人工温床,使其得以滋生泛滥,造成疫病流行,危害人类健康。另外,水中含有的污染物如毒性比较大的汞、铬、砷、酚和氰化物等,其化学活性和毒性也会因水温的升高而加剧,如水温由 8℃升到 18℃时,水体中的氰化钾对鱼的危害就会增加一倍。

(5) 加快蒸发,地面失水严重。从分子运动理论的观点看,水温的升高使水分子热运动加剧,也使水面上的大气受热膨胀上升,加强了水汽在垂直方向上的对流运动,从而导致液体蒸发加快,陆地上的液态水转化为大气水,使陆地上失水增多,这对缺水地区尤其不利。

6.1.3 热污染的防治

诚然,人类的生产生活离不开热能,但人类在利用热能的同时如何减少热污染,这是一个关键而系统的问题,解决该问题的切入点应是有针对性地在源头和途径上采取措施。

1. 大气热污染的防治

大气热污染的防治一般可从以下几方面开展工作。

(1) 积极开发和利用新能源。在源头上,积极开发和利用不产生或极少产生污染物的新型能源，如水能、风能、地能、潮汐能和太阳能等，这是防止和减少热污染的重要措施。特别是在太阳能的利用方面，各国都投入了大量的人力和财力进行研究，并取得了一定的效果。

(2) 提高热能转化和利用率。造成热污染最根本的原因就是能源未能被最有效、最合理地利用。因此，应该通过节能减排、废热的综合利用等途径降低热污染。节能是根据能量守恒原理，减少能源消耗，提高能源的利用率，这样也就相对减少了热污染的产生；减排则是根据能量转化原理，充分利用废热，把热污染转化成有用的能量而利用，这样就相对减少了热污染的排放。如热电厂、核电站的热能向电能的转化，工厂以及人们生活中燃煤向热能的转化等，都应提高热能的转化使用效率，以减少能源消耗；生产过程中产生的余热种类繁多，有高温烟气余热、高温产品余热和废气余热等，这些余热都是可以利用的二次能源，可以被充分利用，以减少排放到大气中的热能。

(3) 加强隔热保温。在工业生产中，有些窑体要加强保温、隔热措施，以降低热损失。在民用建筑中，应建设节能型建筑，以减少建筑耗能。而对于非节能型建筑，由于维护结构差，墙体、窗户传热系数过大，且门、窗渗透率高，空调能耗急剧增加，向室外排热也随之增大，室外环境热通过辐射和渗透进入室内的热量再增加，最后导致恶性循环，使室内外热环境质量双双下降。

(4) 加强绿化和改善"通风道"。绿色植物对防治热污染有巨大的可持续生态功能，提高城市行道树建设水平，加强机关、学校、小区等的绿化布局，发展城市周边及小区绿化等具体措施，不仅可以美化市容、净化空气及减轻污染，还可以为居民提供休息娱乐的场所，有利于丰富居民的生活，提高居民的健康水平。另外，还可通过改善城市的"通风道"，如市内道路要宽敞、建筑物之间要保持足够的间距、建筑低层化等，以改善城市区域地表热交换及大气动力学特性。

(5) 建设渗水性地面。普通混凝土路面在太阳的辐射下，地面反射辐射强，表面温度高，加剧了城市热岛效应。因此，城市规划应在道路、人行道、住宅小区、公园、广场、停车场、运动场以及市区内的新修道路等处，铺设渗水性混凝土路面或可渗水地砖，这样可使城市蓄存大量的雨水，以缓解城市热污染问题；此外，城市内蓄存的大量雨水也可使地下水位保持一定位置，从而较好地缓解目前城市日益突出的地面沉降的问题。

(6) 制定法律、法规和标准，严格限制排放。随着能源消耗量的增加，废热排出的污染问题日趋严重。对于大气环境究竟能接受多少热量而不致引发城市热污染或全球性气候变化，目前尚无可被大家普遍接受的结论，而且我国现行的环境质量标准中，只有部分水标准对热污染有规定，环境空气质量标准尚无相关规定。因此，相关部门或科研人员应通过研究尽快制定环境热污染的法律法规和控制标准，如环境空气标准中应增加温度标准；各类污染物排放标准应出台相应的热污染排放要求，为解决热污染打好基础，为环境管理提供依据。

分析与思考:

建设渗水性路面或渗水性人行道砖对缓解城市热岛效应的积极作用。

2. 水体热污染的防治

随着工业发展和冷却水排出量的增加,水体的热污染现象将日趋明显。为了减轻热污染可能产生的危害,应从加强监督和管理、提高冷却排放技术水平以及对温排水进行综合利用等方面采取措施,进行水体热污染的防治。

(1) 加强监督和管理,制定废热排放标准。加强监督和管理,一方面需要加强水体质量的监测,把水环境的热监督作为重要的常规项目,另一方面,还要严格执行相关的废热排放标准。但是,对于热废水的规定,目前我国的法律法规只有《中华人民共和国水污染防治法》和《中华人民共和国海洋环境保护法》作了一些阐述,规定过于简单,缺乏具体的制度和措施加以配套实施。在相关标准方面,只有《地表水环境质量标准》《海水水质标准》《景观娱乐用水水质标准》《农田灌溉水质标准》等部分环境质量标准对热污染有相关规定,但热污染排放标准不到位,没有与环境质量标准密切对应。环境质量标准中有明确规定的热污染标准,污染排放标准中的综合标准及行业标准均没有体现,特别是排放热污染的重点行业,如电力、冶金、化工、石油、造纸、机械工业及餐饮洗浴等,对此没有作出任何要求。关于废热的这些规定和标准已不能满足现如今水体热污染防治工作的需要,因此应结合实际进行科学研究,制定经济可行的相关规定和标准并严格执行。

(2) 提高冷却排放技术水平,减少废热排放。提高冷却排放技术水平,减少废热排放,可从源头上控制水体的热污染。如在电厂或水泥厂的冷却水设计中,应针对所在地的自然状态和条件,选用切实可行的降温技术,使冷却水达到排放标准,以减少废热排放。若不具备排放条件的冷却水,应采用冷却池或冷却塔,使水中的废热逸散,并返回冷凝器中循环使用。

(3) 综合利用温排水。综合利用温排水中携带的巨大热能,在水产养殖、农业及林业等领域充分利用温排水余热,变废为宝。如美国的俄亥俄州,采用敷设地下管道的方法把温排水余热输送到田间土壤中,用加温土壤来促进作物的生长或延长生长时间;在法国,人们将这种方法应用于果园和林业生产中,或采用温水喷灌法使花芽免受春季的低温冻害,使其初期急速生长,增加产量等;对于锅炉排放的高温水,可直接用于取暖、淋浴、空调加热,还可以用来调节水田水温、调节粮食的储藏温度、预防水运航道和港口结冰等。据估计,我国工业中可以利用的余热相当于几千万吨标准煤,废热的综合利用具有广阔的前景。

6.2　光污染与控制

近年来,随着城市建设的现代化发展,光污染已成为继大气污染、水污染、固体废弃物污染、噪声污染之后的又一种环境污染。越来越多的玻璃幕墙装饰、城市照明工程、城市亮化工程等,给城市带来美丽的同时,也产生了日益严重的光污染问题。因此,认识及防治光污染变得刻不容缓，已成为当今亟待解决的重要问题。

6.2.1　光污染及分类

光污染是指现代社会产生的过量的或不适当的光辐射对人类生活和生产环境造成不良影响的现象，多来自现代城市建筑、夜间照明产生的溢散光、反射光和眩光等。光污染问题最早在 20 世纪 70 年代提出，首先提出光污染的是国际天文界，他们认为光污染是指城市室外照明使天空发亮，造成对天文观测的负面影响，后来英美等国称为"干扰光"，日本则称为"光害"，我国环保百科全书称为"光污染"。国际上一般将光污染分成白亮污染、人工白昼和彩光污染三类。

(1) 白亮污染。当阳光照射强烈时，太阳光线照射到城市建筑物的玻璃幕墙、釉面砖墙、抛光大理石，以及各种涂料等饰面上，这些饰面会产生强烈的反射光线，明显白亮、眩眼夺目，这种现象称白亮污染。

(2) 人工白昼。当夜幕降临后，商场、酒店上的广告灯、霓虹灯，或有夜间许可证的工地白炽灯闪烁夺目，泛光照明，令人眼花缭乱，有些强光束甚至直冲云霄，使得夜晚如同白昼一样，这种现象称人工白昼，又可称为"不夜城"。

(3) 彩光污染。彩光污染是指舞厅、夜总会安装的黑光灯、旋转灯、荧光灯以及闪烁的彩色光源等所产生的污染。

6.2.2　光污染的危害

光在带给人类方便、明亮、美观的同时，也潜伏下了污染的阴影。光污染对城市生态系统的各个层面产生多种危害，主要表现为对城市人群健康、动植物、城市气候、城市能源、城市交通等产生或大或小的影响。

1．对人群健康的影响

眼睛是人类在光污染中首当其冲的受害者。玻璃幕墙的反射光、现代歌舞厅的灯光等一些眩光、闪烁光强烈刺眼，令人眼花缭乱，对人眼的角膜和虹膜会造成很大的伤害，极易引起视觉疲劳、视力下降、白内障等眼疾。如果人长期在光污染的环境下生活，不仅眼睛受到伤害，而且还会影响心理健康。例如，城市"人工白昼"使居住环境夜晚太亮，人们难以入眠，久而久之会出现头昏心烦、情绪低落、身体乏力、食欲下降、恶心呕吐等症状，从而导致工作效率低下，造成心理压力。据临床统计数据显示，在被污染的人群中白内障、青光眼的发病率可高达 45%，几乎 100% 的被污染人群都会产生头昏心烦、脾气焦躁、忧郁失眠、食欲下降、精神萎靡等类似神经衰弱的症状。

2．对动植物的影响

夜间城市强烈照明所产生的天空光、溢散光、干扰光和反射光等打乱了动物的生物钟，使之不能正常生活和休息。光污染会影响动物辨认方向，并对其行为产生误导，从而影响动物觅食、繁殖、迁徙和信息交流等习性,甚至夜间过亮的室外照明,会使不少的益虫和益鸟直接扑灯而丧命。例如,很多动物受到人工照明的刺激后,夜间也精神十足,消耗了用于自卫、觅食和繁殖的能力。

对植物来说,光污染可妨碍其正常生长。如夜里长时间、高辐射的能量作用于植物,会使植物的叶或茎变色,甚至枯死;长时间、大量的夜间灯光照射会导致植物花芽过早形成,对植物的休眠和发芽造成影响。此外,某些植物对光极敏感,夜间灯光照射会引起其落叶形态的失常,从而降低和影响城市生物的多样性。

3. 对城市气候的影响

大面积的玻璃幕墙在夏天把阳光反射回局部空间,导致局部环境温度上升,而照明设备排放的热量也助长了城市的温升,导致城市热污染加剧,进一步恶化了城市小气候。特别是"不夜城"的夜景照明通常会导致大量的二氧化碳、二氧化硫等废弃物的排放,对城市的大气环境造成严重的污染。我国的照明耗电量 65%左右为火力发电,在火力发电中,又有 75%左右是使用燃煤。因此,城市照明中的光污染会导致每年要排放大量的二氧化碳和二氧化硫,这无疑加速了城市的空气污染。

4. 对城市能源的消耗

在城市照明中,每平方米立面的耗电超过 20W 的工程为数不少,而且照明的部分光线还会直接射向天空,造成了对二次能源电能以及一次能源煤的过度消耗。随着世界各国经济的发展,地球上可利用能源的日渐减少,能源危机日益突出。由于我国人口众多,人均占有资源相对较少,能源短缺现象更是严重。如果不考虑国情,在城市夜景照明中一味地追求让所有的城市和地方成为"不夜城",全国每年就会损失巨大能源,加剧了城市用电紧张。另外,很多城市建筑都热衷于大面积地使用玻璃材料,建成后一年四季都在使用空调调节室温,也间接地增加了能耗。这与我国当前正大力倡导和推进的节能减排背道而驰,不利于社会、经济和环境的可持续发展。

5. 对城市交通的影响

光污染是制造意外交通事故的凶手。临街矗立的一幢幢玻璃幕墙大厦,就像一面巨大的镜子,对交通情况和红绿灯进行反射,影响车辆和行人的正常视觉,有的甚至会在瞬间干扰司机的视线,造成人的突发性暂时失明或视力错觉,引起交通事故。另外,刺眼的路灯和沿途灯光广告及标志,也会使汽车司机感到视力疲劳,导致交通事故的发生。至于夜间行车,由于对面驶来汽车的灯光使驾驶员眩目而引发的交通事故不计其数,且城市夜景中过强过亮的灯光会形成干扰光,影响驾驶员对行人、识别路标、障碍情况及周围环境的判断,从而产生道路交通安全隐患。此外,夜间的光污染对火车、轮船和航空也有类似的不良影响。因此,排除干扰光成为解决光污染对交通影响的重点。

综上所述,城市光污染正在日益影响着人们的生产和生活,破坏着人类的生态环境,所以必须给予高度重视,以及采取各种有效的措施来预防和减少光污染。

6.2.3　光污染的防治

造成光污染的原因大致有两种，一是亮度过大，超过正常工作、生活需要；二是光源分布不合理。与其他环境污染相比，光污染很难通过分解、转化和稀释等方式消除或减轻。因此，对其防治应坚持"以防为主，防治结合"的原则，把光污染消除在萌芽状态下。在开始规划和建设城市时就应该考虑防止污染的问题，从源头上防治光污染，实现城市建设与防治光污染双达标的要求。

1. 提高防治光污染的意识

光污染之所以产生，原因在于人们缺乏对它的认识和关注，进而在社会生活和生产中，没有引起有关决策人员、设计人员、城市管理人员以及普通老百姓的重视。因此，卫生部门、环保部门应大力宣传光污染产生的原因及危害，提高人们防治光污染的环境意识，形成社会监督力量，共同维护人类的生存环境，并通过各种途径教育人们合理使用光源，选择适宜的亮度，强化自我保护意识，尽量少到强光污染的场所活动，并通过强大的社会监督力量引起更多人的重视。只有得到足够的重视，才能更好地实施有关光污染的立法、监控、规划、管理和技术研究等工作。

2. 制定防治光污染的标准和规范

加强城市建设和灯光照明设计、施工的规范化管理对防治光污染是十分重要的。因此，相关部门应尽快着手制定这方面的标准和规范，如关于夜景照明的技术规范、关于建筑装修光污染的防治条例等；建立监督管理体制，理顺规划部门、城建部门和环保部门的职责；实行分区域管理，确定各类区域光污染的质量标准和排放标准；将环境影响评价制度、"三同时"制度等环保制度在光污染领域得到贯彻。同时，在国家或地区性环境保护法规中建议增加防治光污染的内容，强调城市照明要严格按照明标准设计，改变认为城市照明越亮越好的错误看法，将防治光污染的规定、措施和技术指标落实到工程上，以预防可能产生的光污染。

3. 加强城市规划与管理

首先，合理的城市规划和建筑设计可以有效地减少光污染。例如在规划布局上，要重点考虑建筑设计是否对周围环境产生影响，尤其是对居民区、学校和医院的影响；在光污染比较严重的地区，可以多植树，树木可以减少光污染的强度，从而减少光污染对人体的影响和危害；交通繁忙地区的建筑物，尽量少用或不用反光、反热的建筑材料；在发展城市夜景照明时，务必考虑光污染问题，做到未雨绸缪。在建筑物和娱乐场所周围，要多设置绿色平面，努力改善光环境，力求使城市风貌和谐自然等。

其次，减少和防治城市光污染，还要加强对城市建设的管理。例如，对玻璃幕墙等装饰材料，应严格控制其使用范围，限制在繁华地段、交通路口和住宅小区使用；限制安装面积，不在高层建筑上大面积使用隐框玻璃幕墙；大片玻璃幕墙可采用隔断和直条在中间加以分隔；采用先进的反射系数小的玻璃等。对城市夜景照明，则应严格按照标准进行科学合理的工程设计，合理选择光源、灯具和布景方案；加强对夜间广告牌、霓虹灯、路灯等的管理规划和彩光污染的管理；从节能理念加强管理，运用综合治理方式对于存在的光污染实行照明用电限制政策；对灯光及建筑的设计和施工人员应加强技术培训，坚决制止那些不合理的设计和施工，防止新的光污染产生，而对已产生光污染的项目，应立即采取措施，把光污染消除在萌芽状态等。

最后，应建立和健全监管机制，认真做好防治光污染监督与管理工作。因此，有关城建、环保和城市照明建设管理部门要建立相应的制度，制定相应的管理和监控办法，做好照明工程的光污染审查、鉴定和验收工作，达到建设城市照明的同时减少光污染的目的，使建设夜景、保护夜空双达标。

4. 个人防护措施

个人采用防护措施，主要是戴防护眼镜和防护面罩，如在必须大亮度的生产环境中，给作业者配以防眩镜等，这是防止眼睛和面部受有害光源伤害的最有效办法。光污染虽未被列入环境防治范畴，但它的危害显而易见，并在日益加重和蔓延。因此，人们在生活中应注意防止各种光污染对健康的危害，应避免长时间接触光污染，要注意控制光污染的源头，科学合理地使用灯光，不要任意提高照度和随意增加照明设备及亮度，并加强预防性监督，做到防患于未然。

6.3　放射性污染与控制

随着科学技术水平的不断提高，放射性物质被广泛地应用于生产制造、科学研究、医疗卫生和日常生活等各个领域，并在社会发展中起着重要作用，但其引发的放射性污染也在大幅度增加，对环境和人体健康构成严重威胁。因此，人们有必要通过掌握一些相关防护知识来避免在日常工作和生活中受到伤害。

6.3.1　放射性污染及途径

1. 放射性污染及污染源

放射性污染主要来自放射性物质，是指由于自然原因或人类活动排放的放射性物质造成的环境污染和对人体的危害。放射性物质的原子核能发生衰变，放出人肉眼看不见也感觉不到、只能用专门仪器才能探测到的 α 射线、β 射线、γ 射线。其中危害较大的主要是 β 射线和 γ 射线，α 射线由于射程太短对人体构成危害较小，而 γ 射线是波长很短、穿透力极强，对人体危害最大。放射性物质可来自天然，也可来自人为因素。天然的放射性物质如岩石、砂土和土壤中均含有贫富程度不同的铀、钍、锕等放射系，而人为因素的放射线污染主要有以下来源。

(1) 核工业。核工业的废水、废气、废渣的排放是造成放射性污染的重要原因。此外，铀矿开采过程中，氡和氡的衍生物以及放射性粉尘会对周围大气造成污染，放射性矿井水对水质构成污染，废矿渣和尾矿会造成固体废物的污染等。

(2) 核试验。核试验造成的全球性污染要比核工业造成的污染严重得多。1970 年以前，全世界大气层核试验进入大气平流层的锶-90 的 97%已沉降到地面，这相当于核工业后处理厂排放锶-90 的 1 万倍以上。因此，全球严禁一切核试验和核战争的呼声也越来越高。

(3) 核电站。目前全球正在运行的核电站有 400 多座，还有几百座正在建设中。核电站排入环境中的废水、废气、废渣等均具有较强的放射性，会造成对环境的严重污染。

(4) 核燃料的后处理。核燃料后处理厂是将反应堆废料进行化学处理，提取钚和铀再度使用，但后处理厂排出的废料依然含有大量的放射性核素，如锶-90、钚-239 等，仍会对环境造成污染。

(5) 人工放射性同位素的应用。人工放射性同位素的应用非常广泛，如在医疗上，常用放射治疗杀死癌细胞，有时也采用各种方式有控制地注入人体，作为临床上诊断或治疗的手段等，但如果使用不当或保管不善，也会造成对操作人员和病人的危害和对环境的污染。因此，医用射线也就成为环境中的主要人工污染源之一。

2．放射性污染的途径

环境中的放射性物质主要通过其放射的射线，以内照射、外照射的方式对生物体细胞的基本分子结构产生电离作用，破坏生物体的细胞分子结构，抑制细胞的生物活性，从而造成对生物体的伤害。放射性物质一方面在衰变过程中，不断放出 α 粒子、β 粒子、γ 粒子照射人体，构成外照射；另一方面也可通过以下途径进入人体后，放出 α 粒子、β 粒子、γ 粒子使人体受到内照射。在同等条件下，内辐射要比外辐射危害更大。放射性物质进入人体的途径如图 6-1 所示。

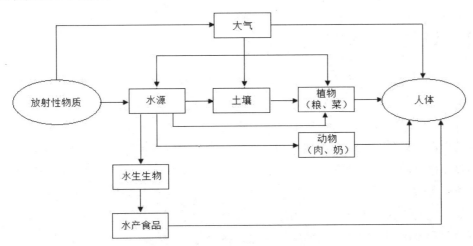

图 6-1　放射性物质进入人体的途径

大气、环境中的放射性微尘可以通过呼吸道、皮肤伤口进入人体，放射性沉降物可以通过食物链经消化道吸收后进入人体，并由血液输送到各个器官，在体内引起内辐射。生活中的放射性污染进入人体的途径多种多样，最常见的有石材、燃煤、饮用水、新宅、香烟、食品等六大污染。

(1) 石材的放射性污染。石材产品主要包括花岗岩和大理石，主要用于建筑物室内、室外装饰，其次是建造广场、道路、灯杆及各种工艺品。天然石材产品是从某些特定的岩石结构形成山脉的地下开采出来的，是室内 γ 射线和氡及其子体污染的主要来源。由于其质地坚硬、绚丽多彩，深受消费者喜爱，但不可忽视其中部分产品所含天然放射性核元素超过了国家规定的限制标准，会引起居室放射性污染。

(2) 燃煤的放射性污染。一般的燃煤中常含有一定的放射性矿石，分析研究表明，许多燃煤烟气中含有铀、钍、镭-226、钋-210 及铅-210 等。尽管这些物质含量很少，但长期的慢性蓄积，可随空气及被烘烤的食物进入人体，对人体造成不同程度的损害。

(3) 饮用水中的放射性污染。我国地大物博，矿泉水十分丰富，其中也有不少水源受到天然或人工的放射性污染，如果长期饮用这种矿泉水就会有害健康。尤其值得注意的是，某些使用贮藏放射性物质的厂矿及肿瘤医院排放的废水，可对水源造成放射性污染。

(4) 新宅的放射性污染。由于地基、岩石或矿渣、大理石装饰板等往往含有一定的氡，在通风不良时，可对新房造成放射性污染。

(5) 香烟中的放射性污染。烟叶中含有镭-226、钋-210、铅-210 等放射性物质，其中以钋-210 为甚。对一个每天吸一包半香烟的人来说，其肺部一年所接受的放射物量相当于接受 300 次胸部 X 光线的照射量。

(6) 食品中的放射性污染。鱼及许多水生动植物都可富集水中的放射性物质，某些茶叶中天然钍含量也比较高，特别是一些冶炼厂、化工厂、综合医院等使用射线的区域所种植的蔬菜，放射性物质含量普遍偏高。长期食用这些食品，可对人体造成不同程度的放射性损害。

6.3.2　放射性污染的危害

人接受放射线照射、吸入大气中放射性微尘，以及摄入含放射性物质的水和食品，都有可能产生放射性疾病。放射性疾病是由于放射性损伤引起的一种全身性疾病，有急性和慢性两种。急性放射性疾病因人体在短期内受到大剂量放射线照射而引起，如核武器爆炸、核电站的泄漏等意外事故，可产生头痛、头晕、步态不稳等神经系统症状，呕吐、食欲减退等消化系统症状，以及骨髓造血抑制、血细胞明显下降、广泛性出血和感染等病症，严重的患者多数致死。慢性放射性疾病因人体长期受到多次小剂量放射线照射而引起，有头晕、头痛、乏力、关节疼痛、记忆力减退、失眠、食欲不振、脱发和白细胞减少等症状，甚至有致癌和影响后代的危险。其中，白血球减少是人对放射性射线照射最灵敏的反应之一。此外，放射性辐射的晚期效应还包括再生障碍性贫血、寿命缩短、白内障和视网膜发育异常等。

　　有关放射性污染对人的伤害实例很多。据报道，某杨姓女士为了美观，在沙发旁边用几种石材装饰成一个漂亮的壁炉，入住后该女士发现自己特别爱掉头发，后经过专家检测，发现壁炉所用石材的放射性超过了国家标准，而杨女士有个躺沙发的习惯，头部正好靠近壁炉，造成了其掉发。中央电视台也曾报道了一户居民因为家庭使用的陶瓷洁具而导致的放射性污染，造成父子俩双双患上鼻癌。广州某单位办公室重新装修，新铺设的石材放射性严重超标，致使在不长的时间里有两名中年人先后死于白血病。根据有关资料介绍，受广岛、长崎原子弹辐射的孕妇，有的生下了智力低下的孩子。另外，怀孕妇女受到放射性污染危害的主要群体是职业女性，特别是护士和从事放射线诊断的医疗人员，她们在妊娠后由于职业关系胎儿受放射线照射而产生影响的问题已成为社会上普遍关注的问题。

6.3.3　放射性污染的防护

　　放射性污染的危害程度与人吸收的体外和体内辐射能量密切相关，所以减少放射性物质体外照射和防止其进入体内是防护的基本原则，但放射性物质是无色无味的有害物质，不像工业废物那样容易被发现，需要靠放射性测试仪才能被探测到，而且采用一般的物理、化学或生物方法都无法有效破坏放射性核素和改变其辐射特性，而只能通过其自身衰变，才能使放射性衰减到一定水平。因此，对放射性物质的管理、处理和处置都必须严格科学地进行，使其对人类的危害降到最低水平。

1. 放射性污染的防护措施

　　(1) 加强防范意识。首先，宣教部门及有关单位应加大放射性物质危害的宣传力度，宣讲放射源的使用、管理等有关知识，提高全民对放射性来源及其危害的正确认识及自我保护意识。其次，相关部门应加强放射源的管理，如在铀矿的水冶厂、伴有天然放射性物质的生产车间和放射性"三废"物质的处理处置场所等，必须设置明显的危险警示标记，以避免闲杂人等进入发生意外事故；当医生使用射线装置给病人诊治病症时，应根据病人的实际需要使用 X 射线检查，使患者免受不必要的照射，同时应避免让某些无防护意识的陪护者受到照射等。此外，居民还应加强居室放射性污染的预防，如在装修前，应选购具有检验报告或鉴定证书的合格建材；装修完成后，应委托检测部门上门检测室内的放射性水平，如放射性不超标或超标不太严重，可通过每天开门窗 3 小时以上使室内氡浓度保持在安全水平，而对于放射性超标较严重的居室，应查找放射源，将超标材料拆除更换等。

　　(2) 严格执行放射性防护标准，建立放射性辐射监测网。为了保护人体身心健康，预防和控制室内放射性污染，我国原卫生部 1996 年颁布了《住房内氡浓度控制标准》(GB/T 16146—1995)，并制定了配套的《地下建筑氡及其子体控制标准》(GBZ 116—2002)、《地热水应用中的放射卫生防护标准》(GBZ 124—2002)和《建筑材料放射性核素限量》(GB 6566—2001)等国家标准。2002 年，国家重新发布了《电离辐射防护与辐射源安全基本标准》(GB

18871—2002)，规定了各种类别的剂量当量限值，并对辐射照射的管理和技术控制措施、放射性废物管理、放射性物质安全运输，以及辐射照射设施的选择、辐射照射人员的健康管理等进行了详细规定和阐述。同年，《放射性废物管理规定》(GB 14500—2002)颁布，对放射性废物的管理范畴和处置要求进行了规定。在对放射性污染进行综合防治时，应严格执行这些相关标准和规定，使环境中的放射性物质含量降低到标准限值以内，以有效控制放射性污染。

此外，还应加强放射性辐射污染的监管工作，建立由国家到县级市的高效管理机制和监测网络，加强放射性辐射环境管理队伍的建设，培养一批高素质的专业技术人员，建立放射性污染事故应急监测队伍。由于放射性事故危害大，社会影响广，容易造成社会恐慌和民族矛盾，所以建立放射性污染事故应急监测制度非常必要。

(3) 严格控制放射源。首先，应通过合理规划严格控制放射源，如核企业厂址应选择在人口密度低、抗震强度高的地区，保证出事故时附近居民所受的伤害最小。其次，将放射性废液、废气和固废等放射源进行严格科学的处理处置，确保排放到环境中的放射性物质不对人类环境产生危害。在处理处置放射性废物的时候，要遵循相关原则，如必须在严密的防护和屏蔽条件下进行；废物应尽可能地进行深度处理，可回用的尽量回收利用以减少排放；用于废物处置的包装物，应采用抗压、耐腐蚀、耐辐射的密封金属容器或钢筋混凝土构件；可压缩的放射性废物应采取焚烧、压缩等方法使废物减容，以利于后续处理、处置；利用物理或化学的方法把放射性废物固化成惰性的、不溶于水的固化体等。

2．放射性污染的防护方法

在封闭性放射源的工作场所和放射性"三废"物质的处理、处置等过程中，常用的防护方法有时间防护、距离防护和屏蔽防护等。

(1) 时间防护。在具有特定辐射剂量的场所，工作人员受到的辐射累积剂量与其在场所停留的总时间成正比，受照时间越长，人体接受的照射量就越大。因此，工作人员应尽量做到操作快速、敏捷、准确，以减少受照射时间，或采取轮流操作的方式，以减少每个操作人员受辐射的时间。

(2) 距离防护。点状放射性污染源的辐射剂量与污染源到受照者之间距离的平方成反比，人距离辐射源越近，接受的辐射剂量越大。因此，工作人员应远距离操作，以减轻辐射对人体的影响。

(3) 屏蔽防护。根据各种放射性射线在穿透物体时被吸收和减弱的原理，可采用屏蔽材料吸收以降低外照射剂量。α射线射程短穿透力弱，一般不考虑屏蔽问题；β射线穿透力较大，屏蔽通常用质量较轻的材料，如铝板、塑料板、有机玻璃和某些复合材料；γ射线穿透力强、危害大，屏蔽时应采用具有足够厚度和容重的材料，如铝、铁、钢或混凝土构件等。

总之，环境中各种放射性污染都能影响人类健康。与其他污染相比，虽然它不易察觉，但是只要人们认真地做好防护，采取积极有效的措施，仍然可以把放射性物质浓度降低到合理的水平范围内。

重点提示:

掌握放射性污染的途径; 常用的放射性污染防治方法。

6.4　土木工程中的其他物理污染与控制

6.4.1　土木工程中的热污染与控制

在土木工程中, 通常会配套建设给排水系统、暖通空调系统, 如地源热泵、空调系统等, 这些系统在使用时不可避免会引起热污染。此外, 一些建筑由于维护结构差、墙体和窗户传热系数过大等引起的室内环境过热也是土木工程中常见的、不可忽视的热污染问题。

1. 地源热泵热污染与控制

地源热泵是利用地下深层土壤温度和地下水温相对稳定的特性, 通过深埋于建筑物周围的管路系统, 在冬季将地热取出来用于采暖或热水供应, 在夏季将室内的热量释放到地层中去的一种热量转移技术。按照我国《地源热泵系统工程技术规范》的规定, 根据地热能交换系统形式的不同, 将地源热泵大致分为地埋管地源热泵系统 (GCHP, 也称地耦合式热泵)、地下水地源热泵系统(GWHP)和地表水地源热泵系统(SWHP)三种。

地源热泵技术具有很多优点, 诸如可节省中央机房和冷却塔等设备的建筑空间、制冷制热系数高出传统的空气源热泵 40%左右、节能高效、运行及维护费用低、无燃烧产物排放、可以同时实现制冷、供暖和供生活热水等, 但其冷却水排放不可避免地会带来热污染问题。对于地耦合式热泵和地下水地源热泵而言, 其温度变化对地表环境也许不会造成很大的影响, 但暴露于室外的湖泊、河流、海洋等地表水的温升或温降会对其中的微生物、藻类的生存繁殖产生重大影响, 进而对周围环境乃至人类生活产生不利影响, 其中尤以湖泊的热污染较为严重。因为湖泊水域广阔, 贮水量大, 水流速度较小, 水交替缓慢, 更新期比河流长, 而且流动缓慢的水面使水的复氧作用降低, 从而使湖水的自净能力减弱。

由上述分析可知, 地表水热泵冷却水造成的热污染现象是现如今工程应用中值得关注的一大问题, 但是目前的设计规范中尚欠全面而严格的规定。许多地表水源热泵工程在无规范可循的条件下未能重视应用中存在的热污染隐患, 这无论对热泵技术的应用前景还是生态环境而言, 都是一大缺憾。如湖南湘潭某一地表水源热泵工程, 以总面积为80 000 m², 容量为 210 000 m³ 的某人工湖作为冷却源。经过计算, 发现该人工湖水温升高或降低 1℃可吸收或排放的热量约为热泵系统每小时制冷量的 34 倍、制热量的 56 倍。也就是说, 该热泵连续运行排热 34 h 或连续吸热 56 h, 水温会升高或降低 1℃。按这样的计算, 夏季向该人工湖排放热量时, 不到两天的时间水温就会升高 1℃, 若以夏季高峰冷负荷计算, 热泵连续运行 23 h 就会导致水温升高 1℃。整个夏季供冷周期至少长达两个月, 若不加以适当的调整, 该人工湖的生态环境状况令人担忧。而在原设计中, 对于夏季湖水温度升高情况并没有进行适当的模拟或实测研究, 只附加说明"当夏天湖水温度太高时, 可以

采用喷泉式的喷淋方法在湖中或湖的周边喷淋降低水温，使水温保持在 32℃以下"，并没有就方案的可行性作出进一步验证。此外，根据冷负荷为 13 200 kW 及人工湖面积为 8 万平方米的数据，可以得到该项目中湖水承担的冷负荷高达 165 W/m²，远远超过《地源热泵工程技术指南》中规定的 12～13 W/m² 的数值。由此可见，该工程并没有严格按照设计指南中的有关要求进行，实际应用与标准规范脱节，这也是现如今工程应用中值得关注的问题。

在实际应用地表水源热泵系统时，地表水水量的选择是工程设计的关键。有专家建议，首先应该根据不同地区的水体特点、气象参数和微生物指标，制定一套防止热污染产生的地表水体温升范围标准。当设计地表水源热泵系统时，设计人员应根据设计参数计算、运用软件模拟或实验观察等方法，确定制冷季节内地表水体可能的温升范围，并与该标准进行比较。一旦水体的温升范围超出了标准值，就需要调整选取的冷源面积、水量等，通过提供足够的冷源水体容积来消除热污染隐患。这样既可以保证供冷或供热的需要，又可避免水体热污染的产生，真正体现地源热泵的环保优势，为该技术的进一步开发和广泛运用奠定更牢固的基础。

2. 空调系统热污染与控制

空调主要由蒸发器、压缩机、冷凝器、毛细管四大部分组成，其制冷的基本原理是制冷剂在蒸发器内吸收室内热量，蒸发成为温度较高的气体，然后流经压缩机，气体压强增大液化，后经过冷凝器，气体液化放热，最后再通过毛细管降低压强后进入蒸发器。这样循环往复，不断地把室内的热量带到室外，成为空调热污染中热量的重要来源。除此以外，空调工作需要输入电能来维持，这些能量的 90%左右输送给压缩机做功，10%左右用来给室内、室外的风扇做功，并最终全部转换成热能，排放到室外。

来自空调的废热，在通风条件不好、城市高楼众多、楼宇密集的情况下，将造成空调房间以外一定环境的温度升高，使城市中心地带与城郊的温差越来越明显，城市"热岛效应"现象逐年加剧。除了影响城市的大气候外，由空调引起的热污染更直接影响邻里间的小气候。据环保部门有关资料显示，随着空调在城市的普及，关于热污染的投诉也越来越多。例如几乎写字楼的每个办公室窗口都装有一部空调，有时与对面的居民住宅仅隔八九米，几十部空调排放的废热直冲邻居；有些居民在安装家庭空调时，将空调压缩机安放在楼道，对附近和上层邻居住房直排热气，造成邻里关系不和谐；不少城市的饭店、酒楼、商店等，没有按照规定将空调压缩机安装在距地面 3 m 以上的高度，而是将排气扇直接安放在人行道旁，空调压缩机排出的废热直冲街道，造成行人路过时叫苦不迭等。这些空调系统热污染现象，对人们的工作和生活造成影响，身体健康也将受到危害。因此，在土木工程的设计和建造过程中，应该关注和消除空调造成的热污染问题。

根据上述热污染来源分析，空调系统排向外界的热负荷主要由空调系统的冷负荷和制冷装置所消耗的能量两部分组成，而为了保证空调室内卫生条件，空调系统必须要设置新风，故空调系统的冷负荷又由空调房间的冷负荷和新风冷负荷组成。由此可见，空调系统的热负荷由冷负荷、新风冷负荷、制冷装置所消耗的能量三部分组成。减少上述三个因素的量可达到减少空调系统热负荷的目的，即可通过对冷负荷、新风冷负荷、制冷装置所消耗的能量三因素进行分析，达到减少热污染的目的。

(1) 选择节能变风量系统，自动控制室外新风量。当室外空气参数不变时，新风冷负荷会随新风量的增加而增加，所以节能的空调系统应将新风量控制到符合卫生要求的最小值。经验表明，采用线性特性好、用 CO_2 气体浓度计控制的新风阀门，可根据负荷变化，自动调节新风量到最小值。与新风量设计值不变的系统相比，该变风量系统的新风冷负荷可减少 50%，从而可大大节省新风能耗，减少热污染。

(2) 改善建筑物围护结构的保温性能。建筑物围护结构的保温性能直接影响到空调房间的冷负荷，其保温性能越好，夏天房间的温度越低，空调需要降温的冷负荷越低。很多效率低、热污染严重的空调系统，除空调设备本身存在一定的不足外，建筑物围护结构的保温性能不符合要求也是一个重要原因。因此，安装空调系统的建筑物在设计和建造时，就应采用保温性能优良的新型节能建筑材料，而对围护结构保温性能不符合要求的建筑物，要及时改善。

(3) 推广使用浅地层蓄能的新型空调系统。推广使用浅地层蓄能的新型空调系统，可从根本上防止热污染的产生。地球浅地层温度主要受所在处的年平均温度的影响，随着地层深度的增加，其地温逐渐趋向于一个稳定值。据资料介绍，在最热的 6～8 月份期间，我国南方地区地表面 3.2 m 以下的地温低于地面空气温度 10℃以上。利用浅地层蓄能的空调系统就是利用地面与地下两者的温度差，让地面空气经过地下某一深度的空间进行热交换后，送至需要空调的建筑物，达到降低室内温度的目的。其原理如图 6-2 所示。

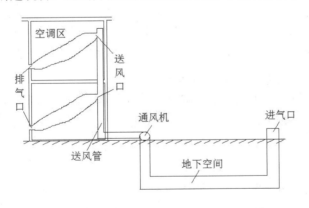

图 6-2　利用浅地层蓄能的空调系统原理示意图

图 6-2 所示的工作过程是室外热空气由进气口进入至某一深度的地下空间，然后通过风机将冷却后的空气经送风管，由送风口送入空调区，空调区内被污染的空气由排气口排入大气。该系统由于热空气是在地下空间进行热交换，热量传入地下，而不是像常规空调系统那样排入大气，故无热污染，并且整个系统无须使用制冷剂，也不存在氯氟烃(氟利昂)泄漏引起的恶化空气质量问题。此外，整套系统无须人工冷源和专门设置的热湿交换设备，

初次投资较少，运行时只需较少的电能开动风机，比常规空调节省电能，且系统结构简单，节能经济。

地下蓄能的空调系统特别适用于城郊别墅区和村镇住宅。因别墅区及村镇住宅的房前屋后有较多空地，可在靠近空调房间处，选择合适地点建造该系统。同时，可将空调系统的建造与住宅土建施工过程同时进行，例如有游泳场的别墅，可将此系统的地下埋管设置在游泳场下，与游泳场施工同时进行，可最大限度地节省成本。对于大中城市而言，可以充分利用城市已有的人防地道工程应用该空调系统。我国各大中城市均有人防地道，这些人防地道质量好，有较长的有效长度，在夏季这些地道中的低温空气可作为冷源用风机送入附近的影剧院、礼堂等公共建筑物内，既可达到满意的降温效果，也可节省开挖地道的一次性投资费用。

3. 建筑物室内热污染与控制

在居民的日常生活过程中，常常会用到电视、电风扇、微波炉、照明、液化气、蜂窝煤等，这些设施或燃料在使用时，可向室内环境排放大量的热量，加之某些建筑由于维护结构差、墙体、窗户传热系数过大，且门、窗渗透率高，使室外热量通过辐射和渗透进入室内，导致室内环境过热，而室内环境过热又会引起空调能耗急剧增加，向室外排热也将随之增大，从室外进入室内的热量再增加，最后导致恶性循环，室内外热环境的质量双双下降。因此，关注或降低建筑物室内热污染，也是不可忽视的环境问题。

控制建筑物内部的热污染，可采取以下措施。

(1) 鼓励使用具有良好设计的节能产品和散发额外热能少的电器等，可以减少室内热源的散热量。

(2) 鼓励生态住宅建设，发展生态建筑，以减少建筑耗能。生态住宅的支持核心是太阳能技术，即如何有效、廉价地将太阳能转化为电能并予以储存，用于如夜间照明、夏季降温、冬季供热等用途。生态建筑提倡利用风的压差对建筑物内进行自然通风，创造有利于自然通风的环境，以减少电风扇、空调等机械通风的使用而释放出的热量。

(3) 合理设计建筑物朝向和外部形态。对建筑物的朝向进行适当的调整，避免西晒，或通过对建筑物平面、剖面和立面以及外部空间进行合理设计，来减少建筑物对太阳辐射的吸收率，调整建筑物吸热和散热的效果，从而创造良好舒适的住区热环境。如湖北大学图书馆，为了确保自然采光和通风，避免西晒，该馆设计成两个不对称的三角形，三角形的引入使最长的斜边成为南北朝向，使所有的房间均能南北向自然采光和通风，从而降低了能源消耗。尤其在平面布局上，利用生物气候学原理，北高南低，有效地阻挡了冬季主导风，夏季则可疏导东南风，产生穿堂风，以达到冬暖夏凉的目的，成为可持续发展建筑的代表之一。

(4) 合理采用防热围护结构。建筑物通过外窗、墙体和屋面的热辐射是造成室内过热的主要原因，夏季应尽量防止或减少辐射热，可采用防辐射玻璃、双层玻璃、内设窗帘、墙体或屋顶保温隔热材料、种植屋面等措施，提高建筑围护结构的保温性能，以减少由室外进入室内的热量。一般来说，合理采用这些防热措施，可使室内空气温降低 3℃～4℃。

(5) 利用植物控制室内热污染。植物不断地从周围环境中吸收大量的热量，从而降低其空气的温度。因此，阳台绿化可以有效地调节室内气温。据有关资料显示，阳台绿化房间室内气温比非绿化房间低 0.5℃～1.5℃，热舒适不满意率 PPD 可降低 12%～20%，若辅以室内通风，PPD 可下降 30%左右。

分析与思考：

从建筑设计的角度该如何控制建筑物的室内热污染？

6.4.2　土木工程中的光污染与控制

土木工程中的光污染，主要来自阳光照射到城市建筑物的饰面所产生的强烈反射光、道路上不合理的照明灯具产生的眩光、夜间工地的白炽灯所产生的人工白昼，以及建筑工地电焊时产生的强烈眩光等。其中，建筑饰面尤其是玻璃幕墙所产生的强烈反射光，明显白亮、炫眼夺目，对城市生活和人类健康危害最显著。以下主要以玻璃幕墙光污染作为土木工程中的光污染代表，分别介绍其污染产生的原因和防治措施。

1. 玻璃幕墙光污染

玻璃幕墙是一种美观新颖的墙体装饰材料，具有独特的风格、高雅亮丽的外形，将维护功能与建筑装饰艺术有机地结合为一体，使建筑物具有时代感，因而被广泛应用于多层及高层建筑物的外墙装饰。它以明快的线条和虚实对比的鲜明节奏勾勒出了现代建筑的风格和特点，更展现了现代建筑技术的新进展。然而，任何事物都有其两面性，玻璃幕墙在给予人们高科技、高品位的视觉享受的同时，也给城市环境带来了不容忽略的光污染。近些年，国内关于玻璃幕墙光污染的投诉案例频繁曝光，如国家大剧院因设计之初未考虑穹顶表皮强光反射而引起轩然大波；山东济南市居民李某状告华能大厦有限责任公司的 22 层高楼玻璃幕墙反射光照射事件；上海居民周先生状告上海招商局的 26 层广场大厦玻璃幕墙光污染事件等。因此，警惕玻璃幕墙的光污染，是玻璃幕墙的建设者、设计者、施工者必须高度重视的问题。

玻璃幕墙的光污染是指建筑幕墙上采用了涂膜玻璃或镀膜玻璃，当直射日光和天空光照射到玻璃表面上时，由于玻璃的镜面反射而产生的反射眩光污染。一般来说，玻璃幕墙光污染是在特定条件下产生的：一是使用了大面积高反射率的镀膜玻璃；二是在特定方向和特定时间下产生，如玻璃幕墙朝向太阳照射的方向或与人成特定的角度则会发生光污染，由于太阳与地球相对位置总在不断变化，所以产生特定角度也是有特定时限的；三是光污染的程度与幕墙的方向、位置及高度有密切关系。在人的视野范围内 2 m 高左右或±15°夹角之内光线产生的影响最大。由于国内幕墙材料制造水平落后，工程界对幕墙的结构经验缺少，生产技术条件未能完全适应，管理素质低等使幕墙质量存在一些问题，尤其是由于建筑物大面积采用玻璃幕墙，造成的光污染给人们的健康、财产乃至生命带来重大危害。因此，对玻璃幕墙光污染的防治可从上述几方面入手，因地制宜，以防为主，防治结合，避免因安装方位、形状、材料和构造处理不当而产生光污染。

分析与思考：

玻璃幕墙产生光污染的特定条件。

2. 玻璃幕墙光污染的防治

玻璃幕墙虽具有光污染的缺点，但不能因此而否定它或不去发展它。只要采取适当的措施还是可以使其扬长避短，在满足建筑功能、结构和造型的同时，避免其环境危害。玻璃幕墙光污染的防治，一般可从城市规划、幕墙材料、幕墙结构等方面综合解决。

1) 把好城市规划关，提高设计技术水平

目前，只要业主提出使用玻璃幕墙且资金没有问题，工程师们大多数是按其要求进行设计的，至于建筑功能上是否需要、与周边街景环境是否协调，几乎无人细想。城市建筑群布局欠妥，特别是玻璃幕墙过于集中是玻璃幕墙光污染严重的重要原因之一。因此，城市规划管理部门应从宏观上对使用玻璃幕墙进行控制，对所在城市窗口地段和主干道上的建筑是否采用玻璃幕墙应作充分论证，从环境、气候、功能和规划要求出发，实施总量控制和管理。

在规划和设计方面，我国在 1996 年颁布了《玻璃幕墙工程技术规范》(JGJ102—96)，后经修订为《玻璃幕墙工程技术规范》(JGJ102—2003)。之后，又相继颁布了《加强建筑幕墙工程管理的暂行规定》、《建筑幕墙》(JB/T21086—2007)、《玻璃幕墙光热性能》(JB/T18091—2015)等相关规定和标准。另外，各地也根据自己的实际情况，制定了相应的规则和管理办法，如《深圳市建筑设计规则》《广州市建筑玻璃幕墙管理办法》《杭州市建筑玻璃幕墙使用有关规定》《绍兴市城乡规划管理技术规定》等。

根据玻璃幕墙的相关规定，城市规划和建设应首先控制好安装区域或位置。例如，《深圳市建筑设计规则》明确规定了玻璃幕墙的禁用部位、慎用位置和不宜位置，具体包括住宅、医院(门诊、急诊楼和病房楼)、中小学校教学楼、托儿所、幼儿园、养老院的新建、改建、扩建工程以及立面改造工程等二层以上部位，建筑物与中小学校的教学楼、托儿所、幼儿园、养老院等毗邻一侧的二层以上部位，处在 T 形路口正对直线路段处的建筑物均不得使用玻璃幕墙。毗邻住宅、医院(门诊、急诊楼和病房楼)、保密单位等建筑物，城市中划定的历史街区、文物保护区和风景名胜区内，位于红树林保护区及其他鸟类保护区周边的高层或超高层建筑慎用玻璃幕墙。位于城市道路交叉口、城市主干道、立交桥、高架路两侧的建筑物 20 米以下和其余路段 10 米以下部位(高度平路面起算)不宜使用玻璃幕墙。

其次，在控制安装区域或位置的同时，还应做好安装面积的控制，在低层人眼视线触及的地方，玻璃幕墙面积不要太大，大片玻璃幕墙可采用隔断、直条、中间加分隔的方式对玻璃幕墙进行水平或垂直分隔；一些省市针对玻璃幕墙的使用面积还有专门的规定，如上海市建设委员会规定，建筑物使用幕墙面积不得超过外墙建筑面积的 40%等。再次，在设计玻璃幕墙时，旁边尽可能安排林荫道和绿地，使反射光被树木吸收，以改善和调节采光环境。如住宅小区的建设，除保证小区人居环境中至少有 30%的绿地建设面积之外，还必须进行生态覆盖或绿色覆盖，尽量减少柏油路、砖路、水泥路面等地面的硬质覆盖，对必须建设的地面硬质覆盖，要在不影响建筑功能的前提下尽量改为漫反射；在城市旧区改造中，实施"绿化工程"，将平面绿化改为立体绿化，通过大力植树种草使树和草的比例达到生态平衡等。

2) 加快科学研究，开发新型幕墙玻璃材料

作为建筑围护结构的玻璃幕墙由金属框和玻璃组成，所以玻璃对玻璃幕墙起着关键性作用，而玻璃的高反射率是玻璃幕墙光污染的主要原因之一。目前，我国生产的玻璃科技含量较低，反射率、折射率都比较高，不利于防治光污染。因此，国家应该尽快制定相应的政策，积极扶持、研发和使用低反射率，同时又不增加温室效应的新型玻璃材料。这类材料如图 6-3 所示，主要有吸热玻璃、回反射玻璃、贴漫反射膜玻璃等。

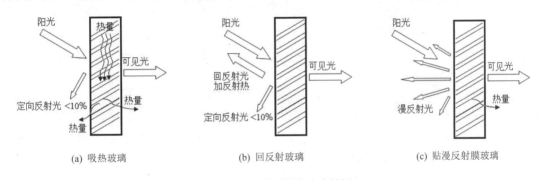

图 6-3 三种新型幕墙玻璃材料

(1) 吸热玻璃。吸热玻璃是已开发使用的一种新型材料，它的定向反射光较弱，光污染有所缓和，大部分光线透入室内，而热量被玻璃吸收，然后向室内外散发，在使用中并不理想。

(2) 回反射玻璃。回反射玻璃也是一种新型材料，它可把太阳照射的光顺原来方向反射回去，从而消除射向周围的反射光，避免了室内的热量，在以后将会得到广泛应用。

(3) 贴漫反射膜玻璃。贴漫反射膜玻璃是对现有无色透明玻璃贴上白色的膜处理后所采用的最佳幕墙玻璃，可保证室内采光不受影响，最多可以反射 80%以上的太阳光，其中定向反射部分不到 1%，通常觉察不到。有时为了增加室内的天然采光，可采用部分贴膜。

除此以外，近年来各地兴建了不少反射率低的玻璃幕墙建筑，其光学性能符合设计要求，如选用 LOW-E 型低辐射玻璃、微晶玻璃、茶色玻璃(反射率 11%)、宝石蓝色玻璃(反射率 12%)等镀膜玻璃安装幕墙，值得推广。

3) 通过合理设计，优化玻璃幕墙构造

随着科技的日新月异，幕墙的材质从单一的玻璃发展到钢板、铝板、合金板、大理石板、搪瓷烧结板等。通过周密设计，玻璃幕墙和钢、铝、合金等材质的幕墙可组合在一起，

不但使高层建筑更加美观,还可以有效地减少幕墙反光带来的光污染。由于幕墙光污染程度取决于定向反射的强度,所以可以采用全透明或半透明的玻璃来减弱反射光的强度。但是这些玻璃的使用又会导致大部分光线直接射入室内,造成室内温度升高,加重室内热负荷,因此,必须采用适当的构造措施来解决这一问题。目前可采取双层玻璃通风构造和红外吸热构造两种形式,如图 6-4 所示。

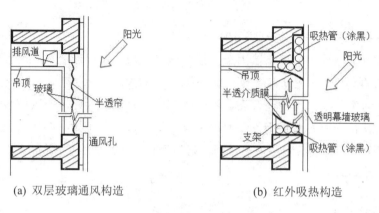

(a) 双层玻璃通风构造　　　　　　　(b) 红外吸热构造

图 6-4　两种新型幕墙构造形式

(1) 双层玻璃通风构造。双层玻璃通风构造在不同的季节可以有不同的作用。如夏季时,放下半透明卷帘,开启排风管道和通风口,通过卷帘反射后能除去大部分辐射热;而到了冬季时,封闭通风口,关掉排风机,双层玻璃又可起到保温的作用,防止室内热量散失,但该构造具有投资较大的特点。

(2) 红外吸热构造。红外吸热构造通过介质膜镀层的透红外特性,利用吸热水管能够将阳光中的大部分热能吸收作为建筑热水源的一部分,无论在夏季还是冬季,都能有效地使用。该构造的不足之处是对玻璃幕墙厚度要求较大,但可以通过幕墙外挂等措施加以调整。

综上所述,对玻璃幕墙这一都市新的污染源,社会各方应同心协力,综合整治,不断地推陈出新,使玻璃幕墙在带来建筑通透性和现代感的同时,把光污染降低到最低程度,提高城市的形象品味和人们生活品质。玻璃幕墙只要使用得当,在城市生活中仍将发挥它美化城市的不可替代的作用。

6.4.3　土木工程中的放射性污染与控制

土木工程中的放射性污染主要来源于某些建筑和装饰材料,如钍、铀、镭、锆等含量高的地砖、瓷砖、花岗岩、抽水马桶、洗面盆等,这些材料在使用中会释放有害物质,使室内放射性水平增加,导致建筑物的室内环境放射性污染。除此以外,一些水电工程,其环境放射性危害除了来自建筑材料的放射性核素外,还与工程所处的地层、岩性、构造特征,地下水活动紧密相关。因为人类大约 75%的时间是在室内度过的,这些无色、无味、看不见、摸不着的放射性物质会在浑然不觉中成为"隐形杀手",严重损害人的身心健康并降低生活质量。因此，关注居住及工作等室内环境的放射性污染意义重大。

1．建筑装饰材料的放射性污染

能够对室内环境造成放射性污染的建筑装饰材料，既包括以天然土石为基料的砖、瓦、水泥、砂、花岗岩、大理石、石膏、陶瓷等，也包括矿渣及工业生产的废渣开展综合利用后生成的煤矸石砖、粉煤灰制品(如灰渣砖、掺粉煤灰的水泥、粉煤灰加气混凝土、砌块)等，有的地方甚至用生产氧化铝后的废矿渣赤泥以及铀矿山的废矿石等作为建筑材料使用。这些材料由于地质历史和形成条件的不同，或多或少地存在着钍、镭、钾-40、铀、锆等放射性元素，如某些天然花岗岩中含有镭；一些瓷砖、洗面盆和抽水马桶等建筑陶瓷由于表面的一层"釉料"而含有放射性较高的锆铟砂等。

【知识拓展 6-1】　各种建材和石材中天然放射性核素的含量

建筑装饰材料的放射性污染，不仅表现在辐射体直接照射人体而造成的造血器官、神经系统、生殖系统和消化系统等外照射伤害，而且表现在因其衰变而产生的内照射危害。放射性核素经衰变可产生一种放射性物质氡及其子体，增加室内氡的污染水平。氡是自然界唯一的天然放射性惰性气体，可通过呼吸进入人体，其衰变时产生的短寿命放射性核素会沉积在支气管、肺和肾组织中。当这些短寿命放射性核素衰变时，释放出的 α 粒子对内照射损伤最大，可使呼吸系统上皮细胞受到辐射，长期的体内照射可能会引起局部组织损伤，甚至诱发肺癌和支气管癌等。研究表明，氡子体的辐射危害占人体一生中所受到的全部辐射危害的 55%以上，诱发肺癌的潜伏期大多在 15 年以上，全世界有 20%左右的肺癌患者与氡有关，是吸烟以外引起肺癌的第二大因素。

2．建筑装饰材料放射性污染的防治

1)　预防放射性污染的相关标准和规范

由于建筑材料的放射性会危及人们的身体健康，世界上很多国家都对建筑装饰材料的放射性进行了控制并制定了相应的标准，我国也不例外。1986 年以后，国家和有关部门相继颁布了《建筑材料用工业废渣放射性物质限制标准》(GB 6763—1986)、《掺工业废渣建筑材料产品放射性物质控制标准》(GB 9196—1988)、《天然石材产品放射性防护分类控制标准》(JC 518—1993)、《建筑材料产品及建材用工业废渣放射性物质控制要求》(GB 6763—2000)、《建筑材料放射性核素限量》(GB 6566—2010)等标准。其中，《建筑材料放射性核素限量》将建筑材料分为建筑物主体材料及建筑物装修用饰面材料，规定了建筑主体材料中天然放射性核素比活度的限量，不再进行分类管理，明确了装修材料分类管理的要求。当建筑主体材料中天然放射性核素镭-226、钍-232 和钾-40 的比活度必须同时满足 $I_r \leqslant 1.0$ 和 $I_{Ra} \leqslant 1.0$ 时，其产销和使用范围不受限制，而建筑装修材料则根据放射性水平大小可划分为 A、B、C 三类。当装修材料中天然放射性核素镭-226、钍-232、和钾-40 的比活度同时满足 $I_{Ra} \leqslant 1.0$ 和 $I_r \leqslant 1.3$ 要求的为 A 类产品，其产销和使用范围不受限制；未达

到 A 类要求的装修材料,但同时满足放射性核素比活度 $I_{Ra}\leqslant1.3$ 和 $I_r\leqslant1.9$ 要求的为 B 类产品,不可用于Ⅰ类民用建筑的内饰面,但可以用于外饰面和其他一切建筑的内、外饰面,Ⅰ类民用建筑指住宅、老年公寓、托儿所、医院和学校;不满足 A、B 类装饰材料要求,但满足 $I_r\leqslant2.8$ 的为 C 类装饰材料,只可用于建筑物的外饰面及室外其他用途;$I_r>2.8$ 的天然石材只可用于碑石、海堤、桥墩等人们较少去的地方。

此外,2020 年 8 月实施的《民用建筑工程室内环境污染控制规范》(GB 50325—2020),对民用建筑工程所使用的建筑和装修材料,包括砂石、砖、实心砌块、水泥、混凝土、石材、建筑卫生陶瓷、石膏制品、吊顶材料、无机粉黏结材料等进行了放射性指标限量,且规定:①新建、扩建的民用建筑工程设计前,应进行建筑工程所在城市区域土壤中氡浓度或土壤表面氡析出率调查,并提交相应的调查报告。未进行过土壤中氡浓度或土壤表面氡析出率区域性测定的,必须进行建筑场地土壤中氡浓度或土壤氡析出率测定,并提供相应的测定报告。②民用建筑工程中所采用的无机非金属建筑材料和装修材料必须有放射性指标检测报告,并应符合设计要求和该规范的规定。民用建筑室内装饰装修中采用的天然花岗岩石材或瓷质砖使用面积大于 $200m^2$、采用的人造木板面积大于 $500m^2$ 时,应对不同产品、不同批次材料分别进行放射性指标的复验。③民用工程验收时,必须进行室内环境污染物氡浓度的检测。室内环境质量验收不合格的民用建筑工程,严禁投入使用。

2) 预防放射性污染的措施

首先,职能部门必须加强建材产品和废渣原料的检测。相关部门应加强建材市场的监督管理,对花岗岩、大理石等天然石材和利用工业废渣为原料的建筑材料等定期进行检测,防止放射性超标的建筑材料进入建材市场;利用工业废渣生产建筑材料的建材企业在利用工业废渣前,应预先将工业废渣按规定抽样送权威机构检测,要严格控制建材用工业废渣的放射性水平,禁止使用放射性超标的废渣。

其次,不仅工程建设在设计、施工和验收阶段应严格执行《民用建筑工程室内环境污染控制规范》的相关规定,而且消费者在装修装饰时,也应采取相应的控制措施保护自己,使其不被建筑和装饰中的放射性物质伤害。例如,在进行写字楼和家庭装修时,要合理搭配和使用装饰材料,最好不要在房间里大面积使用一种装饰材料;为了防止室内的放射性物质含量过高,最好在新住房装修前进行放射性本底的检测,这样将有助于石材和通体砖品种的选择;在到建材市场选购石材和建筑陶瓷产品时,应向经销商索要产品放射性检测报告,且要注意报告是否为原件,报告中商家名称和所购品名是否相符以及相应的检测结果类别(A、B、C);对没有检测报告的石材和瓷砖等产品,最好请专业人员用先进仪器进行放射性检测,然后再决定是否购买;对已经装修完的房间,可请专业人员到现场检测,如果放射性指标过高,必须采取更换措施,如果超标不高,可不必拆除,应保持房间经常通风或选用有效的空气净化装置,以保证居住安全等。

最后,建材行业发展具有防氡、防辐射功能的建筑材料势在必行。利用我国丰富的矿产资源如沸石、重晶石、石膏及各种工业废渣开发各种具有防氡、防辐射的功能微集料作为基元材料,研制既能屏蔽氡气又能吸收其放射线的环保型建筑材料具有深远的社会意义。

综上所述，虽然室内建筑装饰材料的放射性污染对人体健康有着潜在的危害，但是只要职能部门积极配合，强化监管，工程建设和消费装修采取积极有效的措施，认真做好防护，仍可以把室内建筑装修材料的放射性物质含量降低到合理水平范围之内。

重点提示：

掌握玻璃幕墙的污染及防治方法。

本 章 小 结

本章重点介绍了大气和水体两种热污染的成因、危害以及防治措施，光污染的分类、危害以及光污染的防治措施，放射性污染的污染源、污染途径、污染危害以及防护措施；详细阐述了土木工程中的热污染及控制措施，包括地源热泵引起的热污染及控制、空调系统引起的热污染及控制、建筑物室内热污染及控制等相关内容。此外，还着重介绍了土木工程中的代表性光污染，即玻璃幕墙光污染的产生原因和防治措施；建筑装饰材料的放射性污染、与其有关的标准、规范以及防治措施等相关内容。

思 考 题

1. 什么是城市热污染？它对环境有何危害？应如何防护？
2. 何谓光污染？它对环境有何危害？应如何防护？
3. 什么是电磁污染？它对环境有哪些危害？
4. 举例说明如何加强放射性污染的防范意识？
5. 常用放射性污染防治的方法有哪几种？
6. 简述土木工程中常见的热污染源和控制措施。
7. 土木工程中的光污染主要来自哪些方面？
8. 简述玻璃幕墙光污染的防治措施。
9. 建筑装饰材料放射性污染的危害有哪些？
10. 我国预防放射性污染的有关标准和规范有哪些？
11. 生活中的放射性污染来源主要有哪几大类？
12. 《建筑材料放射性核素限量》规定的建筑装修用材料的类别有哪几类？分别应符合什么条件？其产销和使用范围有何规定？

第 7 章

城市发展中常见的生态环境问题与防治

学习目标

- 掌握水土流失、地面塌陷、斜坡失稳的概念。
- 熟悉容易引发水土流失、地面塌陷和斜坡失稳的工程活动及其防治措施。
- 掌握黑臭水体的概念、评价指标以及致黑致臭的特征污染物质。
- 熟悉水体黑臭的主要原因及其防治的关键技术。
- 掌握城市内涝的概念、成因及其防治方法。
- 掌握城市发展过程中面临的水问题。
- 掌握海绵城市的概念、内涵和特征。
- 熟悉海绵城市的建设理念和建设内容。
- 熟悉海绵城市建设的关键技术。

本章要点

本章主要学习城市发展过程中常见的生态环境问题,包括水土流失、地面塌陷、斜坡失稳等土地生态环境问题及其防治;黑臭水体及其防治;城市内涝及其防治。在此基础上,重点学习海绵城市建设相关内容,包括海绵城市的建设理念、建设内容以及关键技术等。

导读

城市一雨即涝的发生是因为城市在快速发展的同时，城市水生态系统遭到了严重破坏。在城市的快速发展过程中，土地生态系统的破坏(水土流失、地陷、滑坡等)、黑臭水体的出现等，也严重影响了城市居民的生活品质和城市的可持续发展。因此，城市内涝的防治、土地环境问题的防治、黑臭水体的整治以及"生态海绵城"的建设等是解决城市"顽疾"、实现水清河净和城市生态文明建设的根本出路。

7.1 土地生态环境问题与防治

城市建设离不开岩土体的开挖与加固等岩土工程活动，也常常会改变原来的地貌、造成植被破坏或消失、加剧水土流失，以及引发一系列地质环境问题。而这些问题反过来又会破坏土地资源，破坏铁路、公路、水库、堤坝和通信等工程设施以及妨碍城市建设，最终制约国民经济的可持续发展。

7.1.1 水土流失与防治

城市工程建设中会涉及大量的取土、弃土活动，如公路、铁路、隧道等交通工程，水利水电工程，以及大型输水工程、矿山企业等。因取土和弃土改变了取土场、弃土场原生的地形地貌，加之废土弃石随意倾倒，破坏地表植被后又没有及时修复，使表层土的抗蚀能力和原有的蓄水保土功能降低或丧失，进而导致水土流失。土壤生态环境一旦被破坏，其恢复的速度极其缓慢甚至是不可逆的。

1. 工程建设中容易引发水土流失的活动

公路、铁路工程是线性建设项目，在山区或丘陵区建设时，还常伴有一些隧道工程，这些工程对施工沿线的地形地貌扰动较大，极容易造成水土流失。造成水土流失的工程活动主要有以下几个方面。

(1) 路基开挖。路基开挖使原本坚硬的地表在被开挖后变得松软，弃置在两旁的土壤很容易受风吹雨刷而被带走，不仅减少了土地资源，还降低了土壤的生产能力。

(2) 路基填筑。路基填方容易造成土壤松软，面对雨水冲刷极易引发不均匀沉降、失稳滑坡等不良影响。

(3) 路堤建设。路堤是在原地面填筑土石而成的具有一定坡度的路基，容易受雨水侵蚀而造成水土流失。坡度为 20°～40° 的裸露斜坡最容易发生土壤侵蚀，且土壤侵蚀的形式随坡度的增大而变化，逐步由沟蚀→崩岗→滑坡向崩塌方向发展。

(4) 路堑建设。路堑是自原地面向下开挖形成的具有一定坡度的路基。路堑边坡若设计不合理或施工不当，容易受流水的侵蚀，造成边坡滑坡和崩塌，从而导致大规模的水土流失。

(5) 取土、弃土。工程建设中，有时会涉及高填方路段，有时会遇到隧道工程或深挖方路段。当填挖不平衡或因土质原因挖方不能用作填料时，则会产生取土场或弃土场。取土场、弃土场会对场地植被造成破坏，改变原生的地形地貌而形成一定的坡度，特别是土石弃方未经碾压自然堆弃，其形成的坡度为土体的自然休止角而处于临界状态，很容易受雨水的作用而坍滑。若施工中随挖随弃且不处理坡面，或在不宜设置取土场的地方设置取土场，都极易造成大规模的水土流失，若在暴雨时还可能形成泥石流。

除此以外，为缓解城镇缺水及水质问题的加剧，近年来国家新建改建了大批蓄水、引水工程。水利水电项目建设同样会对项目区域原地表及地下岩土层构成扰动，如大范围开挖地表、构筑大量的人工边坡，以及产生大量的堆置废弃物等。施工中如果没有采取相应的水土保持措施，很容易造成水土流失，继而带来一系列生态环境问题，如水库淤积、洪涝、山体滑坡及泥石流等自然灾害。

2．工程建设中水土流失的防治

国家对水土保持工作实行预防为主、全面规划、综合防治、因地制宜、加强管理、注重效益的方针，并制定了相关的法律法规对水土保持的责任和种类进行了明确。如《中华人民共和国水土保持法》规定，在山区、丘陵区、风沙区修建铁路、公路、水工程、开办矿山企业、电力企业和其他大中型工业企业，在建设项目环境影响报告书中，必须有水行政主管部门同意的水土保持方案；除上述"三类地区"编制水土保持方案外，其他地区的建设项目一般也应有水土流失的防治措施。另外，《建设项目环境保护管理条例》也有规定，涉及水土保持的建设项目，必须有经水行政主管部门审查同意的水土保持方案。

(1) 水土流失的预防措施。水土流失预防措施具体包括以下几方面。①通过科学合理的设计方案和合理的施工方案设计，减少土地占用和植被破坏。②合理地选择弃渣弃土场，保证弃渣场安全，并对弃渣弃土场实行先挡后弃(先修建挡土墙再弃渣)的操作方案。③实行集中取土、集中弃土方案，既减少破坏，又相对易于集中防治。④合理确定施工期，避开集中降雨的季节施工，可避免土壤水蚀流失；避开大风季节施工，可避免土壤风蚀吹失。⑤施工期应备齐防治暴雨的挡护设备，如盖网、苫布或稻麦草帘等，在暴雨来临前覆盖施工作业破坏面，可极大地防止土壤流失。⑥矿业和工业项目建设，应做好弃渣、尾矿、矸石的回用和堆放，防止风吹雨蚀的流失。⑦实施建设项目全过程管理，尤其必须加强施工期的水土保持监理工作。

(2) 水土流失的工程治理措施。建设项目水土流失治理的工程措施可分为：①拦渣工程，如拦渣坝、拦渣墙、拦渣堤、尾矿坝等；②护坡工程，如削坡开级、植物护坡、砌石护坡、抛石护坡、喷浆护坡、混凝土护坡以及综合措施护坡等；③土地整治工程，如回填整平、覆土和人工再植被等；④防洪排水工程，如防洪坝、排洪渠、排洪涵洞、防洪堤、护岸护滩等；⑤防风固沙工程，如设置沙障、化学固沙等；⑥泥石流的防治工程等。这些工程大多已有一定的设计规范要求，可参照执行。

(3) 水土流失的生物治理措施。在水土流失的治理过程中，生物治理措施不可忽视，

它是对植被破坏的土地区域进行人工再植被的过程。其中，生物治理措施最关键的是土地整治和表层土壤的覆盖问题。土地整治包括取土场和弃土弃渣场整治、边坡绿化土地整治、各种非永久占地(临时占地)的整治，以及工程永久占地区的土地整治(厂区绿化前的土地整治)等。土地整治应考虑蓄水保土问题，也要考虑防风防洪防灾问题，还要考虑根据未来的利用方式进行植物的设计与配套工程建设等问题。例如，整治后的土地由于缺乏表土或表土比较贫瘠，需要采取措施增加新建植被的稳定性时，可以利用城市污泥、河泥、湖泥、农业秸秆等增加土壤有机质，也可接种苔藓、地衣等防止风化或通过种植绿肥植物来改良土壤等。若土地整治过程中，考虑将取土场作鱼塘时，事前要使取土场深度适宜，取土场大小须有要求，事后应有配套的进水出水流路和水源匹配；作为旅游景点使用时，就要事先保护周围有观赏价值的景观；而作为建房的建筑利用时，则要重点考虑取土场的稳定性等。

工程建设项目立项伊始，水土流失的防治就必须作为一项重点工作来抓。首先，应从思想上高度认识这项工作的重要意义，通过宣传教育，使施工人员充分认识到水土流失的危害性，使水土保持意识深入人心。其次，各施工单位应把水土保持工作列入重要议事日程，全面认真地落实水土保持方案中的各项措施。

分析与思考：

在水土流失的生物治理措施中，如何根据土地未来的利用方式进行植物的设计与配套工程的建设？

7.1.2　地面沉降(塌陷)与防治

在地区城市化进程中，工程建设成为地面沉降新的影响因素。随着城市化建设的发展，水平方向上建筑物分布越来越密，垂直方向上建筑物越来越高，导致在部分地区的大规模城市改造建设中，地面沉降效应越来越明显。以上海市为例，中心城区地面沉降与工程建设的相关性分析如图 7-1 所示。

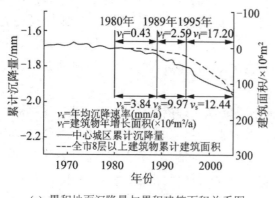
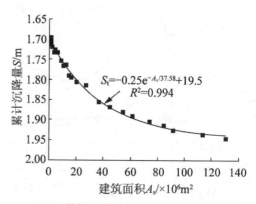

(a) 累积地面沉降量与累积建筑面积关系图　　(b) 累积沉降量与建筑面积相关分析图

图 7-1　上海中心城区地面沉降与工程建设相关性分析图

由图 7-1 可知，中心城区累积地面沉降量随着全市 8 层以上建筑物累积建筑面积的增加而增加，二者之间采用指数曲线进行拟合的相关系数大于 0.99，说明上海的城市化建设与地面沉降之间存在一定的相关性。此外，其他学者如严学新等人也证实了上海工程建设与地面沉降存在同步增长的关系；中科院院士同济大学建筑与城市空间研究所教授郑时龄也认为上海"下沉"与高楼太多有一定的关系。

1. 工程建设中易引发地面沉降(塌陷)的因素

工程建设引起的地面沉降是多种因素共同作用下逐渐累积起来的，主要包括附加荷载作用引起的沉降、工程施工引起的土体固结压缩、地下水位持续下降引起的沉降等。

1) 附加荷载作用引起的沉降

随着城市建筑高层化、密集化的趋势日益明显，建筑物荷载的强度和规模都越来越大，对土层应力状态的改变也越强。研究认为，距离建筑物 1 倍基础宽度范围内的地面沉降大于建筑物本身的沉降，密集高层建筑群之间地表变形存在明显的沉降叠加效应，而且建筑密度越大，建筑容积率越高，地面沉降则越显著。此外，除了建筑物的静荷载外，一些动荷载对城市沉降的影响也应当考虑，如施工时沉桩的冲击以及交通车辆形成的循环荷载等。土体在循环荷载作用下会产生永久变形，且永久变形取决于冲击或循环荷载的能量。凌建明等人曾研究得出上海外环线某路口运营两年后的路面残余变形为 90~100 mm，刘明等也提出地铁振动影响的压缩层大约在 10 m 范围以内。

2) 工程施工引起的土体固结压缩

工程施工引起的土体固结压缩多来自基坑开挖、盾构隧道施工、基坑降水等。

(1) 基坑开挖产生的土体变形。近年来，随着城市规模的不断扩大，工程建设中深基坑的规模、形式和数量都在空前发展，不仅深基坑开挖面积增大、深度也在加深。例如，天津市-6 m 以下深基坑就有 600 多处。其中，-14 m 以下有近百项，连续墙施工深度达到-69 m，基坑开挖深度达到-32.5 m，而且这些项目有相当大的部分集中在中心城区。基坑开挖因大面积挖土卸载，使基坑底部及四周土体应力状态发生改变，如果支护结构强度不够或者无支护，将会引起基坑周围的土体发生位移沉降。相关资料表明，地基基坑开挖引起的沉降主要集中在开挖深度 1~2 倍的平面范围内。

(2) 盾构隧道施工引起的沉降。盾构隧道施工产生地面沉降的机理源于开挖面的应力释放、附加应力等引起地层产生的弹塑性变形。隧道施工所引起的地面沉降，主要包括开挖卸载时开挖面周围土体向隧道内涌入所引起的地层损失沉降、支护结构背后的空隙闭合所引起的固结沉降、管片衬砌结构本身变形以及隧道结构因整体下沉所引起的次固结沉降。其中，盾构施工引起的地层损失和隧道周围受扰动或剪切破坏引起的土体再固结，是造成盾构法隧道工程性地面沉降的根本原因，而次固结沉降更多情况下需要在隧道运营期间考虑。盾构施工引起的沉降与地质条件和盾构施工工艺相关：采用全闭胸挤压盾构推进时，盾构过后地面出现的凹坑可达 1 m 左右；采用气压盾构或局部挤压盾构，地表沉降可控制在 50 mm 左右。无论采用什么样的施工方法进行隧道施工，都不可避免地会出现开挖面土体应力释放而引起围岩变形，尤其在不良地质地段这种变形显得更突出。过大的围岩变形通常引起地表沉降，严重时会诱发隧道塌方以致围岩失稳破坏。

(3) 基坑降水和止水产生的沉降。为保证施工作业面的需要，对基坑直接进行坑内降水或坑外降水使水位下降；或设置止水帷幕隔断坑外地下水，但止水帷幕在地下水压力作用下可能产生渗漏，发生漏水漏砂，从而导致水位下降。水位一旦降低，软弱土层就会压缩沉降，或孔隙水从土中排出导致土体发生固结变形而压缩沉降。此外，降水过程中也有可能带出细小土颗粒，使土骨架颗粒重新排列而引起地面沉降。

3) 地下水位持续下降引起的沉降

因工程建设引起的地下水位持续下降，主要包括地铁隧道渗漏引起的沉降和地下工程的挡水效应。

(1) 地铁隧道渗漏引起的沉降。随着隧道沉降的发展，部分区段可能会出现不均匀沉降，使得隧道产生弯曲变形，导致隧道接缝张开，渗漏加剧，地下水位下降。有学者分析了隧道均匀渗漏状态引起的长期固结作用，认为当隧道渗漏速度为 $0.15\ \text{L/m}^2\cdot\text{d}$ 时，隧道最大沉降可达 220 mm，而且渗漏引起沉降可能需要很长一段时间才能趋于稳定。

(2) 地下工程的挡水效应。伴随城市建设而来的深入含水层中的地下构筑物对地下水的补给产生阻挡作用，导致周围区域向中心区补给量的减小。相比较而言，施工期地下工程对地下水渗流产生的影响是局部范围的，所以在一个较长时间内能得到缓解。而地下工程建成后对地下水的影响范围大、时间长，具有累积效应和明显的滞后性。地下构筑物的存在对地下水的影响体现在地下水位、地下水流速和地下水渗流方向的变化以及多层含水层间的越流效应。这些变化过程虽缓慢，但是一旦出现就会带来长期影响，且在短时间内难以恢复。有关研究表明，工程建设中地下构筑物的长期挡水作用会引起地下水位下降，继而对城市地面沉降的时空分布具有一定的影响。

除地面沉降外，地面塌陷也是近年来城市常见的土地生态环境问题。地面塌陷主要是指岩溶塌陷，是指可溶石灰岩、石膏等为水溶蚀后在地下形成洞穴和通道系统，而洞穴的规模不断扩大就会产生洞内崩塌，浅埋的洞穴后期则会发生洞顶塌陷，使地表出现塌陷坑。地表塌陷体与周围非塌陷体的高差通常相差米级，有的达几十米甚至百余米以上。塌陷的地表直径一般为几米至几十米，大的塌陷直径可达 200 m 以上。地面沉降和地表塌陷的概念有所不同，前者是一种缓变性、大面积区域性的地质灾害，而后者则是急变性、小范围内的地质灾害。地面沉降的年变化量虽然一般以毫米级计算，但累计发生的结果可使沉降数量变大，有时可达一米至数米，其危害性更突出。相比而言，地面塌陷一般则是突然发生，可瞬间造成巨大灾害，但危害影响却相对集中在一个小范围的地带。

人工诱发岩溶塌陷有很多因素，例如人工抽水、人工蓄水(水库)、爆破、震动、地下开挖等许多因素都可引起岩溶塌陷。在大城市中出现的道路中间突然塌陷一大坑的主要原因，有的是因为管道漏水对土层产生侵蚀使其流失形成地下空洞，而后车辆重压、震动而产生塌陷，也有的则是由于地下工程开挖不当，使砂土层崩塌及管涌冲刷而形成地下空洞，最后导致地表塌陷成坑。

2. 工程建设中地面沉降的防治

与地面沉降相比，虽然岩溶塌陷的形变差距大，但其影响范围较小，一般可通过处理恢复原有地面的状况，而大面积的地面沉降则不可能通过人工大量填土来抬高地面。在地面沉降过程中，因为相应的建筑物、管道等系统，也随之发生沉降或形变、位移，所以地面沉降严重的地带，必然影响到建筑物的开裂破坏、交通线路的破坏、各种管道系统的失效等，并进一步加速城市的地面沉降。因此，在城市建设工程中，更应该关注和预防地面沉降的发生。

1) 附加荷载引起地面沉降的防治

针对附加荷载引起地面沉降的防治，首先应根据片区整体地质支撑应力，配置、调剂不同荷载压力要求的功能项目。城市的发展逐步趋向功能区分开，而不同功能区对地面荷载的压力是不同的，甚至有很大差距。如公园广场、学校、道路、绿地等对地面荷载压力很小，而住宅、商办大楼荷载压力要求很高。就地下的支撑应力而言，不同地质结构的应力也有很大差异。若能在勘测试压的基础上对地质应力进行分级，再按照功能区对荷载压力的要求进行对等的配置，将荷载压力要求高的项目规划配置到应力强的片区，将荷载压力要求低的功能区配置到应力弱的地段，这样就可以节省大量的地基处理费用。

其次，提高建筑容积率是形势发展的要求，而目前更多的是在高荷载、超重超压的功能片区中提高建筑容积率。对这种情形的防治，一方面可在同片区内规划配置低压的项目，诸如学校、会堂、广场、绿地等，使片区整体不会超压过重；另一方面也可在同片区规划安排几处能将地桩直接打到岩质硬基的摩天大楼等高大建筑，将荷载压力分流，减少该片区的整体压力，即从因荷载超压导致地沉中减源。对于没有将地桩打到岩质硬基的摩天大楼，则是对片区整体压力的增荷加载，需列入限制容积率之列，做到在片区的整体上减荷、调荷而防止地面下沉。

2) 工程施工引起地面沉降的防治

防治工程施工引起的地面沉降，应在进行岩土工程活动前开展详细的水文地质、工程地质勘察，深入了解施工区域可能产生地面沉降的发生机制，积极采取针对性措施预防地面沉降的发生。

(1) 深基坑开挖。基坑施工对周围环境影响的大小与许多因素有关，如深基坑工程自身、勘察、设计、施工、工程监测及工程管理、自然条件等因素。由于影响因素的多样性，导致了基坑变形机理的复杂性。因此，基坑开挖前，应充分考虑各种因素对基坑开挖变形的影响程度，并分析基坑变形值的大小及基坑监测措施的布置，进行正确、科学的监测设计和切实有效的信息化施工管理。同时，尽量避开雨季施工，开挖前做好安全可靠、经济合理的支护方案，施工过程中严格按照设计方案进行施工控制，并加强动态监测。

(2) 基坑降水。基坑降水应合理布设降水井点并采用防范措施，坑内降水时应建竖向防渗帷幕，坑外降水时应采取回灌或者隔水帷幕等措施；在实施降水工程的过程中进行降水监测和降水维护,对降水井和观测井的水位、水量、水质进行同步观测,并通过有效的基坑变形的测量等辅助措施改进施工工艺;通过人工回灌可控制含水层砂颗粒和黏性土压缩变形,是防治地面变形的有效方法,所以在基坑边抽取地下水时,应同时在离基坑稍远处回灌抽取的地下水,使得基坑内地下水水位较低的情况下,能保持基坑外有较高的地下水水位;应制定保护监测孔的制度或法规,加强工程环境影响监测,按有关规定建立时空监测系统,优化监测网,并及时根据监测数据调整降水方案,直至降水结束;在降水工程结束后,仍需持续对周围建筑物进行一段时间沉降观测,以确认没有因基坑降水而产生的滞后地面沉降影响。

(3) 盾构隧道施工。盾构隧道施工地面沉降控制的总原则是,采取各种措施保持隧道周围岩土体稳定,防止水土流失,进而控制地面沉降。针对不同工程的具体情况,结合地面沉降的不同阶段,应采用施工前预防地面沉降的处理措施,以及施工过程中的补救加固措施,对盾构隧道上覆和两侧地层进行加固,以有效预防和控制盾构法施工引起的地面变形与发展。例如,盾构前方的地表沉降是由于开挖面推力小于原始侧向应力而引起,可通过减少出碴量,提高正面压力,起到控制降沉目标,保持开挖面的稳定;盾构通过时的沉降控制是无法避免的,但是可以采取调整掘进速度,实施即时注浆,使盾尾后隧道周边的土体及时处于三向应力状态,减缓应力释放速度,从而达到有效控制地层的弹塑性变形;盾构通过后,由于应力松弛的影响,地层还会发生固结沉降,因此应根据地面实时监测结果进行实时控制,在管片衬砌背后实施跟踪回填与固结注浆,尤其是对拱部 120°范围进行地层固结注浆非常重要;当盾构暂停推进时,可能会引起盾构后退,而使开挖面松弛造成地表沉陷,此时应做好防止盾构后退措施,并对开挖面及盾尾采取封闭措施。

3) 地下水位下降引起沉降的防治

随着大城市地下空间资源的大力开发,研究地下工程对地下水环境的影响和防治是一个迫在眉睫的新问题。由于这种影响具有很长的滞后性,目前还未引起人们的足够重视,但其后果往往很严重。地下空间和土地资源一样,是不可再生和不可转移的宝贵资源,若开发不当,不但无助于城市空间的拓展,还将影响到整个城市的生态环境,造成不良的社会经济影响。因此,应做好地下空间开发利用规划,科学谨慎地开发利用地下空间。因地下空间存于地质体之中,所以在开发利用前,必须深入了解地质体的工程地质和水文地质特征,了解地下水的动态和流向,科学合理地开发利用地下空间。

分析与思考:

地面沉降的工程诱因主要包括哪些方面?

7.1.3　斜坡失稳与防治

在城市工程建设中,由于地形原因或项目本身需要,经常会开挖或回填出许多人工边坡,如路堑、路堤、房屋基坑边坡和露天矿坑的边帮等。人工斜坡的形成,使坡体内部原有的应力状态发生变化,出现坡体应力重新分布、主应力方向发生改变、剪应力又产生集中的现象。而且,其应力状态在各种自然力及工程施工的影响下,随着斜坡演变不断变化,导致斜坡土体发生不同形式的变形与破坏。

1. 工程建设中常见的斜坡失稳问题

工程建设中常见的斜坡失稳主要包括深基坑边坡失稳、库区库岸坡体失稳、水库修建取水口时的竖井开挖坡度失稳、公路和铁路的路堑及路堤失稳、弃土和弃渣堆放时形成的人工斜坡失稳等。斜坡失稳时,常常伴随着水土流失、滑坡、崩塌、泥石流等环境地质问题的发生。下面主要介绍城市建设中常见的基坑边坡失稳和路基边坡失稳问题。

1) 基坑边坡失稳

开挖深基坑时,一般要根据勘测资料进行坑壁支护。常见的支挡结构形式有重力式挡土墙、排桩或地下连续式挡土结构(包括深层搅拌混凝土挡墙、钢板桩、钢筋混凝土拌桩、钻孔灌注桩、地下连续墙等)、逆作拱墙挡土结构、土钉支护等。支挡结构的任何变位、变形都可能导致边坡失稳,甚至基坑坍塌。开挖后的基坑边坡在自身重力和周围外力的作用下,土体工作条件发生了变化,应力状态产生了质的改变,难以维持平衡,土体将会产生向低处坍滑的趋势,继而产生滑动。

基坑的边坡变形有两种基本形式:一是在开挖中形成的边坡,处理不当容易在基坑底部、边坡前或边坡内发生小型的边坡滑动;二是支护结构完成后,使基坑形成巨大的临空面,由于支护结构失效引起边坡失稳。此外,基坑抽水和止水时,一般需要设置闭合的止水帷幕(水平向止水帷幕和竖向止水帷幕)。止水帷幕因各种因素出现渗漏时,会突然大量漏水漏砂,导致边坡失稳、坍塌、倒桩及附近建筑物、路面的急剧沉陷。

2) 路基边坡失稳

根据边坡土质的类别、破坏原因和规模的不同,路基边坡失稳可分为两种情况。一是少量土体沿土质边坡向下移动所形成的溜方,通常指的是边坡上表面薄层土体下溜,主要是由于流动水冲刷边坡或施工不当引起的。二是由于土体稳定性不足造成的滑坡,通常是指一部分土体在重力的作用下沿路堤的某一滑动面滑动。对路堤边坡来说,坡度过陡或坡脚被水冲刷淘空或填土层次安排不当是其边坡发生滑坡的主要原因。而路堑边坡滑坡则是由于边坡高度、坡度与天然岩土层的性质不相适应导致的。

除此以外,路基沿山坡滑动也是路基不稳定的一种表现。在较陡的山坡填筑路基,若路基底部被水浸湿形成滑动面,而坡脚又未进行必要的支撑时,整个路基可能会在路基自重和行车荷载的作用下沿倾斜的原地面向下滑动,使路基丧失整体稳定性。

2. 工程建设中斜坡失稳的防治

1) 基坑边坡失稳的防治

基坑开挖措施不当、支护结构失效,最直接的影响是造成基坑边坡失稳,进而引起地面沉降、房屋开裂甚至倒塌。因此,设计者、施工单位和建设单位开工前不要轻率地确定最终方案，也不能因为基坑边坡支护是临时工程而不加重视，应该认真总结既有经验，深入实际进行分析调查，进行多方案对比择优选用，并根据理论知识结合实际经验进行研究分析，预测出基坑施工对周围环境的影响程度。

实际施工时，施工单位应积极采取多种措施尽量避免边坡失稳。首先，应采取一切必要的措施保护围岩原有的特性，减少对其破坏和扰动。其次，应采用动态措施，合理选择支护类型及支护参数。常见的支挡结构形式有：重力式挡土墙、排桩或地下连续式挡土结构(深层搅拌混凝土挡墙、钢板桩、钢筋混凝土拌桩、钻孔灌注桩、地下连续墙等)、逆作拱墙挡土结构、土钉支护等。再次，应创造衬砌施工条件，缩短底部闭合时间，使其达到良好的受力状态。最后，也应加强监控测量，用及时准确的数据分析为施工方案的切实可行提供重要依据。

2) 路基边坡失稳的防治

路基边坡失稳常表现为滑坡、崩塌、泥石流等环境岩土灾害，下面以滑坡为例，阐述通常采用的几种路基边坡失稳的防治方法。①当环境条件许可时，宜优先选用放缓边坡的处置措施。②排除地表水和地下水，其目的是拦截滑坡范围外的地表水进入滑体，减少或者防止滑坡受地下水的影响程度。地表水一般可通过挖掘排水沟和截水沟的方法进行排水；地下水的排除可采用疏干地下水、降低地下水水位等方法。具体的地下排水工程可采用支撑盲沟、截水盲沟以及边坡渗沟等措施。③采用刷方减载的方法。这种方法是清除滑体上部岩石和土体，以降低坡体的下滑力。清除的岩石和土体可以堆在坡脚，起到一个反压抗滑的作用。④对于不稳定的边坡岩土体，可采用工程防护措施(如修建支挡工程)，其目的是增加坡体的抗滑力，常见的方法有挡土墙以及抗滑桩等。⑤加固也是防止边坡失稳的有效措施，应根据边坡的具体工程地质条件，选用加固措施处置边坡。具体的加固措施详见表 7-1 所示的国内防治地质灾害的主要工程类型。

表 7-1 主要的地质灾害类型及防治措施

工程类型	防治措施		主要的地质灾害类型
排(截)水工程	排(截)水沟		滑坡、塌岸、地面沉降、地面塌陷
	排水盲沟		滑坡、塌岸
	排水隧洞		滑坡
	排水井(孔)		滑坡
支(拦)挡工程	混凝土灌注抗滑桩		滑坡、崩塌
	锚拉抗滑桩		滑坡、崩塌
	挡土墙	混凝土挡墙	滑坡、危岩、崩塌、泥石流
		浆砌挡墙	滑坡、危岩、崩塌、泥石流
		加筋土挡墙	塌岸
	防崩(落)石槽(台)		危岩、泥石流
	拦石坝(墙、堤)		危岩、泥石流

工程类型	防治措施	主要的地质灾害类型
支(拦)挡工程	拦石网、拦石柱	危岩
	支撑墩(柱)	危岩
加固工程	预应力锚索(杆)加固	危岩、滑坡
	格构锚固	危岩、滑坡
	注浆加固	危岩、滑坡、地面沉降、地面塌陷
护坡工程	锚喷支护	危岩
	砌石护坡	危岩、塌岸、水土流失
	抛石护坡	塌岸
	石笼护坡	塌岸
	锚杆与土钉墙护坡	危岩、水土流失
	格构护坡	危岩、水土流失
	植被护坡	塌岸、水土流失
减载与压脚工程	削方减载	滑坡、塌岸
	土石压脚	滑坡、塌岸
搬迁和避让	无	滑坡、危岩、泥石流

重点提示：

掌握土木工程建设中容易引发水土流失的活动及其防治措施、土地沉降的诱因及其防治措施、常见诱发斜坡失稳的活动及其防治措施。

7.2　黑臭水体与整治

随着城市化进程的快速发展，城市人口的不断膨胀，越来越多的城市水体出现了常年性或者季节性的黑臭现象。根据住房和城乡建设部、生态环境部"全国城市黑臭水体整治信息发布"平台信息显示，截至 2018 年 10 月，全国 295 座地级及以上城市中有 216 座城市排查出黑臭水体，黑臭水体认定总数为 2100 个。其中，约有 70%的黑臭水体分布在华南、华中及华东等地区，整体分布呈现南多北少、东中部多西部少的地域特点。水体一旦出现黑臭问题，不仅给周围居民的生活和健康带来巨大影响，还会使区域的社会与经济发展受到制约，严重影响城镇生态文明。黑臭水体的治理已成为推进城市生态文明建设亟需解决的重大环境问题。

2015 年 4 月 16 日国务院颁布的《水污染防治行动计划》(简称"水十条")明确提出：要全力保障水生态环境安全，整治城市黑臭水体。到 2020 年，地级及以上城市建成区黑臭水体均控制在 10%以内；到 2030 年，全国七大重点流域的水质优良比例总体达到 75%以上，城市建成区黑臭水体总体得到消除。这些控制性目标的提出，为整治城市黑臭水体设定了具体的量化目标，加之后续相关文件不断推出，如 2015 年的《城市黑臭水体整治工作指南》、

2016 年的《全国城市黑臭水体排查情况》和《城市黑臭水体整治——排水口、管道及检查井治理技术指南》(试行)、2017 年的《城市黑臭水体整治效果评估》和《黑臭水体治理技术政策》征求意见、2018 年的《城市黑臭水体治理攻坚战实施方案》等，这些都体现了国家治理黑臭水体的坚定决心。现阶段，黑臭水体的整治已成为地方各级人民政府改善城市人居环境工作的重要内容，然而由于城市水体黑臭成因复杂、影响因素较多，整治任务仍然十分艰巨。

7.2.1 黑臭水体及黑臭机理

1. 黑臭水体与识别

2015 年 8 月，住房和城乡建设部会同环境保护部(现生态环境部)等部门，共同制定了《城市黑臭水体整治工作指南》(以下简称《指南》)，旨在贯彻落实"水十条"，指导地方政府加快推进城市黑臭水体的整治工作，以改善城市生态环境和促进城市生态文明建设。《指南》中明确规定，城市黑臭水体是指城市建成区内，呈现令人不悦的颜色和(或)散发令人不适气味的水体的统称。对于黑臭水体的定义，有两点需要强调：一是黑臭水体属于城市建成区，存在于居民生活的周围环境中，因而影响居民的身心健康和正常生活；二是"黑臭"是对受污染水体的感官描述，这种水体呈现的颜色、发出的气味会影响人的感官愉悦程度，因而识别黑臭水体以感官判断为主。

城市黑臭水体的识别可遵循政府部门预判、公众调查两个阶段进行。政府主管部门根据排查掌握的水质监测资料及百姓投诉情况，初步对建成区的水体界定"无黑臭""局部黑臭"和"全部黑臭"，并广泛征求社会意见。对于可能存在争议、预评估结果为无黑臭的城市水体，主管部门可委托专业机构对周边的社区居民、商户或随机人群开展调查，通过公众问卷调查等形式进一步识别。

城市黑臭水体的识别主要针对感官性指标，百姓不需要任何技术手段就能判断。因此，《指南》特别要求注重百姓的监督作用，让百姓全程参与城市黑臭水体的筛查、治理和评价，监督地方政府对城市黑臭水体整治的成效，群众满意是界定"消除黑臭"的标准。《指南》规定，只要 60%的百姓认为某水体有"黑"或"臭"问题，就应该列入"黑臭水体"的整治名单，至少 90%的百姓对黑臭水体工程整治效果答复"非常满意"或"满意"，才能认定该水体达到整治目标。住房城乡建设部将会同环境保护部(现生态环境部)等部门建立全国城市黑臭水体整治监管平台，定期发布信息，接受公众监督与举报。

2. 黑臭水体的分级与判定

根据黑臭程度的不同，可将黑臭水体细分为"轻度黑臭"和"重度黑臭"，分级的评价指标包括透明度、溶解氧(DO)、氧化还原电位(ORP)和氨氮(NH_3-N)共四项指标，具体的分级标准如表 7-2 所示。水质检测与分级结果可为黑臭水体整治计划制订和整治效果评估提供重要参考。

表 7-2　城市黑臭水体污染程度分级标准

特征指标(单位)	轻度黑臭	重度黑臭
透明度(cm)	25～10*	< 10*
溶解氧(mg/L)	0.2～2.0	< 0.2
氧化还原电位(mV)	−200～50	< −200
氨氮(mg/L)	8.0～15	> 15

注：*水深不足 25cm 时，该指标按水深的 40%取值。

判定水体黑臭程度的分级时，应按照《指南》关于布点与测定频率的要求进行。某检测点的上述四项理化指标中，一项指标 60%以上数据或不少于两项指标 30%以上数据达到"重度黑臭"级别的，该检测点应认定为"重度黑臭"，否则可认定为"轻度黑臭"。连续三个以上的检测点认定为"重度黑臭"的，检测点之间的区域应认定为"重度黑臭"；水体 60%以上的检测点被认定为"重度黑臭"的，整个水体应认定为"重度黑臭"。

3. 水体致黑致臭的机理

水体黑臭的产生是一个涉及较多因素的复杂过程，包括有机物污染、氮磷污染、底泥及底质再悬浮以及微生物代谢等。当水体的纳污量超出了其环境容量时，水中有机污染物在好氧微生物的生化作用下，大量消耗水体中的溶解氧，使水体转化成缺氧甚至厌氧状态，致使厌氧细菌大量繁殖。然后，厌氧菌等微生物进一步将污染物分解并产生致黑致臭类物质，从而导致水体的黑臭现象。水体黑臭机理示意图如图 7-2 所示。

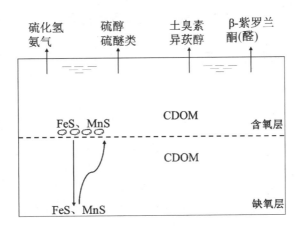

图 7-2　水体黑臭机理示意图

金属硫化物的形成是水体发黑的重要原因。在水体底部(下覆水和底泥)缺氧层中，硫酸盐中的 SO_4^{2-} 作为电子受体，被硫酸盐还原菌逐步还原为硫离子(S^{2-})。同时，铁、锰等重金属离子亦被其他微生物还原为二价铁(Fe^{2+})、二价锰(Mn^{2+})等还原态离子，底部的 S^{2-} 与 Fe^{2+}、Mn^{2+} 等金属离子在向上覆水体扩散的过程中，会结合生成 FeS、MnS 等金属硫化物。FeS、

MnS 是黑色沉积物，一部分会被水体中微小的悬浮物质吸附，另一部分则沉积于水底，但在厌氧分解产生的气体形成的气泡托浮作用下，也会随着水体扰动重新进入上覆水体，导致水体变黑。除了上述不溶性金属硫化物外，带色溶解性有机物(CDOM，主要是腐殖质类有机物)也是水体发黑的重要参与者。研究表明，带色溶解性有机物一般由光学活性大分子物质组成，能够吸收紫外光和可见光。在溶解性有机物(DOM)降解过程中，不带色的溶解性有机物首先被微生物消耗，造成带色溶解性有机物的相对浓度增加，继而增强了对紫外光的吸收，进一步加剧了水体发黑。

水体发臭的原因主要是水体中产生了硫化氢、氨、硫醇、硫醚、土臭素和异莰醇等发臭物质。硫化氢是一种具有高浓度气味的小分子物质，在水体发臭的过程中具有很大贡献，主要通过以下两种途径生成：①水体中的硫酸盐被硫酸盐还原菌还原生成硫化氢；②含硫有机物在厌氧菌的作用下分解生成硫化氢。氨是另一种具有臭味的小分子物质，不仅能在含硫有机物的厌氧分解中产生，也能在水中腐殖类物质的酸水解过程中大量生成。除了上述两种形式的无机硫外，硫醇、硫醚类等挥发性有机硫化物(如甲硫醇、二甲基硫醚、二甲基二硫醚、二甲基三硫醚以及二甲基四硫醚)在水体的臭气形成中也起着非常重要的作用。这种具有特殊恶臭的硫醇、硫醚类物质主要通过含硫氨基酸、含硫蛋白质等含硫有机物的厌氧分解、腐殖类物质的酸水解过程产生。此外，厌氧条件下厌氧放线菌分泌产生的土臭素和 2-甲基异莰醇、一些藻类裂解释放的 β-紫罗兰酮(醛)等致味物质，因嗅阈值很低，极小的浓度就容易引起强烈的臭味效应而使水体发臭。

分析与思考：

掌握黑臭水体的概念、分级和致黑致臭的特征污染物质。

7.2.2　水体黑臭的主要原因

1. 外源污染物的排放

水体黑臭是水体污染的一种外在表现。有机污染物、氮磷化合物以及重金属等大量外源性污染物进入水体是造成城市水体黑臭的主要原因。

1) 排水管网建设不完善

排水管网密度。排水管网的密度是衡量一个城市排水管网普及程度的重要指标。现阶段我国部分城市还没有实现污水收集管网的全覆盖，尤其是在早期建设的老城区和城中村区域，污水直排现象较为普遍。污水未经过收集和处理直排到城市水体中，久而久之就会导致水体的纳污量超出其可以接受的污染物量，这是造成城市水体黑臭现象的主要原因。

排水管网质量。根据 2016 年的一次统计调查，我国管龄超过 10 年的排水管道长度占总排水管道长度的 64.89%。管道老化加上缺乏日常维护，导致部分管道发生破损和污水渗漏，加剧了城市黑臭水体的产生。另外，因为原有的污水管网建设不健全，再加上片区和居民区缺乏相应的监管，排水管道错接、漏接、雨污混接现象比较普遍，造成大量生产生活污水混入雨水管网直接排入水体，进一步加剧城市水体的黑臭程度。

合流制排水体制。合流制是将城市污水和雨水混合在同一个管渠内排除的系统。国内部分老城市或老城区仍存在雨污合流的排水体制，比较常见的是截流式合流制，如图 7-3 所示。由于城市建设大多"重地上、轻地下"，随着高强度的开发建设、城市人口的增多，用水量和污水量均呈现增加态势，导致部分地下管道容量偏小，溢流频率增加。降雨时，超过截流干管输送能力的混合污水，只能通过溢流井排放进入水体，导致城市水体污染。

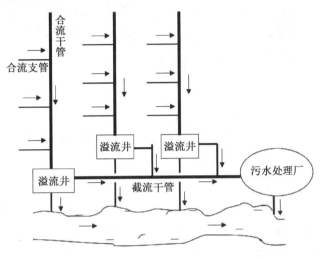

图 7-3　截流式合流制示意图

2) 面源污染日益突出

城市面源污染主要是由降雨径流特别是初期雨水的淋溶和冲刷作用产生的。暴雨初期，雨水将晴天时累积在大气中、河流周边道路表面、无植被覆盖地面、畜禽养殖污染地面、屋面以及沉积在地下管网的污染物等在短时间内突发性冲刷，加之我国大多城市初期雨水截污措施不到位甚至没有，导致初期雨水携带大量污染物质直接排入城市水体，对城市水体的生态环境构成冲击性影响。随着经济社会的快速发展，大气和地表污染日益严重，城市面源越来越成为引起水体污染的主要污染源，具有突发性、高流量和重污染等特点。据研究报道，初期雨水的污染指标远远高于典型城市生活污水指标，初期雨水中硫化物是导致水体水质急剧变差的主要原因。

3) 其他

除了上述原因，地方相关部门的监管工作不到位也是导致黑臭水体的重要原因。例如，城市的"城乡接合部"，因基础设施数量较少，城市垃圾往往被直接倾倒在水体中，有些企业为了节约成本私设暗管偷排污水等，给城市水体带来直接污染。

2. 内源污染物的释放

首先，河道由于缺少稳定的水源补充、水体流速不足等原因，导致水体中的垃圾、树叶、水生植物残体和杂草无法冲走而沉积在河道底部，时间过长则会腐烂，向水中释放污染物。其次，外来污染物质进入水体后，经过物理、化学、生物作用逐渐沉积在水体地质表层形成底泥，加之河道没有维持常态化清淤，底泥及沉积在底泥中的污染物则长期存在于水体中，对水体生态环境构成威胁。底泥在吸附的污染物量达到饱和或在酸性、厌氧的条件下，会持续地将有机物、氮、磷以及重金属离子等污染物重新释放到水中，使水体发黑、发臭。尤其在人为扰动、生物活动及水力冲刷的影响下，底泥还会再次上浮进入水相，加剧污染物的释放。此外，底泥是放线菌和蓝藻等微生物的良好生存环境，这些微生物在底泥表面不断繁殖和代谢，导致黑臭物的不断生成，进一步加剧了水体的黑臭。调查发现，我国多个城市的水体中普遍存在大量的底泥，底泥沉积量越多，水体出现黑臭问题的概率就越大，说明了底泥是城市水体内源污染的主要物质。

3. 水动力学条件不佳

城市水循环是水污染形成、迁移、转化等一系列过程的载体，也是影响其动力学过程的主要因素。如果城市水体的水量不足、流动低缓、水循环不畅，污染物淤积，就会显著地削弱水体的自净能力，使水体水质发生恶化，最终导致水体黑臭现象。研究发现，我国很多城市或多或少都存在水资源缺乏的问题，再加上近年来水资源开发利用强度不断增加、水资源调配不够合理以及为了美化城市环境打造景观水体，而人为地将活水变为死水等，导致城市水体多为缓流甚至停流状态，水动力条件不足，水体无法自然循环，水体自净能力显著降低。另外，对于河道的治理，以往比较注重其防汛泄洪作用，生态化理念相对缺乏，常常对河道实施削坡、硬质化护坡护底等措施加快洪水下泄。硬质化切断了水域生态系统各要素间的物质和能量交流，水生态系统严重退化，导致水体自净能力进一步下降。

分析与思考：

导致水体黑臭的主要原因有哪些？

7.2.3 黑臭水体综合整治

1. 黑臭水体综合整治体系

黑臭水体的综合整治体系如图 7-4 所示。对进入黑臭水体名单的城市水体，综合整治工作主要包括方案制定、工程实施、效果评估和长效管理四方面内容。其中，科学地制定整治方案是有效治理黑臭水体的前提，采用有效技术措施并进行综合集成和科学实施是有效治理黑臭水体的关键，而长效管理则是确保黑臭水体治理后不返黑返臭的保障。现实中，确实存在一些黑臭水体治理工程因重治理轻保持、重短期轻长效而导致水体返黑返臭，水质反复恶化。因此，黑臭水体的治理应从长远考虑，明确目标、因地制宜、综合施策、规范管理，确保水质改善效果长期稳定。

黑臭水体整治方案的制定一般包括以下步骤和内容。①在系统分析黑臭水体的污染来源、环境条件的基础上，开展环境问题诊断和分析黑臭成因。②根据污染物负荷的核定，确定黑臭水体的治理目标。③结合水体的环境条件和控制目标，甄选技术可行、经济合理、效果明显的技术方法，确定黑臭水体治理的技术路线和长效保持方案。④根据选定的治理技术路线和环境调查结果，预测所需的工程措施、工程量和实施周期，并预测整治工程成本。⑤结合城市水体的水质水量特征、水环境容量及水体自净能力，对治理工程实施后的水体黑臭状况进行预测。对于黑臭已经基本消除、但生态自净能力相对较弱的城市水体，应强化生态修复工程建设，确保治理工程长效运行。

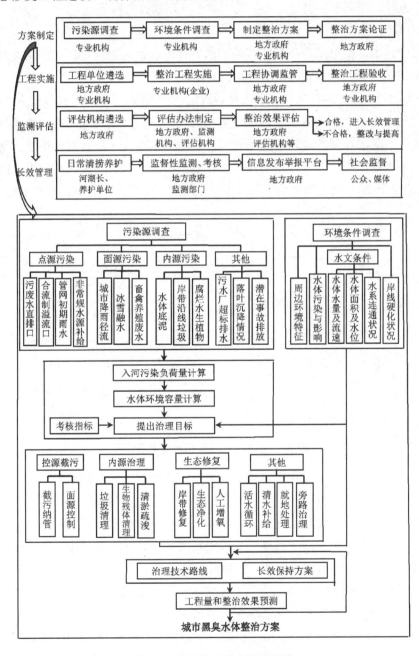

图 7-4 黑臭水体综合整治体系

2. 黑臭水体治理关键技术

城市黑臭水体整治可采用的技术措施非常多，技术原理和应用形式也各不相同。《指南》根据各种技术的功能将整治技术划分为四类，即控源截污、内源控制、生态修复和补水活水等。其中，控源截污和内源控制是基础与前提，只要污染源得不到控制，水体黑臭就不可能得到根本治理。生态修复和补水活水是长效保障措施，通过修复水体生态功能，改善水动力条件，增强水体自净能力，使水质得以长效改善和保持。

1) 控源截污技术

控源截污技术，简单地说就是防止外来的各种污水、污染物等直接或随雨水排入城市水体，主要包括截污纳管和城市面源污染控制技术。

(1) 截污纳管。截污纳管的技术要点是通过沿河沿湖铺设污水截流管道，并合理设置提升泵房，将污水截流然后纳入城市污水收集和处理系统，严禁将截流的污水直接排入城市河流的下游。对老旧城区的雨污合流制管网，应沿河岸或湖岸布置溢流控制装置，且在实际应用中，应考虑溢流装置排出口和接纳水体水位的标高，并设置止回装置，防止暴雨时倒灌。无法沿河沿湖截流污染源的，可考虑就地处理等工程措施。截污纳管示意图如图 7-5 所示。

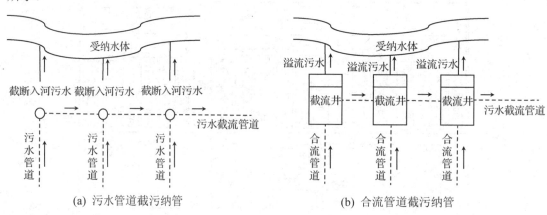

(a) 污水管道截污纳管   (b) 合流管道截污纳管

图 7-5　黑臭水体治理截污纳管示意图

现阶段，截污纳管是国内各省市在黑臭水体治理过程中采用的主要措施，一些工程实体如图 7-6 所示。截污纳管从源头上对污染物的直排问题进行了解决，可有效削减入河入湖的污染负荷，是最直接有效的工程措施。然而，截污纳管的实施存在管网建设的工程量和一次性投资大，工程实施难度大、周期长等限制因素。此外，截污还有可能导致河道水量变小、流速降低，故有时需要采取必要的补水措施。

(2) 面源控制。面源控制是通过控制雨水径流中的污染物含量从而减少水体的外源污染负荷，主要用于城市初期雨水、冰雪融水、畜禽养殖污水、地表固体废弃物等污染源的控制与治理。面源控制可结合海绵城市的建设，采用各种低影响开发(LID)技术、初期雨水控制与净化技术、地表固体废弃物收集技术，以及生态护岸与隔离(阻断)技术。初期雨水径流污染控制如图 7-7 所示，在沿河两岸新建初期雨水弃流井和调蓄池，当降雨来临时，初期雨水通过弃流井进入截流管后流入调蓄池暂存。贮存的初期雨水送至附近的城市污水管道或者送至附近的污水处理设施，待处理达标后再进行合理利用，条件许可时，也可就近排入绿地。同时，面源控制也可结合海绵城市理念，通过城市中多种海绵体的"渗、滞、蓄、净、用"等功能来减少初期雨水径流对污染物的散播流动而引起的污染，如图 7-8 所示。

(a) 福建福清市某截污纳管工程　　　　　(b) 宁波市塘溪镇某截污纳管工程

图 7-6　黑臭水体治理截污纳管工程实体图

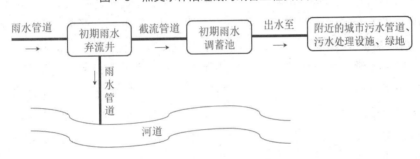

图 7-7　初期雨水污染控制示意图

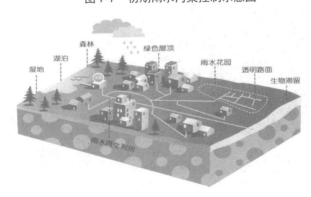

图 7-8　城市海绵体示意图

面源控制涉及的面比较广，往往一个流域、一条主干河的周边区域都要进行规划和设计，需要从水体的汇水区域整体来采取源头减排和过程控制等综合措施，系统性强、工程量大、影响范围广，且工程实施经常受当地城市交通、用地类型控制、城市市容管理能力等因素制约，落实较难。因此，面源控制往往采取末端措施进行，如河道、湖泊的末端调控等。

2) 内源控制技术

内源控制技术是指采取清淤、打捞等措施清除水体内部的污染物，以实现内源污染的控制。一般来说，通过外源控制技术改善水体的黑臭问题往往需要较长的时间，所以在治理黑臭水体时，应加大内源控制措施的实施，尽快缩短改善水体黑臭问题的时间。目前较为常见的控制方法为清淤疏浚、垃圾清理和生物残体及漂浮物清理等等。

(1) 清淤疏浚。清淤疏浚是将受污染底泥清除出水体，直接减轻水体中的污染物负荷，能够有效解决河道的内源污染问题，可以增加河、湖的库容量，提高其行洪和调蓄能力。清淤疏浚包括机械清淤、水力清淤和人工清淤等方式，在工程实施中需要注意以下几个要点。①清淤前需要做好底泥污染调查，明确清淤方式和疏浚范围。对于淤泥厚度较小、河道宽度较窄的区域，可以选择分区、分段进行排水，然后利用机械开挖等方式清理河道内的淤泥；对于淤泥厚度较大、河道宽度较宽的区域，可以利用超声技术等进行清理。对于硬底河床，可以采用机械清淤为主、人工清淤为辅的方式清除河床底面上的淤泥；而对于软底河床，则可以先采用抛石挤淤的方法将河道中间的淤泥挤压至河道两边，然后再利用挖掘机械配合人工方式将淤泥清理干净。②合理控制清淤深度，避免过深破坏河底水生生态、过浅不能彻底清除底泥污染物。清淤工作不得影响水生生物生长，应保留一定厚度的淤泥层，为底栖动物、微生物等提供生存条件。③根据当地气候和降雨特征，合理地选择底泥的清淤季节。研究表明，冬季对底泥进行疏浚可以更有效地抑制黑臭水体的形成，由于冬季水体中营养盐浓度较低并且微生物代谢活性较低，可以限制沉积物中营养盐的释放，而高温季节疏浚后容易导致黑色块状漂泥的形成。此外，清淤后回水水质应满足"无黑臭"的指标要求。清淤疏浚工程如图 7-9 所示。

(a) 人工清淤   (b) 机械清淤

图 7-9 清淤疏浚工程

一般而言，清淤疏浚方法适用于所有黑臭水体，尤其是重度黑臭水体中底泥污染物的清理，以快速降低黑臭水体的内源污染负荷。然而，底泥疏浚作业中，沉积在底泥中的其他污染物可能会随着搅动被释放进入水环境中，同时还有可能带出河底底栖生物、微生物，改变河流原本的生物群落结构，可能会引发新的生态问题。此外，在清淤疏浚作业中，底泥运输和处理处置难度较大，存在二次污染风险，需要按规定安全地处理处置底泥。

(2) 垃圾清理。垃圾清理措施主要用于城市水体沿岸垃圾临时堆放点的清理。城市垃圾被直接倾倒在水体沿岸时，则由外源污染物转变成了内源污染物。因此，《指南》把垃圾清理归属于内源污染控制技术的重要措施。垃圾临时堆放点的清理属于一次性工程措施，应一次清理到位。

(3) 生物残体及漂浮物清理。生物残体及漂浮物清理主要用于城市水体水生植物和岸带植物的季节性收割、季节性落叶及水面漂浮物的清理，主要是通过打捞和清理植物残体方式进行，以避免植物残体在水体中腐烂，消耗水体中的氧气而造成水体污染。水生植物、岸带植物和落叶等属于季节性的水体内源污染物，需在干枯腐烂前清理；而水面漂浮物主要包括各种落叶、塑料袋、其他生活垃圾等，需要长期清捞维护。

3) 生态修复技术

生态修复技术是指通过生态净化和生物净化措施来消除水中污染物。比如，原硬化河(湖)岸带的修复技术，利用人工湿地、生态浮岛、水生植物等的生态净化技术，向水中增加氧气的人工增氧技术等。

(1) 岸带修复。岸带修复主要用于已有硬化河岸或湖岸的生态修复，属于城市水体污染治理的长效措施，一般是指采取植草沟、生态护岸护坡、透水砖等形式，对原有硬化河岸或湖岸进行改造，通过恢复岸线和水体的自然净化功能，强化水体的污染治理效果。岸带修复在实施过程中，存在着工程量较大、工程垃圾和岸带植物的处理处置成本较高、岸带植物的维护量较大、可能减少水体的亲水区、在降雨或潮湿季节岸带危险性可能增加等限制性因素。植草沟、透水砖等形式参见"海绵城市建设"一节，几种生态护坡示意图如图 7-10 所示。

(a) 格宾网格护坡

(b) 生态袋护坡

图 7-10　几种生态护坡形式

(c) 蜂巢网格护坡

(d) 联锁式护坡砖护坡

图 7-10　几种生态护坡形式(续)

在具体实施过程中，可按照因地制宜、经济高效和生态构筑的原则进行。例如，深圳市在城市黑臭河道治理过程中，采用的岸带修复措施就是协同海绵城市建设，并结合河、湖周边的景观提升工程联合创建的，具体包括：对于坡道较缓的河道，利用透水六角砖和水工生态砌块进行压坡保护；对于直立式挡墙构造的河道，通过种植河底水生植物、河岸垂挂植物等措施对河道挡墙进行软化；对于河道两岸有建设条件的河段，进行生态绿化隔离带建设，以减少人类活动对河道环境的影响；对于工程开挖破坏的人行道的恢复，结合"海绵城市"理念重建为透水砖路面、下凹式绿地等，以调蓄水资源；而对于居住区集中的地块，则将河岸较宽地块设计成以花境为主体的闲坐小游园，强化优雅舒适的生活气息。

(2) 生态净化。生态净化主要采用人工湿地、生态浮岛、水生植物种植等技术方法，利用土壤-微生物-植物构成的生态系统有效去除水体中的有机物、氮、磷等污染物。该技术通过生态系统的恢复与系统构建，持续去除水体污染物，改善生态环境和景观，可广泛应用于城市水体水质的长效保持。对严重污染的黑臭水体来说，仅采用生态净化措施的改善效果并不显著，需要在有效控制外源和内源污染物的前提下配合使用，而且采取的生态净化措施不得与水体的其他功能冲突。另外，植物的收割和处理处置成本较高也是生态净化技术的不利因素。几种生态净化方式如图 7-11 所示。

人工湿地是人类模拟天然湿地系统结构和功能而建造的、可控制运行的湿地系统，由围护结构、人工介质、水生植物等部分构成。当污水进入人工湿地时，污染物被床体吸附、过滤、分解而达到水质净化的目的。湿地系统底部布放的基质颗粒既能够充分吸附、过滤水中污染物，又能够为微生物的生长提供必要条件。湿地植物是人工湿地的重要组成部分，在净化水质的过程中起着多重作用。首先，植物通过吸收同化作用，直接从污水中吸收可利用的营养物质，如水体中的氮和磷等；其次，植物的根系交织在一起能够吸附和富集水中的重金属和有毒有害物质；最后，植物可为微生物的吸附、生长提供更大的表面积，并能为水体输送氧气，增加水体的活性。湿地系统中的微生物是降解污染物的主力军，通过好氧分解、厌氧分解，将废水中的大部分有机物降解成为二氧化碳、水、氮气等。由此可见，人工湿地系统是主要利用基质(土壤、人工介质)-植物-微生物的三重协同作用，对污水进行处理的一种技术。

生态浮岛是通过在水体中构建人工水生植物系统来降解水体污染物，是将人工设计建造的填料或浮床漂浮于水面上，供动植物和微生物生长繁衍、栖息的生态设施，其净化原理基本等同于人工湿地。水生植物种植是在水体中种植一些浮水植物、沉水植物和挺水植物等，也是将自然净化功能和人工强化措施结合起来净化水质的一种生态技术。水生植物能吸收水中和底泥里的污染物、营养盐，同时为水生动物提供庇护场所、食物和生存环境，形成稳定的水生生态系统，从而提高水体的自净能力。

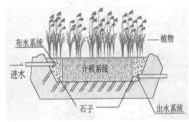  

(a) 人工湿地

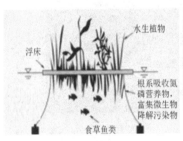  

(b) 生态浮岛

(c) 水生植物种植(自左向右为香蒲、黄菖蒲、水生美人蕉)

图 7-11　几种生态净化方式

(3) 人工增氧。人工增氧技术主要采用跌水、喷泉、射流，以及其他各类曝气形式有效提升水体的溶解氧水平，并通过合理设计，在实现人工增氧的同时辅助提升水体的流动性能。该技术主要适用于城市黑臭水体整治后的水质保持，具有水体复氧和加大区域水体流动性的功能，以促进黑臭物质发生氧化，避免厌氧生物的大量滋生和防止有机物在缺、厌氧的状态下产生氨、硫化氢等恶臭物质。值得注意的是，人工增氧设施不得影响水体行洪或其他功能，重度黑臭水体不应采取射流和喷泉式人工增氧措施。其他情况若采用时，射流和喷泉的水柱喷射高度不宜超过 1m，否则容易形成气溶胶或水雾，对周边环境造成一定的影响。几种人工增氧方式如图 7-12 所示。

(a) 射流充氧　　　　　　　　(b) 微纳米气泡曝气充氧

(c) 跌水充氧　　　　　　　　(d) 喷泉充氧

图 7-12　几种人工增氧方式

分析与思考：

控源截污、内源控制和生态修复的主要措施及特点。

4) 其他技术

黑臭水体其他治理技术主要包括活水循环、清水补给、就地处理和旁路治理等。

(1) 活水循环。活水循环的技术要点为通过设置提升泵站、合理连通水系、利用风力或太阳能等方式，实现水体流动，提高水体流速、水体含氧量和水体的自净能力；非雨季时也可利用水体周边的雨水泵站或雨水管道作为回水系统。例如，推流式移动太阳能曝气机就是一种强力推流制造活水的设备。它是以太阳能作为设备运转的直接动力，通过转盘叶轮旋转拨动水循环，将水横向推流输送至远端，水体底部缺氧水向上补充，实现循环推流、混合和复氧等多重功效。其工作原理如图 7-13 所示。

活水循环技术关键在于"循环"，采用的方案应符合当地水利规划并与周边环境相协调。在实施过程中，应关注水体的流动速度和有效的水力停留时间，尤其应关注循环水的出水口设置，以避免或降低循环出水对河床或湖底的冲刷。若遇河湖水系连通还应进行生态风险评价，避免治理技术的盲目性。该技术适用于水体置换周期长、流速缓慢、封闭或半封闭的水体治理与水质长效保持，如城市缓流河道水体或坑塘区域的污染治理与水质保持。在实施过程中，部分工程需要铺设输水渠，工程建设和运行成本相对较高，工程实施难度大，并且需要持续运行维护等，是该技术的一些限制因素。

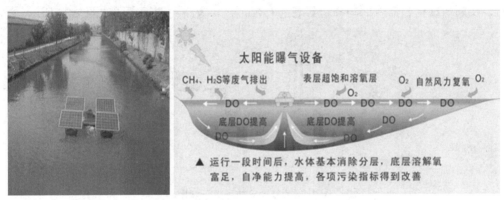

图 7-13　移动式太阳能推流曝气示意图

(2) 清水补给。清水补给是通过向黑臭水体中补入清洁地表水、城市再生水、城市雨洪水等清洁水，促进水的流动和污染物的稀释、扩散与分解。通过引流清洁的地表水来对需要治理的水体进行补水，帮助污染物扩散。这种方式适用于治理封闭和半封闭的污染水体。再生水补给是指利用经处理后达到景观利用标准的城市污水进行补水回用，增加水体流量，减少水体停留的时间，适用于缺水水体治理后的长效保持，也符合资源再生利用的原则，对于北方缺水城市尤其重要。此外，还应该充分发挥海绵城市建设的作用，强化城市降雨径流的滞蓄和净化，并将净化后的雨水作为清水补给的另一来源。

清水补给措施既可以作为一种临时措施，也可以作为一种水质维持的长效措施。利用清洁地表水补给时，需要关注水量的动态平衡，避免影响或破坏周边的水体功能；利用再生水和雨水补给时，需要加强补给水的水质监测；同时不提倡采取远距离外调水的方式实施清水补给。

(3) 就地处理。就地处理是指通过选用适宜的污废水处理装置，对污废水和黑臭水体进行就地分散处理，高效去除水体中的污染物，适用于短期内无法实现截污纳管的污水排放口，以及无替换或补充水源的黑臭水体，也可用于突发性水体黑臭事件的应急处理。具体实施时，可对污水量大、污染物浓度高且具备岸上实施条件的排污口临时截污，截污后的污水就近泵送至岸上一体化污水处理设施分散处理。每一处分散式处理设施应尽量选在排污口附近的市政道路一侧或公用空地。

就地处理的技术要点主要是采用物理、化学或生化处理方法，选用占地面积小，简便易行，运行成本较低的装置，达到快速去除水中的污染物的目的，但该技术中部分化学药剂对水生生态环境具有不利影响。临时性治理措施需考虑后期绿化或道路恢复，长期治理措施需考虑与周边景观的有效融合。就地分散处理示意图如图 7-14 所示。

(4) 旁路治理。旁路治理是指在水体周边区域设置适宜的处理设施，从污染最严重的区段抽取河水，经处理设施净化后，排放至另一端，实现水体的净化和循环流动，主要适用于无法实现全面截污的重度黑臭水体，或无外源补水的封闭水体的水质净化，也可用于突发性水体黑臭事件的应急处理。与就地处理相似，临时性治理措施需考虑后期绿化或道路恢复，长期治理措施需考虑与周边景观的有效融合。旁路治理示意图如图 7-15 所示。

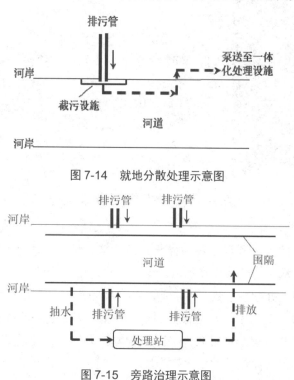

图 7-14　就地分散处理示意图

图 7-15　旁路治理示意图

综上所述，"控源截污、内源控制、生态修复和补水活水"等技术及措施各有特点。截污纳管技术是控源截污的主要措施，该技术通过从源头上削减污染物的直接排放，达到显著减少进入水体中的污染物的目的。当底泥中的污染物向外释放并显著影响水质时，可采用清淤疏浚技术。该技术通过将底泥中的污染物迁移出水体，实现快速降低水体内源污染负荷的目的。生态修复技术立足于生态系统的构建和恢复，通过生态净化和生物净化措施消除水中的污染物，适用于黑臭水体治理的水质改善和长效保持。补水活水技术等其他技术是通过引进水质较好的清水对污染水体进行补水，或者通过工程措施提高水体的流速，促进污染物的扩散和实现水质的改善，而就地处理和旁路治理则较适应于黑臭水体的应急处理。该类技术措施是黑臭水体治理的有效补充。

在进行城市黑臭水体治理技术选择时，应遵循"适用性、综合性、经济性、长效性和安全性"原则，针对每个黑臭水体的主要问题，结合城市的地域特点、水文水质特征、治理目标和阶段，甄选及优化组合技术，有针对性地制定治理措施，实现对黑臭水体的治理、水质长效改善和保持。

分析与思考：

就地处理与旁路治理的主要区别。

3. 黑臭水体治理实施要点

根据污染程度与治理目标的不同，城市黑臭水体治理过程可分为应急治理、水质改善和长效保持三个阶段。不同阶段的治理目标不同，技术实施要点也不同。

1) 应急治理阶段

对于黑臭现象严重的水体，应采取应急阶段治理方案，采取有效措施快速缓解和消除黑臭现象。例如，通过截污控制外源污染物的进入，通过絮凝剂、除藻剂等药剂快速去除污染物，通过底泥清淤将大量污染物快速迁移出水体，通过清水补充使污染物质快速迁移、稀释等，以便短期内快速消除黑臭。

2) 水质改善阶段

经过第一阶段的治理后，一般水体的黑臭情况能得到缓解和控制。此后，需要进一步减轻水体污染负荷，采取工程措施净化水质，恢复水体景观功能。人工曝气充氧可使水体保持好氧状态，防止厌氧分解，提高水体中有机污染物质的降解速度。对于滞流型水体、封闭型水体和半封闭型水体，可投加底质改良剂或氮磷控制剂降低内源污染负荷，也可通过植物塘、生态浮岛等，利用水生植物的净化功能来改善水质。

3) 长效保持阶段

城市黑臭水体经过第一阶段、第二阶段治理后，黑臭情况得到有效控制，水质情况也有一定程度的改善，但一段时间后还可能会面临污染负荷再度升高等问题，使得水体水质恶化和黑臭反复。因此，需要做好水质的有效管理和长效保持工作，确保水质改善效果的长效性。消除黑臭后的水体，藻类容易暴发，最终导致返黑返臭，所以应采取必要的措施控制水华。同时要定期清淤疏浚，防止底泥上浮加重水体污染，造成水体再度黑臭。此外，还应加强监管来保障治理成效。例如，加强检查、定期摸排，严禁企业偷排漏排，严禁生活垃圾直接进入水体；建立"回头看"制度，以保证及时发现和解决问题；在水体周围设立明显的标识牌，充分发挥公众举报监督作用，对于违规操作的企业和居民合理地采取警告或处罚措施等。

【知识拓展 7-1】 黑臭水体整治案例

7.3　城市内涝与防治

近年来，城市内涝灾害伴随着城市化发展逐渐凸显。我国有 300 多个城市发生了不同程度的内涝灾害，一时之间"逢雨必涝、遇涝则瘫"成为国内城市建设的短板。城市内涝成为继人口拥挤、交通拥堵、环境污染等之后的又一大城市"疾病"，如何科学、长远地解决城市内涝是事关城市可持续发展、城市生态及城市安全运行的一个系统工程。

7.3.1　城市内涝

在 2021 年修订的《室外排水设计标准》(GB 50014—2021)中，城市内涝指的是强降雨或连续性降雨超过城镇排水能力，导致城镇地面产生积水灾害的现象。城市内涝灾害发生时，城市交通、通信、水、电、气、暖等生命线工程系统可能会出现瘫痪，进而导致社会经济活动中断，其灾害损失远远超过因物质破坏所引起的直接经济损失。

近年来，我国城市内涝呈现以下特点：一是发生范围广，以前内涝主要发生在一些沿海地势低洼的地区，现在也经常发生在一些内陆城市；二是在城市中，某些特定地点的发生率较高，如立交桥底、过街地下通道、铁路桥、公路桥等。城市内涝发生后的不利影响突出表现在：①冲毁房屋、公共设施，给人民和公共财产造成巨大损失；②造成城市道路交通系统运转失灵甚至瘫痪；③引发城市水电、通信等地下电缆故障；④造成地下停车场、地铁站、地下商场、仓库被淹；⑤带来严重的公共卫生问题；⑥可能引起社会秩序混乱和公众恐慌。国务院已于 2013 年正式发布了《国务院办公厅关于做好城市排水及暴雨内涝防治设施建设工作的通知》，从国家层面对城市防涝工作提出了明确要求。城市内涝灾害已成为我国政府和社会公众普遍关注的问题，

7.3.2　城市内涝成因分析

1. 多重效应引起城市暴雨量级增大

影响城市降雨的因素主要有三个，分别为充足的水汽供应、气流上升达到过饱和状态、足够的凝结核。第一个因素属于大气环流范畴，虽然人类活动对其影响有限，但人类活动导致的植被减少、水土流失及气候变暖等会间接改变局地的水汽供应格局。相比之下，快速发展的城市化对后两个因素的影响则更直接。随着城市化进程的大规模推进，城市人口和工业高度集中，交通工具快速增长，钢筋混凝土覆盖面急剧增大，由此引发的城市"热岛效应"导致城市上方空气结层不稳定，进而引起热力对流。同时，大量城市建筑物的存在加大了城市下垫面的粗糙度，在一定程度上阻碍了降水系统的移动，延长了降雨时间并增大了降雨强度。此外，快速的城市化导致城市大气污染日益严重，大量的污染颗粒物为城市降雨提供了充足的凝结核。有研究表明，城市的热岛效应、凝结核效应、高层建筑障

碍效应等的增强，使城市的年降水量增加 5% 以上，汛期雷暴雨的次数和暴雨量增加 10% 以上，从而增加了城市洪水和城市内涝发生的概率和风险。因此，全球气候变化、城市热岛、大气污染等多重效应的叠加与耦合导致城市出现强降雨，进而成为城市内涝多发的原因之一。

2．下垫面变化引起径流量增大

伴随城市化的不断发展，城市区域中道路和硬质铺设的比重不断增大，不透水下垫面的面积日益增加，雨水下渗能力逐步降低，导致地面径流系数不断增大。在汇水面积和暴雨强度相同的条件下，虽然降雨量相同，但地面径流系数越大，降雨形成的雨水径流量就越大，而且城市地面硬化后，雨水的汇流时间缩短、洪峰峰值流量增大，使城市的排水系统负荷加重，尤其是老城区雨水管道的最初设计是按当时的地表径流系数确定的管道管径，而旧城区"地上"改造后区域下垫面发生了变化，径流系数已大大超过当初的设计数值，引起雨水径流量大幅增加。另外，大量的地下停车场、商场、立交桥等微地形改变了原先的水循环过程，加之地下空间又相对封闭，非常有利于雨水积聚和洪涝的形成。研究表明，流域在完全城市化后，年平均洪水(地表径流)为相似天然流域的 4～5 倍；与天然流域比较，浅层地表及深层地表水的下渗大幅减少，地下水的下渗减少了 2/3 以上。由此可见，城市下垫面变化改变了自然界固有的水循环系统，造成地表径流量大大增加，从而导致雨洪内涝灾害的发生频率增大。

3．城市扩张导致水系调蓄行洪能力下降

中国正处在城市化的高峰期，城市面积越来越大，部分城市建设侵占了原有的天然河道、湖泊、湿地和滞洪洼地，使自然水体面积与数量急剧减少，导致城市的雨水调蓄能力显著降低。部分城市内河纳污后成为黑臭水体，甚至成为死水，造成河流过水断面减小、淤塞，从而严重降低河道的行洪能力。此外，城市在向周边扩展时，以往的城外行洪河道逐渐演变成城市内河，原河流两岸洪泛区往往被开发为高端住宅区，从而造成行洪区、调蓄区减少，这类区域也极易发展成为城市内涝的多发区。有研究表明，由于大规模填湖造地，武汉市的水面率急剧下降。例如，汉口后湖水系的原有水面曾超过 20 km²、可调蓄的雨水量为 7000 万 m³ 以上，目前的水面积仅为原来的 10%，调蓄能力已不足 1000 万 m³，导致近年来一旦强降雨达到 100 mm 以上，就会出现 10 km² 以上的地区渍水，且历时数天才能排干。由此可见，城市扩张使得城市自身的调蓄能力逐渐减小，导致城市内涝灾害更容易发生。

4．城市排水管网系统承载力偏低

传统的市政排水系统强调快排，忽略自然水体本身的调蓄作用，在快速发展的城市化背景下，强调外"排"，忽略内"蓄"则表现得更凸显，最终导致城市水系调蓄能力下降甚至缺失，降雨形成的地面雨水径流只能通过城市地下铺设的雨排水管网排除。然而，国内大多数城市发展普遍存在"重地上、轻地下"的问题，在漂亮的高楼大厦下面通常隐藏着脆弱的城市排水管网系统，尤其是城市老城区的旧管道系统不堪重负，提标改造又面临

重重困难，进而导致水涝灾害现象频发。城市雨排水管网系统承载力相对偏低，主要来自以下几方面：排水管网系统设计标准偏低、城市排水系统建设滞后、排水系统维护管理不善等。

首先，我国雨水管渠设计标准偏低是引发城市内涝的重要原因。如表7-3和表7-4所示，虽然2011版的《室外排水设计规范》(GB 50014—2006)将一般地区的雨水管渠设计重现期从0.5~3年提升至1~3年，但与发达国家或地区相比仍有较大差距，并且因为设计标准越高投资越大，导致实际操作中经常采用的设计原则是"就低不就高"，而且我国早期城市建设采用的是苏联的排水模式，到目前为止已沿用了数十年，大部分城市特别是城市老城区的排水标准偏低。有关调查显示我国70%以上的城市排水系统建设的设计暴雨重现期小于1年，90%老城区的重点区域甚至比规范规定的下限还要低。因此，按照城区性质和城镇类型，经过技术经济比较后适当地提高了雨水管渠的设计重现期。此外，在全球气候变化、降雨规律发生改变的情况下，反映城市尺度范围降雨特征、用于计算雨量和设计排水管道的"暴雨强度公式"多年未进行修订更新，并且设计时多采用推理公式法计算雨水管渠设计流量，而该法只适合在汇流面积较小($<10 \text{ km}^2$)的区域。随着城市规模急剧扩大、城市气候特征逐渐变化，笼统地采用传统的推理公式法进行雨水管渠系统设计则不甚合理。

表7-3　我国雨水管渠设计重现期

《室外排水设计规范》	雨水管渠设计重现期/年		
	一般地区	重要地区	特别重要地区
GBJ 14—87(1997版)	0.5~3	2~5	可酌情增减
GB 50014—2006	0.5~3	3~5	可酌情增减
GB 50014—2006(2011版)	1~3	3~5	10或以上

相关规范或标准	城区类型 / 城镇类型	中心城区	非中心城区	中心城区的重要地区	中心城区地下通道和下沉式广场等
GB 50014—2006(2014版)	特大城市	3~5	2~3	5~10	30~50
	大城市	2~5	2~3	5~10	20~30
	中等城市和小城市	2~3	2~3	3~5	10~20
GB 50014—2006(2016版)	超大城市和特大城市	3~5	2~3	5~10	30~50
GB 50014—2021	大城市	2~5	2~3	5~10	20~30
	中等城市和小城市	2~3	2~3	3~5	10~20

表 7-4　部分国家或地区雨水管渠设计重现期

国家(地区)	设计重现期
中国内地	一般地区 1～3 年；重要地区 3～5 年；特别重要地区 10 年
中国香港	开拓地项目的内部排水系统 10 年；城市排水支线系统 50 年
美国	居住区 2～15 年；一般地区 10 年；商业和高价值地区 10～100 年
欧盟	农村地区 1 年；居民区 2 年；城市中心/工业区/商业区 5 年
英国	30 年
日本	3～10 年；10 年内应提高至 10～15 年
澳大利亚	高密度开发的办公、商业和工业区 20～50 年；其他地区以及住宅区 10 年；较低密度的居民区和开放地区 5 年
新加坡	一般管渠、次要排水设施、小河道 5 年；新加坡河等主干河流 50～100 年；机场、隧道等重要设施和地区 50 年

其次，排水系统建设滞后是引发城市内涝的根本原因。由于地下工程的隐蔽性、收效的不明显性，许多城市在开发建设过程中，比较注重光鲜亮丽的城市景观、城市轮廓和天际线的打造，而疏于对城市地下管网、地下空间结构的关注。"摊大饼"的发展模式使得城市建筑像雨后春笋般拔地而起，却没有来得及思考城市地下管网的更新建设能否跟得上地上设施的建设速度，旧的基础设施能否承担城市建成区扩大后负荷的增加。"重地表、轻地下"的思想观念，使得投资的绝大部分被用于地上设施的建设，很少一部分才用于配套地下管网建设；部分老城区改造过程中排水系统并不同步改造，或者对老旧管网的更新改造疏于仔细研究测算。一些城市老城区、城中村仍存在大量的砖砌排水沟渠、土渠等，而且沟渠多数为雨污合流，堵塞严重；部分城区管网、箱涵等排水系统的口径小，管道老化，形成严重的"肠梗阻"。随着城市的不断发展扩张以及极端天气的频繁造访，这些旧标准下陈旧的排水系统已经难以为继。

再次，良好的维护管理对于排水系统的健康运行必不可少。在实际运行过程中，由于多种原因导致排水系统存在诸多问题。①排水管道错接。当雨水管道错接到污水管道时，由于同一段或同一区域的污水管道管径通常远小于雨水管径，暴雨来临时就可能导致局部积水甚至内涝；当污水管道错接到雨水管道时，由于排入的污水量占据了管道的部分空间，就可能导致地面雨水排水不畅，出现局部积水。②排水系统堵塞。在城市餐饮业集中地区，由于部分餐饮单位环保意识薄弱，含有大量菜叶、瓜果皮、动物皮毛、油脂的餐饮废水随意倾倒，严重时堵塞雨水口或雨水管道；在城市管道、道路施工改造等过程中，产生的建筑垃圾没有及时清理或不合理地弃置，很容易造成雨水口或雨水管道的堵塞。③由于雨水携带泥沙颗粒、合流制管道晴天旱流情况下流速骤降等原因，雨水管道尤其是合流制管道使用一定时间后通常也会产生淤积。如果清淤不及时，管理与维护工作相对滞后，也在一定程度上加重了城市的局部内涝。

5. 城镇内涝防治设施薄弱

发达国家的城市排水体系除了传统的管道排水系统以外，还有一个更高层面的雨水控制系统，即内涝控制系统，并在其雨水标准体系中同时规定了两个层次的标准。管道排水系统主要担负着雨水管渠设计重现期范围内降雨形成的雨水径流排放，而内涝防治系统承担的主要任务是当遭遇超过雨水管渠排水能力的大暴雨或特大暴雨时来保障城镇的安全运行。2011年以前，我国城市的排水工程教科书、规范标准及管理体系中，恰恰缺少内涝防治系统及相关的规划设计要求。2011年修订版的《室外排水设计规范》(GB 50014—2006)中，首次提出了城市内涝防治系统概念和相应标准，并于2014年之后的修订版中将该标准再次提高，但和国外的标准相比仍有较大不足，国内、国外内涝防治设计重现期如表 7-5 所示。

表 7-5　国内、国外内涝防治设计重现期

国家/地区	设计重现期/年
美国	100
日本	150
澳大利亚	100
中国香港	市区 200
中国大陆	超大城市 100，特大城市 50～100，大城市 30～50，中等城市和小城市 20～30

由于内涝防治系统及规划设计标准在我国提出得比较晚，国内城市的内涝防治设施相对比较薄弱，主要表现在以下几方面。①很多城市缺乏排除超过管网排水能力降雨径流的行泄通道，同时伴随着城市的快速发展，城市滞蓄洪涝的空间也远远不足。如北京市共规划了 70 处蓄滞洪(涝)区，但截止到 2021 年已建及在建的蓄滞洪(涝)区才 15 处，滞蓄能力未达到规划能力。②大多数城市公园绿地没有规划建设接入周边区域雨洪水的通道和消纳雨洪水的设施，有的公园绿地高程甚至比周边地面还高，自身的雨洪也经常排入市政管网，使得公园绿地没有发挥滞蓄和消纳周边区域雨洪的功能。③由于排水防涝设施与道路、河道的建设和管理不同步、不统一，造成排水防涝断点或阻水点尚未打通。如有的道路或立交桥建设完工即开通，但防涝排水设施建设未同步。相比直排区域，强排区域防涝系统则更薄弱，造成一些下穿道路、下凹式立交桥、地下通道、地铁空间等地势较低区域积水较为严重。④一些城市新区选址喜欢选择"临江、临海、临湖"区域，但在规划建设过程中，往往忽视对防洪问题进行深入论证，没有同步建设必需的排涝设施，加大了城市的洪涝风险；部分城市由于早期历史及城市规划等遗留问题，造成城市部分区域的场地高程低于河流常水位，雨季时重力式排水系统无法正常排水，强制提升排涝设施又未建设到位，势必使该区域成为城市内涝的泄洪区，从而形成"逢雨看海"现象。

6. 城市规划方面尚存不足

首先，城市总体规划对涝灾重视程度不够。中国进入快速城市化阶段，城市发展呈摊

大饼的形式不断向外扩张。部分地区由于用地紧张，不得不向地势低洼等不利于城市建设的地方发展，使得排涝规划被动地去适应总体规划所产生的城市空间形态，不能对城市总体规划提出反馈。如南京市河西地区原先为长江河岸的缓冲地带，其地势低于汛期的秦淮河和长江水位，有汛期蓄水的作用。然而，南京市的总体规划却将河西定位为南京的副中心进行高强度开发，使得河西地区区域排水系统面临很大压力。

其次，排水规划在城市规划体系中存在不足，主要表现为：①总体规划阶段涉及排水规划的内容较少，雨水作为影响因子在总体布局中的影响力极弱；②在控制性详细规划阶段，对绿地率、竖向标高及排水管网布局等指标的控制使得最大排水量被限制在较小的区间内，排水管道的布局形式也缺乏灵活性；③缺少系统专业的雨水控制专项规划，当前多数城市的雨水系统规划主要是排水规划，没有雨水入渗和调蓄等滞蓄规划，也缺乏应对大暴雨的内涝防治规划，即缺乏综合性和多目标的雨水控制利用专项规划。

最后，城市排涝规划与城市其他专项规划协调性差，有的城市排涝规划仅考虑了管网排水能力的提高，而忽略了其与竖向规划、雨水利用规划、城市绿地规划等之间的综合协调，导致城市规划中未对超标雨水的去向进行全面布局，也缺乏对管道和河道衔接的系统规划。

分析与思考：

诱发城市内涝的原因主要包括哪些方面？

7.3.3　城市内涝防治

在一些英语国家的排水系统中，往往将传统的雨排水管道系统称为小排水系统，主要包括雨水管渠、调节池、排水泵站等设施，主要担负雨水管渠设计重现期内降雨的安全排放，保证城市和住区的正常运行。大排水系统一般由地表通道、地下大型排放设施、地面的安全泛洪区域和调蓄设施等组成，主要为应对超过小排水系统设计标准的超标暴雨或极端天气特大暴雨的一套"蓄""排"系统，以保证城市交通、房屋等重要设施和人民生命财产免遭灭顶之灾。其中，"排"主要是指具备排水功能的道路或开放沟渠、河道等地表径流通道；"蓄"则主要指大型调蓄池、深层调蓄隧道、地面多功能调蓄、天然水体等调蓄设施。事实上，小排水系统本身也是内涝控制系统的主要组成部分，与大排水系统一起构成了有机整体并相互衔接、共同作用，综合达到较高的排水防涝标准，发达国家一般按100年一遇的暴雨进行校核。

基于城市内涝成因的分析可知，我国的大小排水系统均存在一定的问题或不足。因此，构建科学、完善的大小排水系统将是我国城市未来一项极其重要的工作。然而，由于城市开发不可避免地会破坏城市下垫面以及自然水文条件，成为城市内涝、径流污染、城市生态恶化等问题的根源所在，而大小排水系统的重点仍局限在排放上，因而仅仅构建大小排水系统并不能从根本上解决城市内涝、水环境污染和生态破坏等问题，也无法从根本上实现城市的良性水文循环和城市的可持续发展。因此，针对城市雨洪的径流减排及水质污染控制等问题，发达国家越来越强调源头控制所发挥的重要作用。我国在 2011 年修订版的《室外排水设计规范》(GB 50014—2006)中，也首次增加了低影响开发(low impact development，LID)的理念，即强调城镇开发应减少对环境的影响，其核心是基于源头控制和降低冲击负荷的理念，构建与自然相适应的排水系统，合理利用空间和采取相应措施削减暴雨径流产生的峰值和总量，延缓峰值流量出现时间，减少城镇面源污染。在《绿色建筑评价标准》《公园设计规范》等规范标准中，也都明确有应用 LID 源头措施和对雨水进行控制利用的相关规定。2013 年《国务院办公厅关于做好城市排水防涝设施建设工作的通知》(国办发〔2013〕23 号)，第一次明确要求各地积极推行低影响开发建设模式，最大程度地减少对城市原有水生态环境的破坏。

有研究表明，大小排水系统应对的暴雨事件降雨量仅占城市全年降雨总量的 10%左右。其中，小排水系统重点解决的是及时排除短时强降雨带来的径流量剧增，应对较大概率的短历时强降雨事件，一般在 2～10 年一遇降雨条件下达到"地面无积水"；大排水系统重点是对超标径流进行合理蓄、排，应对小概率的超强降雨事件，一般在 10～100 年一遇降雨条件下满足"大雨不内涝"。可见，大小排水系统在控制较大暴雨的同时，也会排放大量的雨水资源，不仅给下游城市施加更大的防涝压力，同时也给水环境带来大量污染物，并导致地下水补给显著下降，城市水环境与生态系统的许多问题也由此而生。LID 等源头控制系统针对的则是全年降雨总量 80%～90%左右的中小降雨事件，主要解决雨水资源利用、总量控制、水质及水循环、生态系统的问题，有时又称微排水系统，它与大小排水系统的关系如图 7-16 所示。因此，城市内涝的防治应立足于"源头减排—小排水—大排水"系统的科学构建及其三者之间耦合关系的协调，通过"渗透、滞蓄、调蓄、净化、利用、排放"来高效地实现对雨洪的综合管理。

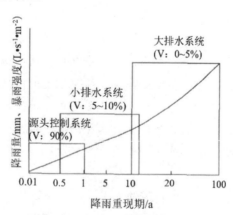

图 7-16　源头控制系统与大小排水系统关系示意图

1. 控源头，推进低影响开发建设

低影响开发理念(LID)的核心是构建与自然相适应的排水系统，通过源头控制来达到对

暴雨的径流和污染物控制，并综合采用入渗、过滤、蒸发和蓄流等多种方式有效削减降雨期间的流量峰值和径流排水量，使开发后城市的水文功能尽可能接近开发前的状况。低影响开发技术包括街道和建筑的合理布局、小型湿地、生物滞留设施、绿色屋顶、雨水花园、透水路面、下沉式绿地、植草沟以及其他小型辅助设施。其中，生物滞留设施一般是在停车场或居民区周围栽植一些生态绿植，利用植物来滞留流经地面的雨水，实现雨水滞留和水质处理的双重目标。生物滞留设施在解决城市雨水内涝问题的同时，也给城市环境的美化作出了贡献。绿色屋顶是在屋顶上种植一些耐高温、耐雨水冲刷的植物等，通过种植这些植物，既可以有效地降低径流洪峰最大值、延缓雨水聚集的时间，也可以减少环境污染、净化城市空气、创造舒适的居住条件。可渗透路面就是增加路面的透水性，降低路面的不透水面积，特别是停车场等地区需要特别增加可渗透路面，尽可能使雨水不聚集过长时间。植草沟的使用，除了可以存储雨水、减少降雨的洪峰量，还可以增加雨水的渗透力。有研究表明，对某新建区域实施屋顶绿化、低势绿地、绿化沟渠、雨水花园等 LID 措施后，削峰减量效果显著，同时对积水情况改善明显。与常规建设模式相比，30 年一遇的重现期暴雨(120 min 历时)外排量减少约 43.7%，峰值降低 28.3%，同时对雨水中污染物质的净化也有明显成效。

近几年 LID 理念在国内备受推崇，但总体上还停留在小范围实践阶段。从目前的应用情况来看，低影响开发技术与传统的城市内涝治理方法结合较弱，与城市规划理论和方法结合也不紧密。为使内涝防治与城市开发建设相协调，未来 LID 的普及需要在地块设计条件制定时，明确强制性的控制要求和外排量、径流峰值的减量目标，在地块建设方案阶段编制雨水影响评估并提交规划管理部门审查，一个量化的 LID 指导体系往往是指引开发单位、设计人员以及审批部门工作的关键。在场地设计方面，要注意尊重和保护场地的地理水文特征，充分利用原有的地形、水文等条件，保存原有的植物和溪流。在场地的选址方面，尊重和考察原有地形，利用综合布局形式对场地进行开发和改造，增加可渗透面积，降低硬皮地面的面积。一般来说，可以通过减少城市道路的宽度，改造停车场、人行道、车行道，尽可能降低地面的硬化面积，增加土地的可渗透率。在改造中，低影响开发技术要求尽可能尊重和利用原有地形特点，延长雨水流经的途径，增加雨水流经的时间，以保证雨水能有充足的时间和条件下渗，进而降低地面雨水径流的产生量。

2. 强调蓄，建立城市调蓄工程体系

"排蓄结合"是城市内涝治理的重要指导理念，提升城市蓄水能力是有效防治城市内涝问题的关键，尤其在城市内部排涝格局已基本形成，且不具备大规模改造条件的情况下，城市调蓄工程体系的建设是应对超标降水的重要措施之一。城市雨洪调蓄即雨水调节与储存的总称，其作用主要是用于削减雨水径流洪峰、缓解城市排水排涝压力，待径流量下降后，再从调蓄池中将储存的雨水慢慢排出，或将其净化后进行合理利用。城市的调蓄工程可以根据实际条件与需求设置不同类型的调蓄措施，其根本目的都是解决城市内涝防治问题。下面选择几种典型的雨洪调蓄方式来阐述调蓄工程在城市内涝防治中的作用。

地下式雨洪调蓄不需要对排水管网进行改造，只是将已有排水管道与修建于浅层地下的调蓄池相连接，多用于用地紧张、地下空间较为宽松的地区。在强降雨天气下，超过管道设计规模的雨水可以利用调蓄池暂时接纳高峰流量，降雨过后调蓄池内的雨水可经过简单处理加以利用或排放到河道，既缓解了城市排水压力，有效地降低了内涝风险，同时实现了雨水的资源化利用。

　　地面式雨洪调蓄主要分为两类：一是利用湿地、池塘或人工湖等水体储存雨水，并利用水生植物对初期雨水进行净化处理，以保持良好的生态景观效果，处理后的雨水还可以作为景观水体的补水水源；二是将城市广场、绿地、停车场等建成下沉式调蓄设施，在雨季或强降雨时利用其较大的容积作为储存雨水的调蓄池，以降低城市内涝风险。可见，地面式雨水调蓄设施可以将雨水收集、利用与生态景观、生活服务、休闲娱乐等结合在一起，使设施功能达到最大化、城市空间得到充分利用。

　　隧道式雨洪调蓄所利用的是一种修建于地下深层、通常具有很大调蓄容积的隧道。在经济较发达的特大城市，因地面开发程度较高、城市用地紧张、地下管线密集、轨道交通发达等原因，导致城市可利用空间有限。同时，因地面拆迁工作量大、地下工程施工难度大也会导致地上式、地下式调蓄池的建设受阻，而隧道式调蓄池一般修建于地下几十米深的地层，不仅不会占用紧张而昂贵的城市用地，也不会对城市地下空间利用产生较大影响，尤其比较适合在特大城市建设使用。因此，在大城市或特大城市更应该重视地下隧道蓄水建设，利用地下隧道储存、输送雨水或合流污水，可以大幅降低城市内涝风险。

　　河道调蓄是指将河道水系作为天然的雨洪调蓄池，利用现有河道平常水位与最高水位之间的调蓄容积削减洪峰流量，进而降低城市内涝风险。在河网密布、水系发达的平原地区，河道水系作为市政排水系统的收纳水体，承担着各自分区的排涝任务。一般雨水通过管道或水泵送至河道后，先是填充河道的调蓄容积，然后才会缓慢地向下游流动，而并非雨水进入河道后立即排出。由此来看，河道水系既具有排除水涝的功能，同时还具有很强的调蓄能力。在面对城市用地紧张、地下空间有限、建设成本昂贵等困难时，利用天然河道调蓄能力保障城市排水安全是一种可行的雨洪调蓄措施。但是，在城市化发展过程中，填河、改河、占河等现象屡见不鲜，长期的城市化发展不仅改变了河道的形态结构特征，同时也大大削弱了河道的调蓄功能。因此，为了降低城市内涝风险、提高河道调蓄能力，各城市有必要采取河道蓝线规划、疏浚扩挖工程、增加人工水体等技术手段与工程措施，使其结构与各种功能得到逐渐恢复。

3. 提内防，加强城市排水系统建设

　　暴雨是引发城市内涝灾害的主要因素之一，而城市排水系统则是应对暴雨的首道防线。国外一些发达城市如英国、法国、日本等国家的城市很少发生内涝，究其根本是因为这些城市的排水系统非常完善，不仅包括应对常见雨情的排水管网系统，而且还包括应对超常雨情的大排水系统，二者有不同的设计标准。因此，国内各城市在排水系统建设过程中，应当积极借鉴国外的先进经验，逐步对城市的排水系统进行完善。

　　首先,适当地提高排水系统设计标准。排涝标准低是国内城市内涝治理面临的首要难题,虽然在 2014 年之后的修订版规范中,大城市、特大城市的雨水管渠设计重现期有所提高,如中心城区为 3～5 年,重要地区为 5～10 年,但对比表 7-3 和表 7-4 可知,新规范相比国外发达城市仍有不足。为了应对城市内涝,2014 年之后的修订版规范中也同时提高了城市内涝防治标准,但从表 7-5 中可以看出,该标准与国外标准相比同样仍有不足,尤其近年来洪涝现象频发,该标准能否保证地面不发生地表积水避免灾害有待考验。

　　其次,还需要充分利用城市开放空间、排水道路等排除超标降雨。城市降雨如果完全依靠排水管道进行排水,会对城市排水能力造成限制,所以在排水系统的设计中,除了设计合理的排水管道系统外,还需要加强地表径流通道(道路、地表沟渠)的设计,并与城市内部河道、水系的治理结合起来,通过疏通河道、恢复河道弯曲状态、恢复荒废支流等手段构建城市大排水系统,恢复和强化其“蓄排”功能中的“排”水功能。大排水系统的地表径流通道既可能是经过工程师特意设计的“设计通道”,也可能是因地形条件而自然形成的“默认通道”或“非设计通道”。针对设计通道,为保证利用地表通道排水的安全性,对径流的流速和深度均应提出相应的规定,而对非设计通道也应按相应的标准进行校核,保证安全排水。以道路地表径流排水为例,正常的道路排水模式是先依靠横坡将积水汇集到路肩附近,再借助纵坡将积水引至排水沟,但在部分长大纵坡路段的纵坡排水沟位置,由于其截留能力不足,导致积水继续引流至凹形竖曲线路段,造成该路段严重内涝。部分路段为了强行满足纵坡率设计要求,将平直路段人工填方后,再改为凹凸曲线段,凹曲线段很容易成为积水汇集的位置,造成严重内涝。因此,在道路设计中,应采用以控制城市内涝为导向的设计方案,合理设计道路的路拱横坡率和纵坡率,有效控制路面积水时间、积水深度和水流速度,避免成灾。应尽可能选取较大的横坡指标,以控制积水影响长度,在保证行车安全性的前提下,尽量缩短超高缓和曲线段的设计长度。除了控制积水外,还应从加快排水速率的角度进行优化。道路路拱是专为横向排水设计的结构形式,在进行路拱设计时,应兼顾行车安全和排水需求,在满足行车安全的前提下,尽量选用大横坡率指标,在容易出现积水的路段,路拱横坡建议从《城市道路工程设计规范》(CJJ 37—2012)上限取值。因为较高的路拱横坡率不但能够缩短积水径流时间,在降水量一定的前提下,还能够明显控制涉水宽度,这对于提高道路排水效率非常有效。此外,道路纵坡设计必须结合水流流速确定,过大的纵坡率将导致积水流速增加,威胁行车及行人的安全,且道路整体排水效率并非与道路纵坡率成正比,过高的纵坡会产生“波浪形”路段,积水极容易倒灌至凹型路段内,造成更严重的内涝。因此,在条件允许的前提下,尽可能保证 0.3%纵坡的设计要求,并通过改变横坡率、增加排水口数量、优化排水体系等方式进行弥补。不同路拱横坡率下的涉水宽度示意如图 7-17 所示。

　　最后,在城市建设过程中,政府部门应转变追求形象工程、对地下政绩不感兴趣的偏差政绩观,在防治城市内涝过程中发挥积极作用。要继续加大对城市排水设施建设的投入力度,财政上安排专项资金,对城市排水设施尤其是低洼积水地段进行升级改造,弥补历史欠账，健全排水系统，增强城市排水能力，最终使"地下"建设与"地上"建设相协调。比如，通过城市管网的提升改造将雨污合流逐步改为雨污分流，对老旧小区进行正本清源，改造管道雨污混接、错接以及老旧破损等，陆续推进雨污分流、管网提升改造等工程的实施。同时，良好的维护管理对于排水系统的健康运行必不可少。在实际运行过程中，相关部门要加强对排涝设施及管网的管理与维护，加大巡查力度，发现破坏堵塞要及时维修、疏通，尤其是下雨天要加密排查，并积极劝阻乱丢乱倒垃圾等不文明行为。

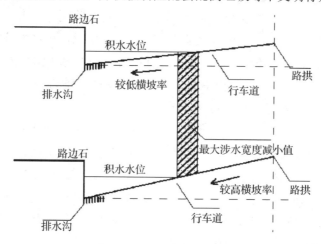

图 7-17　不同路拱横坡率下的涉水宽度示意图

4. 主外疏，建设城市外围泄洪通道

城市内涝和流域洪水彼此之间存在着复杂的联系，可能会出现因雨致涝、因洪致涝、因涝致洪等多种情况。在汛期，由于暴雨历时长、雨量大，流域洪水与城市内涝往往同时出现，导致"因洪致涝"容易出现。城市外围泄洪通道主要为阻止山洪进入城区，并为排涝泵站布局和洪涝排向优化创造条件，避免出现流域洪水入侵城市，对城市排水造成水位顶托，确保城市排水通畅。以浙江省宁波市为例，由于城市向外围的不断扩张，导致既有的排涝规划已不适应未来城市发展的需求。该城市的中心城区现有的排涝系统规划中，山洪是通过城市内河进入城区再排入三江，但由于"外洪"与"内涝"交织难以调控，城市北部、南部大量山区来水通过各平原水系进入城市内河，而城市排涝设施建设滞后严重，沿江排涝泵站缺失，骨干河道建设不到位，导致内河水只能候潮排江，城市内部雨水及上游山区等客水滞留在城区，使内河长时间维持在高水位而倒灌城区，如图 7-18 所示。因此，内涝防治和防洪一体化策略才是宁波城市内涝治理的重要举措，城市外围泄洪通道的建设势在必行。泄洪通道可以结合沿山的骨干河道建设为主，也可采用排水隧道的形式，究竟采用哪一种需要经过综合评估来确定。同样，香港也是采用内涝防治和防洪一体化策略，近年来主要通过沿山体建设高标准的排水隧道，截流山区雨水直排入海的方式以解决内涝问题，主要工程包括港岛西雨水排放隧道、荃湾雨水排放隧道和荔枝角雨水排放隧道等。

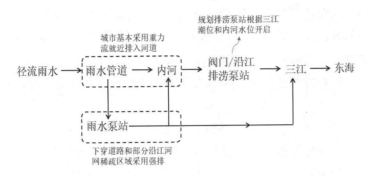

图7-18 宁波市中心城区雨水排放模式示意图

5. 重规划，完善城市排水规划

首先，制定合理的排水工程规划。城市排水工程规划是城市总体规划中的一个部分，属于单项专业规划，其优劣直接影响着城市排水系统建设的好坏。各城市应根据自身发展的总体规划，结合当地水文气象资料，实事求是地制定排水工程近期和远期的建设规划。在编制城市排水规划的过程中，一方面应当对由暴雨引起的内涝灾害防治予以重点考虑，在规划编制中加入防灾减灾的内容和措施；另一方面，排水规划还应当与城市总体规划相结合，并将排水防涝纳入到城市防灾规划体系中，构建适合城市发展的排水防涝规划体系，这对于城市内涝灾害防治工作的顺利开展具有积极的促进作用。其次，应编制专业的雨水控制专项规划，并重视城市排水规划与其他专项规划的协调与统一。雨水控制专项规划在重视排水规划的基础上，应增加雨水入渗和调蓄等滞蓄规划，并补充应对大暴雨的内涝防治规划、超标雨水应对系统建设、排水管道与排涝河道水位衔接关系等。在排涝规划中，设计合理的排水机制，提高排水管网和泵站的排水能力固然可行，但耗资大、见效慢。因此，解决城市内涝需要做到蓄、滞、排相结合，需要与城市其他专项规划相协调。比如，与城市雨水利用规划相结合，将雨水资源化利用，从而减少了地表径流量；与城市景观规划相结合，使公园、广场的竖向标高低于周边用地，这样就可以依托公园和广场建立临时的滞洪区，提高雨水径流量的蓄滞能力，进而减少暴雨的洪峰流量和径流总量。

6. 抓应急，强化非工程措施建设

《室外排水设计标准》(GB 50014—2021)规定，雨水系统应包括源头减排、排水管渠、排涝除险等工程性措施和应急管理的非工程性措施，并应与防洪设施相衔接。因此，城市内涝防治除重视上述各种工程措施外，还应强化非工程措施建设，包括建立城市排水系统GIS数据库、加强汛期检查及督促力度、制定并完善应急预案、加强排涝应急队伍建设等。

首先，应逐步建立城市排水系统GIS数据库。国内众多城市排水管网建设年代不一、结构复杂，特别是很多城市存在老城区和城中村现象，这些区域排水管网错综复杂，排水管网数据有时甚至连水务、城建等部门都不能完全掌握，当发生内涝灾害时也就无法找到症结根源，因此建立详细的排水管网数据库并实时监控成为当务之急。

其次，要加强汛期检查及督促力度。加强城市内涝隐患的排查治理，提高内涝预判和防治水平。城市的各级防汛指挥部门应组织对城市排涝系统进行汛前督导检查，确保主汛期来临之前完成排涝设施养护工作。加大城市主要出水口整治，做好城市主要过路箱涵及出水口整治检查，针对发现的问题，责成有关单位立即整改并做好跟踪督察，确保整改措施落实到位。

再次，应制定并完善应急预案。要制定完善城市排水防涝应急预案，明确预警等级、内涵以及相应的措施和处置程序，有针对性地开展预案演练；建立与预警等级联动的人员疏散、交通组织等预案制度，健全应急处置的技防、物防、人防措施，加强预案的动态管理；落实城市防涝物资和强制排水设施，组织抢险队伍，及时发现和处理险情隐患。

最后，还应加强排涝应急队伍建设。国内不少省市已经建有三级抗旱排涝服务队，并配备了一定数量的排涝设备，以便内涝发生时，应急服务队可以出动必要的人力和物力对重点区域进行抽排。但是，实际中也有很多省份及城市的排涝能力不足，缺乏内涝拖运设备等，因此，还应加强各级抗旱排涝服务队建设，增加抽排设备，配备应急抢险排涝车、高底盘道路救援车等特种装备，以适应新形势下城市的排涝应急工作。

【知识拓展7-2】 城市内涝防治案例

7.4 海绵城市建设

近几十年来，随着城市化进程的加快和土地利用方式的转变，不断凸显的城市下垫面过度硬化切断了水的自然循环过程，改变了原有的自然生态本底和水文特征。天然下垫面本身就是一个巨大的"海绵体"，对降雨具有吸纳、渗透和滞蓄等效应，因而对雨水径流具有一定的控制作用。当降雨通过下垫面的吸纳、渗透、滞蓄等作用达到饱和后，会通过地表径流自然排泄。研究表明，我国北方城市在开发建设前的自然地形地貌的下垫面状况下，70%~80%的降雨可滞渗到地下涵养本地的水资源和生态，仅有20%~30%的雨水形成径流外排。然而，城市开发建设后由于屋面、道路、广场等设施建设导致的下垫面硬化，以及城市绿地等"软地面"在竖向设计上高于硬地面，导致70%~80%的降雨形成了地表径流外排，而仅有20%~30%的雨水渗入地下，呈现了与自然相反的水文现象。这不仅破坏了原有的自然生态本底，也使天然"海绵体"像是被罩上了一个硬壳一样而丧失海绵效应，给城市带来了水涝灾害频发、水生态恶化、水资源紧缺、水环境污染等一系列问题。

(1) 水安全问题。一方面，大量降雨在短时间内快速形成地表径流，加大了对城市排水系统的压力，放大了城市灾害；另一方面，受"重地上、轻地下"等习惯思维的影响，城市排水设施建设不足，导致"逢雨必涝"成为城市顽疾。

(2) 水生态问题。一方面，城市建设破坏了原有的生态格局，大量河湖水系、湿地等城市蓝线受到侵蚀；另一方面，拦河筑坝、河道整治"三面光"等过度工程化造成河、湖、海等水岸被大量硬化，人为割裂了水与土壤、水与生物之间的生态联系，滨水绿带难以发挥应有的自然净化作用，使城市水系由"活水"变成"死水"乃至黑臭，水生物多样性减少。

(3) 水资源问题。城市开发建设造成的大量硬化以及依靠管网的快速收排，造成降雨来得急去得快，同时位于城市的自然调蓄空间被大量挤占，切断了地下水的补给通道，而人工蓄水设施不足，加剧了城市水资源的短缺。

(4) 水污染问题。初期降雨时所形成的雨水径流会挟带大气中、地面和屋面上的污染物，给水环境带来了面源污染。据对北京、上海的调查研究表明，雨水径流的化学需氧量(COD)排放量占排入城市地表水环境 COD 总量的 30%以上，也是城市黑臭水体的诱因之一。

为了科学地应对城市水问题，补齐城市生态文明建设与城市基础设施建设的短板，不断地促进国民经济稳健增长和社会发展持续向好，2012 年 4 月在"2012 低碳城市与区域发展科技论坛"中首次提出海绵城市概念，并指出城市建设应具有海绵的特质，通过蓄水、释放双面管理，实现对雨水的循环利用。2013 年 12 月，习近平总书记在中央城镇化工作会议上提出了进一步加强海绵城市建设，并建议设计自然存积、渗透、净化三位一体的城市排水系统。2014 年国家发布了《海绵城市建设技术指南——低影响开发雨水系统构建(试行)》，要求将低影响开发雨水系统作为新型城镇化和生态文明建设的重要手段，结合城市生态保护、土地利用、水系、绿地系统、市政基础设施及环境保护等相关内容，因地制宜地建设自然积存、自然渗透及自然净化的海绵城市。海绵城市概念一经提出，就在全国范围开展了广泛的科学研究、示范建设与推广应用，特别是 30 个国家级、近百个省级试点的实施加速了海绵城市建设理念的丰富与完善。2015 年国务院办公厅印发的《关于推进海绵城市建设指导意见》中，明确提出了要转变城市建设的发展方式，建设海绵城市，要求将70%的降雨就地消纳和利用；城市新区要以保护好生态格局、修复水生态、保护水环境、涵养水资源、保障水安全、复兴水文化为目标导向；城市老区要以治涝、治黑为问题导向，结合补短板和城市环境整治，实现"小雨不积水、大雨不内涝、水体不黑臭、热岛有缓解"，到 2020 年城市建成区 20%以上的面积达到目标要求，远期将实现 80%的面积达标率，海绵城市将长期成为我国城市化转型的重要发展方向。

重点提示：

城市的快速发展导致城市面临的水问题。

7.4.1　海绵城市及建设理念

1．海绵城市基本概念

海绵城市就是将城市建设成海绵一样，在面对环境突变与自然灾害时能够展现良好的"弹性"，雨水过剩时能够将雨水吸收、渗透、储存、净化，而雨水缺少时能够及时地将储存的水 "释放"并加以利用，以实现对雨水的"自然积存、自然渗透、自然净化"三大功能，进而有效地解决城市的水安全、水生态、水短缺、水污染等问题。

2. 海绵城市特征

住房和城乡建设部办公厅印发的《关于进一步明确海绵城市建设工作有关要求的通知》(以下简称《通知》),进一步明确了海绵城市的特征,主要包括以下六个方面。

(1) 聚焦雨水问题。海绵城市建设应重点关注与雨水相关的问题,包括城市内涝、水资源利用、雨水径流污染、合流制溢流污染等。

(2) 源头减排优先。海绵城市要优先从源头控制雨水径流,实现对雨水径流总量的削减和峰值流量的削减,尽可能减少城市开发建设对水文过程的影响。

(3) 绿色设施优先。海绵城市建设要利用天然的、修复的和人工建设的绿色基础设施,实现对雨水的自然积存、自然渗透、自然净化。

(4) "蓝绿灰"相结合。海绵城市建设必须"蓝绿灰"相结合,蓝色为城市的河湖水系,绿色为天然的、修复的和人工建设的绿色基础设施,在充分利用蓝绿空间的基础上,还要结合排水管网、泵站、调蓄池等必要的灰色措施,解决设防标准以内的暴雨内涝问题。

(5) 系统治理。海绵城市建设要综合采取"渗、滞、蓄、净、用、排"等措施,统筹考虑雨水产汇流到排放过程再到排入受纳水体的全过程,做到"蓝绿灰"措施相结合。

(6) 问题导向和目标导向相结合。海绵城市建设的主要目标是通过综合措施有效地应对内涝设防重现期以内的强降雨,增强城市在应对气候变化和抵御暴雨灾害等方面的"韧性",促进形成生态、安全、可持续的城市水循环系统。

3. 海绵城市建设理念

早在公元前 200 多年的秦代,中华先贤就发明了梯田。雨水地表径流通过人工修建的坎坝或池塘,历经"渗、滞、蓄、用、排"等径流过程,既灌溉了农作物,又调蓄了水资源,同时还防止了水土流失,而且又没有破坏水的自然循环和水文规律,堪称世界上经典的雨水管理方法,也被联合国教科文组织列入了世界文化遗产名录。围绕城市雨水的综合管理,不少发达国家提出了自己的解决方案。例如,美国的低影响开发(LID)和绿色基础设施(GI)、澳大利亚的水敏性城市设计(WSUD)、英国的可持续排水系统(SUDS)、德国的分散式雨水管理系统(DRSM)、新加坡的 ABC 水计划等。尽管在提法上各国有所不同,但其本质都是从末端治理走向源头、分散的设施优先,都是通过灰绿设施的结合,从控制雨水径流入手,尽可能降低城市开发建设对产汇流过程的影响。

我国在传承中华先贤和借鉴发达国家经验的基础上,结合国情提出了中国海绵城市建设的发展策略,并在 2018 年 12 月 26 日正式发布的《海绵城市建设评价标准》(GB/T 51345—2018)中得到集中体现,即通过城市规划、建设的管控,从"源头减排、过程控制、系统治理"着手,综合采用"渗、滞、蓄、净、用、排"等技术措施,统筹协调水量与水质、生态与安全、分散与集中、绿色与灰色、景观与功能、岸上与岸下、地上与地下等关系,控制城市雨水径流,最大程度地减少由于城市开发建设行为对原有自然水文特征和水生态环境造成破坏,使城市能够像"海绵"一样,在适应环境变化、抵御自然灾害等方面具有良好的"弹性"，实现自然积存、自然渗透、自然净化的城市发展方式，有利于达到修复城市水生态、涵养城市水资源、改善城市水环境、保障城市水安全、复兴城市水文化等多重目标。由此可见，我国的海绵城市是与国外先进雨水管理理念接轨的中国解决方案，是具有国际语境和城市雨水综合管理理念的中国化表达。

(1) 源头减排。源头减排即最大限度地减少或切碎硬化面积，充分利用自然下垫面的滞渗作用，减缓地表径流的产生，控制雨水径流污染、涵养生态环境、积存水资源。从降雨产汇流形成的源头，改变过去简单"快排"、末端兜底的城市排水模式，通过微地形设计、竖向控制、景观园林等技术措施控制地表径流，发挥"渗、滞、蓄、净、用、排"耦合效应。当场地下垫面对雨水径流达到一定的饱和程度或设计要求后，使其自然溢流排放至城市的市政排水系统中，以此维系和修复自然水循环，实现雨水径流及面源污染源头减排的要求。传统"快排"模式与海绵城市源头减排示意图如图 7-19 所示。

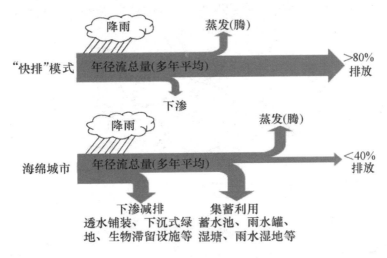

图 7-19　传统"快排"模式与海绵城市源头减排示意图

(2) 过程控制。过程控制就是通过优化绿、灰设施系统的设计与运行管控，充分发挥绿色设施的渗、滞、蓄功能，使其对雨水的产、汇流起到滞峰、错峰、消峰的综合作用，以减缓雨水"齐步走"的共排效应。让来自不同区域的径流雨水有先有后、参差不齐、"细水长流"地汇流到灰色设施的排水系统中，既降低了排水系统的压力，又提高了排水系统的利用效率。海绵城市建设前后雨水径流变化如图 7-20 所示。

(3) 系统治理。首先，要考虑生态系统的完整性和避免生态系统的碎片化，牢固树立"山水林田湖草"生命共同体的思想，充分发挥山水林田湖草等自然地理下垫面对降雨径流的积存、渗透和净化作用。其次，应建立完整的水系统，水环境问题看似发生在水中，但其实根源主要在岸上，应充分考虑水体的岸上岸下、上下游、左右岸水环境治理和维护的联动效应。再次，要以水环境目标为导向建立完整的污染治理设施系统，构建从产汇流源头及污染物排口，到管网、处理厂(站)、受纳水体的完整系统。最后，应构建完整的治理体系，包括控源截污、内源治理、生态修复、活水保质等，同时注重"三分建、七分管"的思路，要建立一套科学的、完善的运维管理制度，如管网清疏、河道清淤、水草打理和漂浮垃圾处置、智慧管控等。海绵城市建设中应统筹协调的各种关系示意图如图 7-21 所示。

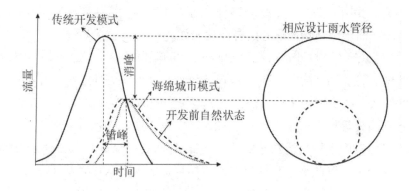

图 7-20　海绵城市建设前后雨水径流变化示意图

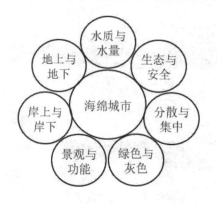

图 7-20　海绵城市建设中各种关系示意图

(4) 海绵城市目标。海绵城市建设的目标是让城市"弹性适应"环境变化与自然灾害，因此，海绵城市在建设过程中，首先应保护原有的水生态系统，通过科学合理地划定城市的蓝线、绿线等开发边界和保护区域，最大限度地保护原有河流、湖泊、湿地、坑塘、沟渠、树林、公园、草地等生态体系，维持城市开发前的自然水文特征。其次，对传统开发模式下已经被破坏的水生态系统，如城市绿地、水体、湿地等，应综合运用物理、生物和生态等各种技术手段，逐步恢复和修复其水文循环特征和生态功能，并维持一定的城市生态空间，促进城市生态多样性不断地得到提升。最后，在海绵城市建设中还要大力推行低影响开发措施的实施，合理地控制开发强度，减少开发过程中对城市原有生态环境的破坏。例如，开发建筑中要留足一定的生态用地，适当开挖河湖沟渠和增加水域面积，将屋顶绿化、可渗透路面、人工湿地等用于建筑设计，以促进城市中雨水的积存与净化。通过各种低影响开发措施以及系统的组合来有效减少地表雨水径流量，减轻暴雨对城市运行的影响。

7.4.2　海绵城市建设内容

我国自提出建设海绵城市以来，无论是在政策鼓励、制度创新方面，还是建设理念、规划引领、工程试点等方面均取得较大进展。众多国家级和省级海绵城市试点先后开展了规划与建设工作，并积极探索建设机制和运营模式，一大批"海绵小区""海绵道路""海绵公园"初具规模。针对水生态、城市内涝、水污染和水资源等多重水问题，需要因地制宜地选择工程设施位置与规模，并将具有单一功能的工程设施合理组合，以实现水量、水质、生态控制等指标的全面达标。因此，海绵城市是一个包含很多系统的大系统，是一个跨学科、跨专业、跨部门的整体，其建设需要根据城市建设发展计划、经济能力、现场实施空间条件等综合因素，经过严密论证后制定科学合理的建设分期计划和时序，这是实现海绵城市建设综合目标的关键因素。

现阶段的海绵城市主要用于描述城市与水文的关系，建设海绵城市的初衷是有效控制水污染，削减雨水峰值流量，降低内涝风险，保障水安全，所以海绵城市也可以说是新一代的雨洪管理理念。因此，包含了源头、过程和末端在内的雨排水系统是海绵城市的主要子系统，海绵城市建设应以该雨排水系统为基本单元进行实施，这是实现降低城市内涝风险、提高水资源利用率、控制污染排放等目标的有效途径。下面主要从城市雨排水系统、道路及竖向系统、水资源利用系统、径流污染控制系统等几个关键系统分析海绵城市的建设内容。

1. 城市雨排水系统

传统的城市雨排水系统主要是指城市市政雨排水管渠系统。随着城市开发建设过程中内涝现象的频发，住建部先是提出了城市内涝系统，后又提出了海绵城市建设理念，至此，城市雨排水系统包括了从源头、过程、末端在内的四个子系统，如图 7-22 所示。

微排水系统是指由低影响开发雨水系统或源头减排设施组成的排水系统，如"海绵道路"中的全透水铺装道路、表面透水的人行道、可将道路雨水导入的下沉式绿地等；"海绵小区"中的雨水罐(建筑小区屋面雨水径流通过雨落管进入雨水罐)、小区内部或外部设置的模块化调蓄池、透水型(或半透水型)铺装的小区道路等；以及"海绵公园"中的植草沟、下沉式绿地、雨水花园、湿塘等多种 LID 设施。微排水系统主要控制占全年 80%～90%左右的中小降雨，旨在实现各区域内年径流总量控制率、雨水资源利用率、年 SS 控制率和水生态系统修复等目标。在源头有效地减轻传统雨水管渠系统的排水压力时，需要注意的是该系统与传统市政雨水管渠系统在竖向上的合理衔接。

小排水系统为城市的传统雨水管渠系统，包括雨水管渠、暗涵、小型调节池和蓄水池、提升泵站等，主要承担当地重现期为 1～10 年的短历时较大暴雨。除了具有其原有功能之外，小排水系统还有承接微排水系统中溢流雨水的作用。在海绵城市建设中，保证市政雨水管网与 LID 设施中溢流系统的竖向衔接顺畅、合理尤为重要，也就是说，在微排水和小排水系统之间,科学合理的竖向关系是实现暴雨期间削峰错峰效果的决定性因素。

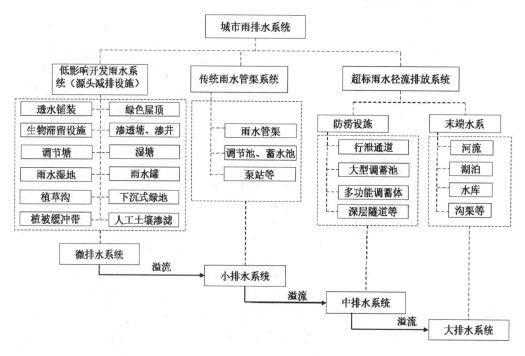

图 7-22 海绵城市雨排水系统示意图

中排水系统一般包括由"排"和"蓄"两部分组成的城市行泄通道和排涝设施,主要功能是承接超过微排水系统、小排水系统设施消纳和传输能力的雨水径流,旨在解决小排水系统设计标准以上、内涝标准以内的地面积水,是保证城市不发生内涝的最后屏障。例如,在海绵城市建设中,为了减小暴雨期间下游雨水管网的排水压力,降低末端受纳水系的防洪压力,以及减小区域内涝积水,一般可考虑将公园定位成具有一定水面的雨洪公园。遇到重现期较大的暴雨时,可利用公园的常水位和最高水位之间的巨大调蓄空间来减轻下游区域的洪涝灾害。

大排水系统是指城市内或周边的河、湖、沟等末端水系,是城市排水系统的最后一道防线。大排水系统又称"兜底"工程,通常以河道防洪标准(如 20 年一遇)作为设计依据。在海绵城市建设中,习惯的做法是先根据现状地形和道路竖向等进行排水管渠和行泄通道的正向设计,然后再去校核末端水系在设计标准工况下的水位和排口水位关系,这是保证城市不发生倒灌必不可少的工作。

综上所述,四个排水子系统是一个既相互独立又相互衔接的整体,不仅包括了"排",还包括了一切可起到削峰、减峰的方式和措施,它们之间的本质区别在于所达目标、设计标准、具体形式以及设施种类有所不同。此外,溢流系统是四个排水系统之间的连接纽带,起着承上启下、验证各系统在竖向上合理性的作用。在海绵城市建设中,只有四个子系统协同作用,才能共同提高城市应对内涝灾害的能力。

2. 道路及竖向系统

城市竖向系统在城市内涝防治中起着非常重要的作用，它不仅是划定排水分区、确定行泄通道、组织雨水径流排放和设计排水管渠的依据，通常也是影响源头减排设施利用率的关键因素。因此，在海绵城市建设中需要特别注重城市竖向设计，应该充分研究城市道路标高、场地竖向等内容，以便确定合理的竖向系统，从而降低甚至避免城市内涝积水的发生。

值得一提的是，在进行下沉式绿地、植草沟、雨水花园、小型湿塘等源头减排设施设计时，需要同时注意建设地块"外部"和"内部"的竖向问题。因为建设地块"外部"的竖向问题是要实现建设地块对雨水的蓄存、渗滞或传输功能，所以必须保证建设地块相对于周边其他地块而言要有合理的高差，这样才能充分利用较低的地块将周边雨水进行蓄存和净化。针对建设地块"内部"的竖向问题，合理的竖向设计是保证源头减排设施具有较高利用率的前提条件。比如，固原市九龙公园的设计就是有效地利用了地块之间高低起伏的特点，在地块内布设 LID 设施，利用植草沟将雨水花园和小型湿塘紧密连接，实现了雨水的传输和蓄存。

3. 水资源利用系统

提高水资源利用率是海绵城市建设的核心目标之一。有关研究表明，目前国内大部分城市针对雨水的资源利用率并不高，在一些绿化灌溉、道路浇洒等活动中还存在使用洁净自来水的现象，造成水资源的严重浪费。因此，在海绵城市建设中，可以用雨水收集利用设施收集到的雨水来代替部分新鲜水，以缓解部分地区的缺水问题。在具体实施时，应从城市整体用水角度出发，综合分析区域水资源整体情况、降雨量和蒸发量、用水需求、经济状况等因素，确定提高城市雨水资源利用率的必要性和需要利用的雨水量，并结合海绵城市建设，分析确定能建设雨水收集利用设施的空间位置，最终确定雨水资源利用指标。研究表明，从国家两批试点的海绵城市建设情况来看，雨水资源的利用率基本可达到 2%～20%，如大连庄河、厦门、玉溪的雨水资源利用率分别为 10%、2% 和 5%。这充分说明海绵城市建设不仅是有效防治城市内涝的重要途径，同时也是提高城市非常规水资源利用率的最佳机会。

4. 径流污染控制系统

降雨期间，大气、屋面和地面的污染物在雨水、雨水径流的冲刷和淋溶作用下通过地表、管网进入水体，使水环境遭受面源污染而导致质量下降。在海绵城市建设中，上述面源污染可以通过透水道路、植草沟、雨水花园、人工湿地等多种源头的、小型的、分散的、生态的措施，对雨水径流进行调蓄、下渗、沉淀、过滤，且每种设施所控制的主要污染物以及污染控制程度不尽一致。例如，透水道路对 Cu、Zn 等重金属的去除率约为 80%，雨水花园对总磷的去除率约为 70%～85% 等，这些都是传统的沥青路面、混凝土路面无法实现的污染控制功能。此外，在一些城市的老城区"海绵"改造建设中，合流制溢流污染现象尤为突出。对于这种情形，可根据区域实际情况采用清污分离、雨污分流等减少溢流量，从而对入河污染物进行有效控制。对于部分暂不具备雨污分流改造的合流制管网，要综合采取雨水源头减量、加大截流倍数、科学设置溢流堰门、建设调蓄设施、增加污水处理能力等多种方式控制溢流污染。其中，雨水源头减量尤为重要。

综上所述，海绵城市建设内容涉及城市水安全、水生态、水环境、水资源等多重需求，其建设指标也包括了年径流总量控制率、雨水资源利用率、污水再生利用率、城市面源污染等多种指标。其中，年径流总量控制率作为基本指标在雨洪管控中属核心地位，而雨水资源利用率、污水再生利用率、城市面源污染控制等指标则体现了雨水污水的收集、处理和利用，进而促进城市的水生态修复和水环境改善。

重点提示：

海绵城市排水系统中各个子系统及其之间的关系。

7.4.3 海绵城市建设关键技术

如前所述，海绵城市建设涉及城市雨水排水系统、道路及竖向系统、水资源利用系统、径流污染控制系统等多个系统，在其建设实施过程中，也必然会受到众多因素的影响和制约。然而，海绵城市建设究其根本，最关键的还是在刚性的城市格局中引入并高效利用自然的柔性海绵载体，即在城市建设中融入低影响开发设施，科学化地实现"渗、滞、蓄、净、用、排"的有机统一，通过雨天渗水、滞水、排水，平时蓄水、净水，旱时用水等途径改善城市的水循环，最终实现城市在水安全、水生态、水环境 、水资源等方面的多重需求。

1. 渗透技术

渗透是当前海绵城市建设使用率最高的技术措施之一，正确理解和使用"渗透"技术，能够保证海绵城市建设的科学性和合理性。城市下垫面的过度硬化改变了原有的自然生态本底和水文特征，使城市地面的自然渗透能力显著降低，导致城市内涝、干旱交替频发。因此，在源头通过透水铺装、渗井、渗透塘、绿色屋顶、下沉式绿地、生物滞留设施等渗透设施分散拦蓄雨水径流进行入渗，既可以节约水资源，缓解市政排水压力，又能减轻对土壤的侵蚀，有利于水土保持、涵养地下水源和美化生态环境。因此，强化自然渗透是海绵城市建设中重要的技术措施和手段。

1) 透水铺装

透水铺装按照面层材料不同，可分为透水砖铺装、透水水泥混凝土铺装、透水沥青混凝土铺装以及嵌草砖、鹅卵石、碎石铺装等。在海绵城市建设中，透水路面与铺装通常被称为是灰色海绵体的载体。透水铺装改造时，需与其他低影响开发设施相衔接，以便雨水通过透水铺装可以汇入其他有雨水收纳利用的低影响开发设施中，实现雨水的高回收率以及高利用率。除此以外，在透水铺装设计时，需要保证透水铺装的面层和基层有足够的强度和稳定性，以免造成结构破坏。透水砖铺装的典型构造如图 7-23 所示。

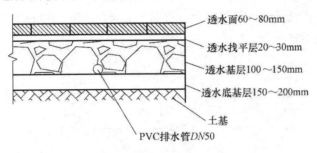

图 7-23　透水砖铺装的典型构造示意图

透水砖铺装和透水水泥混凝土铺装主要适用于广场、停车场、人行道以及车流量、荷载量较小的道路，如建筑小区道路、市政道路的非机动车道等，透水沥青混凝土铺装还可用于机动车道。透水铺装适用区域广、施工方便，可补充地下水并具有一定的峰值流量消减和雨水净化作用，但其具有容易堵塞、寒冷地区被冻融破坏的风险。

2) 渗井

渗井是指通过井壁和井底进行雨水下渗的设施。为了增强渗透效果，可在渗井周围设置水平渗排管，并在渗排管的周围铺设砾石或碎石。雨水通过渗井下渗之前应该事先通过植草沟、植被缓冲带等设施对雨水进行预处理，同时渗井出水管的管内底高程应高于进水管的管内顶高程，但不应高于上游相邻井的出水管管内底高程。当渗井调蓄容积不足时，也可在渗井周围连接水平渗排管，形成辐射渗井。辐射渗井的典型构造如图 7-24 所示。

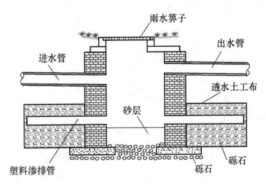

图 7-24　辐射渗井的典型构造示意图

渗井主要适用于建筑与小区内的建筑、道路及停车场的周边绿地内，渗井具有占地面积小、建设和维护费用较低的优点，但其水质和水量控制作用比较有限。

3) 渗透塘

渗透塘是一种用于雨水下渗补充地下水的洼地，具有一定的净化雨水和削减峰值流量的作用。在渗透塘前一般应设置沉砂池、前置塘等预处理设施，以去除大颗粒的污染物并减缓流速。其次，渗透塘应设溢流设施，并与城市雨水管渠系统和超标雨水径流排放系统衔接，渗透塘外围应设安全防护措施和警示牌。此外，渗透塘还需满足一些结构方面的要求，如边坡坡度(垂直：水平)一般不大于 1：3；塘底至溢流水位一般不小于 0.6m；渗透塘底部构造一般为 200～300mm 的种植土、透水土工布及 300～500mm 的过滤介质层。渗透塘的典型构造如图 7-25 所示。

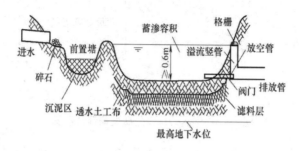

图 7-25　渗透塘的典型构造示意图

4) 绿色屋顶

绿色屋顶又称种植屋面、屋顶绿化、生态屋顶等，是海绵城市建设的重要措施之一。该技术通过改善传统建筑屋面渗透率而不侵占额外建设用地，可视作将城市开发前的自然渗透面"迁移"至建筑屋面，有效地降低了城市不透水表面的比例。因为在城市建筑屋顶、路面、广场、停车场等不透水表面中，城市建筑屋顶占了 40%～50%的比例，所以绿色屋顶具有较大的开发潜力。

根据种植基质的深度和景观的复杂程度，绿色屋顶又分为简单式和花园式，基质深度根据植物需求及屋顶荷载确定，简单式绿色屋顶的基质深度一般不大于 150mm，花园式绿色屋顶在种植乔木时基质深度可超过 600 mm。绿色屋顶的典型构造如图 7-26 所示。

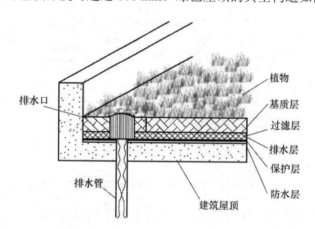

图 7-26　绿色屋顶的典型构造示意图

绿色屋顶适用于符合屋顶荷载、防水等条件的平屋顶建筑和坡度≤15°的坡屋顶建筑。其最重要的效益是能够有效地滞留雨水，过滤和处理雨水，并通过逐步排水和蒸散释放到大气中，从而在更长的时间内分配暴雨径流，具有有效减少屋面径流总量和径流污染负荷的作用，有助于城市雨水管理，但对屋顶荷载、防水、坡度、空间条件等有严格要求。

5) 下沉式绿地

除绿色屋顶、植草沟外，下沉式绿地也是海绵城市建设中绿色海绵体的主要载体。它具有狭义和广义之分，狭义的下沉式绿地是指低于周边铺砌地面或道路在 200 mm 以内的绿地；广义的下沉式绿地泛指具有一定的调蓄容积，且可用于调蓄和净化径流雨水的绿地，包括生物滞留设施、渗透塘、湿塘、雨水湿地、调节塘等，后文中的下沉式绿地仅指狭义的下沉式绿地。

下沉式绿地的下凹深度应根据植物耐淹性能和土壤渗透性能确定，一般为 100～200 mm，同时下沉式绿地内一般应设置溢流口(如雨水口)，以保证暴雨时径流的溢流排放，溢流口顶部标高一般应高于绿地 50～100 mm。下沉式绿地的典型构造如图 7-27 所示。

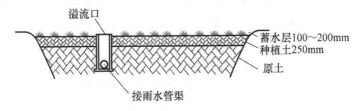

图 7-27　下沉式绿地的典型构造示意图

下沉式绿地可广泛应用于城市建筑与小区、道路、绿地和广场内，但大面积应用时，容易受地形等条件的影响，且实际调蓄容积较小。

6) 生物滞留设施

生物滞留设施指的是在地势较低的区域，通过植物、土壤和微生物系统蓄渗、净化径流雨水的设施。生物滞留设施分为简易型生物滞留设施和复杂型生物滞留设施，按应用位置不同又称作雨水花园、生物滞留带、高位花坛、生态树池等。生物滞留设施应满足以下要求：①对于污染严重的汇水区应选用植草沟、植被缓冲带或沉淀池等对径流雨水进行预处理，去除大颗粒的污染物并减缓流速，同时应采取弃流、排盐等措施防止融雪剂或石油类等高浓度污染物侵害植物；②生物滞留设施内应设置溢流设施，可采用溢流竖管、盖篦溢流井或雨水口等，溢流设施顶一般应低于汇水面 100 mm；③生物滞留设施的蓄水层深度应根据植物耐淹性能和土壤渗透性能来确定，一般为 200～300 mm，并应设 100 mm 的超高；④生物滞留设施宜分散布置且规模不宜过大，生物滞留设施面积与汇水面面积之比一般为 1：20 至 1：10。生物滞留设施典型构造如图 7-28 所示。

生物滞留设施是重要的源头减排设施，主要适用于建筑与小区内建筑、道路及停车场的周边绿地，以及城市道路绿化带等城市绿地内。生物滞留设施形式多样、适用区域广、容易与景观结合，径流控制效果好，建设费用与维护费用较低；但地下水位与岩石层较高、土壤渗透性能差、地形较陡的地区，应采取必要的换土、防渗、设置阶梯等措施避免次生灾害的发生，而这将会增加建设费用。

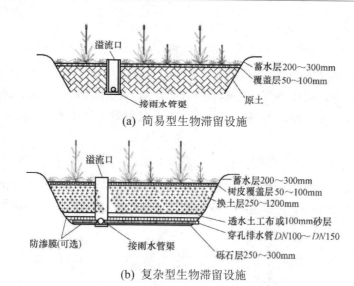

(a) 简易型生物滞留设施

(b) 复杂型生物滞留设施

图 7-28 生物滞留设施典型构造示意图

2. 蓄存技术

海绵城市建设中，除了采用渗透技术，利用分散的源头减排设施就地拦蓄雨水径流入渗外，还应该强化雨水储存、调蓄等设施的构建，充分挖掘雨水资源的潜在应用能力。因此，在建设集中的雨水收集调蓄池的基础上，还应充分发挥城市绿地和广场中的小型雨水池、雨水罐、雨水湿地、湿塘等调蓄设施的多功能性，调蓄和排放较大的降雨，从源头到末端形成层层蓄存的方式，统筹水资源的蓄存和利用。

1) 湿塘

湿塘是指具有雨水调蓄和净化功能的景观水体，雨水同时作为其主要的补水水源。湿塘有时可结合绿地、开放空间等场地条件设计为多功能调蓄水体，即平时发挥正常的景观及休闲、娱乐功能，暴雨发生时发挥调蓄功能，实现土地资源的多功能利用。湿塘一般由进水口、前置塘、主塘、溢流出水口、护坡及驳岸、维护通道等构成。前置塘为湿塘的预处理设施，起到沉淀径流中大颗粒污染物的作用，而主塘一般包括常水位以下的永久容积和储存容积，永久容积水深一般为 0.8～2.5 m。湿塘的典型构造如图 7-29 所示。

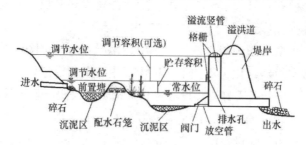

图 7-29 湿塘的典型构造示意图

湿塘适用于建筑与小区、城市绿地、广场等具有空间条件的场地，可有效削减较大区域的径流总量、径流污染和峰值流量,是城市内涝防治系统的重要组成部分。

2) 雨水湿地

雨水湿地是一种高效的径流污染控制设施,主要利用物理、水生植物及微生物等作用净化雨水。雨水湿地常与湿塘合建并设计一定的调蓄容积,其构造与湿塘相似,一般由进水口、前置塘、沼泽区、出水池、溢流出水口、护坡及驳岸、维护通道等构成。前置塘同样也是对径流雨水进行预处理的区域,沼泽区是雨水湿地主要的净化区,包括浅沼泽区和深沼泽区。雨水湿地的典型构造如图 7-30 所示。

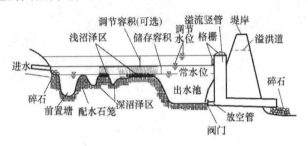

图 7-30　雨水湿地的典型构造示意图

雨水湿地适用于具有一定空间条件的建筑与小区、城市道路、城市绿地、滨水带等区域,可有效削减污染物,并具有一定的径流总量和峰值流量控制效果。

3) 蓄水池

蓄水池是指具有雨水储存功能的集蓄利用设施,同时也具有削减峰值流量的作用,主要包括钢筋混凝土蓄水池,砖、石砌筑蓄水池及塑料蓄水模块拼装式蓄水池,用地紧张的城市大多采用地下封闭式蓄水池。蓄水池典型构造可参照国家建筑标准设计图集《雨水综合利用》(10SS705)。

蓄水池适用于有雨水回用需求的建筑与小区、城市绿地等,根据雨水回用用途(绿化、道路喷洒及冲厕等)不同需配建相应的雨水净化设施。蓄水池具有节省占地、雨水管渠容易接入、避免阳光直射、防止蚊蝇滋生、储存水量大等优点,储存的雨水可回用于绿化灌溉、冲洗路面和车辆等用途。

4) 雨水罐

雨水罐也称雨水桶,是地上或地下封闭式的简易雨水集蓄利用设施,可用塑料、玻璃钢或金属等材料制成。雨水罐适用于单体建筑屋面雨水的收集利用,在楼栋前后的雨水立管下方设置雨水桶,用来增加小区的雨水调蓄能力并方便对收集后的雨水进行资源化利用。雨水罐多为成型产品,施工安装方便,但其储存容积较小,雨水净化能力有限。

3. 调节技术

调节技术是以削减雨水径流的峰值流量为主要功能的设施,包括调节塘、调节池以及以径流峰值调节为目标设计的蓄水池、湿塘、雨水湿地等设施。调节技术虽然可以调节径流的峰值,但对径流总量削减没有贡献。

1) 调节塘

调节塘有时也称干塘，一般由进水口、调节区、出口设施、护坡及堤岸构成，也可通过合理设计使其具有渗透功能，起到一定的补充地下水和净化雨水的作用。调节塘应设置前置塘对径流雨水进行预处理，调节区深度一般为0.6～3.0m，调节塘中可以种植水生植物以减小流速、增强雨水净化效果。调节塘的典型构造如图7-31所示。

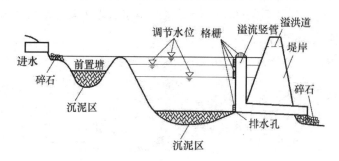

图 7-31　调节塘的典型构造示意图

调节塘适用于建筑与小区、城市绿地等具有一定空间条件的区域，可有效削减峰值流量，但其功能较为单一，可利用下沉式公园及广场等将调节塘与湿塘、雨水湿地合建，从而构建多功能调蓄水体。

2) 调节池

调节池适用于城市雨水管渠系统，主要用于削减雨水管渠的峰值流量，其典型构造可参见《给水排水设计手册》(第5册)。与调节塘相同，调节池功能较为单一，也可利用下沉式公园及广场等与湿塘、雨水湿地合建，从而构建多功能调蓄水体。

4．转输技术

转输技术指的是利用具有转输功能的低影响开发设施来进行雨水径流的收集和输送，该类设施包括植草沟、渗管、渗渠等。

1) 植草沟

植草沟是指种有植被的地表沟渠，可收集、输送和排放径流雨水，并具有一定的雨水净化作用。植草沟可将其他各单项设施、城市雨水管渠系统和超标雨水径流排放系统衔接起来，除转输型植草沟外，还包括渗透型的干式植草沟及常有水的湿式植草沟，可分别提高径流总量和径流污染控制效果。植草沟的浅沟断面形式宜采用倒抛物线形、三角形或梯形，边坡坡度(垂直:水平)不宜大于1:3，纵坡不应大于4%。转输型三角形断面植草沟的典型构造如图7-32所示。

植草沟适用于建筑与小区内的道路，广场、停车场等不透水面的周边，以及城市道路及城市绿地等区域。它既可作为生物滞留设施、湿塘等低影响开发设施的预处理设施，也可与雨水管渠联合应用，在场地竖向允许且不影响安全的情况下也可代替雨水管渠。植草沟具有建设及维护费用低，容易与景观结合的优点，但已建城区及开发强度较大的新建城区等区域容易受场地条件的制约。

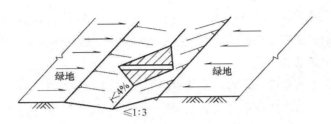

图 7-32 转输型三角形断面植草沟的典型构造示意图

2) 渗管/渠

渗管/渠是指具有渗透功能的雨水管/渠，可采用穿孔塑料管、无砂混凝土管/渠和砾(碎)石等材料组合而成。渗管/渠之前一般需要设置植草沟、沉淀(砂)池等预处理设施，开孔率应控制在 1%～3% 之间，无砂混凝土管的孔隙率应大于 20%，当渗管/渠设在行车路面下时覆土深度不应小于 700 mm。渗管/渠的典型构造如图 7-33 所示。

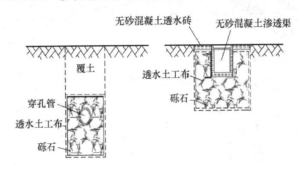

图 7-33 渗管/渠的典型构造示意图

渗管/渠适用于建筑与小区及公共绿地内转输流量较小的区域，不适用于地下水位较高、径流污染严重及容易出现结构塌陷等不宜进行雨水渗透的区域。渗管/渠对场地空间虽然要求小，但其建设费用较高，容易堵塞且维护较困难。

5. 截污净化技术

1) 植被缓冲带

植被缓冲带为坡度较缓的植被区，经植被拦截及土壤下渗作用可减缓径流的流速，同时可去除径流中的部分污染物，达到净化雨水的效果。植被缓冲带的典型构造如图 7-34 所示。

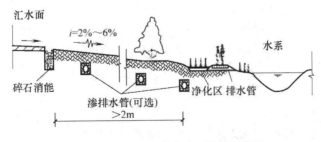

图 7-34 植被缓冲带的典型构造示意图

植被缓冲带适用于道路等不透水面的周边，可作为生物滞留设施等低影响开发设施的预处理设施，也可作为城市水系的滨水绿化带，但坡度较大(大于 6%)时雨水净化效果较差。

2) 初期雨水弃流设施

初期雨水弃流是指通过一定方法或装置将存在初期冲刷效应、污染物浓度较高的降雨初期径流予以弃除，以降低雨水的后续处理难度。弃流雨水应进行处理，如排入市政污水管网(或雨污合流管网)由污水处理厂进行集中处理等。常见的初期弃流方法包括容积法弃流、小管弃流(水流切换法)等，弃流形式包括自控弃流、渗透弃流、弃流池、雨落管弃流等。初期雨水弃流设施的典型构造如图 7-35 所示。

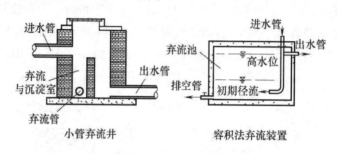

图 7-35　初期雨水弃流设施的典型构造示意图

初期雨水弃流设施是其他低影响开发设施的重要预处理设施，主要适用于屋面雨水的雨落管、径流雨水的集中入口等低影响开发设施的前端。初期雨水弃流设施占地面积小，建设费用低，但径流污染物弃流量一般不容易控制。

3) 人工土壤渗滤

人工土壤渗滤主要作为蓄水池等雨水储存设施的配套雨水设施，以达到回用水水质指标，适用于有一定场地空间的建筑与小区及城市绿地。人工土壤渗滤雨水净化效果好，容易与景观结合，但建设费用较高，其典型构造可参照复杂型生物滞留设施的构造示意图。

综上所述，海绵城市关键技术包括的各种设施往往具有补充地下水、集蓄利用、削减峰值流量及净化雨水等多种功能，可实现径流总量、径流峰值和径流污染等多个控制目标。各城市在实施海绵建设过程中，应根据城市总体规划、专项规划及详规明确的控制目标，结合汇水区特征和设施特点(主要功能、经济性、适用性、景观效果)等因素灵活选用各个设施及其组合系统。例如，缺水地区以雨水资源化利用为主要目标时，可优先选用以雨水集蓄利用为主要功能的雨水储存设施；内涝风险严重的地区以径流峰值控制为主要目标时，可优先选用峰值削减效果较优的雨水储存和调节等技术；水资源较丰富的地区以径流污染控制和径流峰值控制为主要目标时，可优先选用雨水净化和峰值削减功能较优的雨水截污净化、渗透和调节等技术。海绵城市关键技术的选用流程图如图 7-36 所示。

重点提示：

熟悉海绵城市建设的四类关键技术及其包括的措施类型。

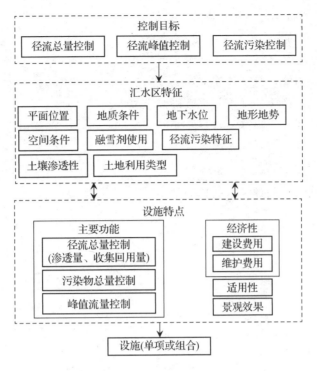

图 7-36　海绵城市关键技术的选用流程图

【知识拓展 7-3】　海绵城市建设典型案例

本 章 小 结

　　本章介绍了城市快速发展过程中常见的城市生态环境问题，包括水土流失、地陷、斜坡失稳等土地生态环境问题的诱发原因及其防治；城市内涝、黑臭水体等水生态环境问题的产生原因、防治及其实际案例。在此基础上，重点介绍了海绵城市及其建设理念、建设内容、关键技术以及海绵城市建设案例等相关内容。

思 考 题

1. 工程建设中容易引发水土流失的施工活动有哪些？
2. 工程建设中常见的水土流失预防措施有哪些？
3. 简述水土流失的工程治理措施。
4. 工程建设中哪些因素容易引发地面沉降？
5. 工程建设中如何防治因附加荷载引起的地面沉降？
6. 工程中常见的斜坡失稳问题有哪几种？
7. 工程建设中采取哪些措施可以防治路基边坡失稳？

8. 简述黑臭水体的概念及其分级评价指标。

9. 引起水体黑臭的主要原因有哪些?

10. 黑臭水体治理的关键技术包括哪几种?

11. 简述城市内涝及其发生原因。

12. 在城市内涝防治方面,重点应做好哪些工作?

13. 简述海绵城市及其内涵与特征。

14. 海绵城市建设理念包含哪些内容?

15. 什么是海绵城市的微排水系统?

16. 海绵城市建设的关键技术包括哪些?

第 8 章
绿色建筑与绿色施工

学习目标

- 掌握绿色建筑的定义和特征。
- 掌握节能型建筑的含义和建筑节能关键技术。
- 熟悉常用的建筑节能工程材料及其应用。
- 了解建筑用水环境现存的主要问题。
- 掌握节水型建筑的内涵和建筑节水关键技术。
- 熟悉常用的节水器具和设备。
- 掌握绿色施工的内涵和总体框架结构。
- 了解施工管理的相关内容，熟悉绿色施工中的环境保护措施。
- 熟悉施工节材、施工节水、施工节能和施工节地的概念及主要措施。

本章要点

本章主要学习绿色建筑及其特征；节能型建筑、建筑节能关键技术和建筑节能工程材料；节水型建筑、建筑节水关键技术及节水器具和设备；施工节材及其主要措施；施工节水及其主要措施；施工节能及其主要措施；施工节地及其主要措施；施工管理以及施工中的环境保护主要措施等相关内容。

导读

绿色建筑可以最大限度地节约资源和减少环境污染，而绿色施工是创建绿色建筑的保证，是实现建筑领域资源节约和节能减排的关键环节，也是可持续发展思想在施工阶段的应用体现。因此，发展绿色建筑和绿色施工不仅是实现建筑业可持续发展的有效途径，也是我国建设资源节约型和环境友好型社会的必然选择。目前，发展绿色建筑已上升为国家层面的战略导向，《国民经济和社会发展第十一个五年规划纲要》明确提出，建筑业要推广绿色建筑、绿色施工，这不仅是转变建筑业发展方式和城乡建设模式的重大问题，而且关系到群众的直接利益和国家的长远利益。

8.1 绿 色 建 筑

8.1.1 绿色建筑的定义

20世纪60年代，美籍意大利建筑师保罗·索勒瑞(Paolo Soleri)把生态学(Ecology)和建筑学(Architecture)两词合并为Arcology，首次提出了著名的"生态建筑"概念，这便是绿色建筑理念的雏形。他认为生态建筑就是尽可能利用建筑物当地的环境特色与自然因素，如地质、气候、阳光、空气、水流等，使之符合人类居住，并且降低各种不利于人类身心的环境因素作用，同时尽可能不破坏当地环境循环，确保生态体系健康运行。

从20世纪70年代的能源危机开始，绿色建筑作为一种新的边缘性运动在世界各地蓬勃开展起来。关于绿色建筑的概念，至今国际上还没有统一的定义，日本称为"环境共生建筑"，欧洲和北美国家也把绿色建筑称为"生态建筑"或"可持续建筑"或"节能省地型建筑"。我国称之为"绿色建筑"，且在2006年6月1日起实施的《绿色建筑评价标准》中给出了绿色建筑的定义，即在全寿命周期内，节约资源、保护环境、减少污染，为人们提供健康、适用、高效的使用空间，最大限度地实现人与自然和谐共生的高质量建筑。

虽然绿色建筑的定义各有其独特之处，但万变不离其宗，都是基于可持续发展观点上提出的建筑业的可持续发展，其基本内涵可归纳为：提供安全、健康、舒适性良好的生活空间；减轻建筑对资源和环境的负荷，即节约能源及资源，减少污染；与自然环境亲和，做到人、建筑与环境的和谐共处、可持续发展。

8.1.2 绿色建筑的基本特征

从绿色建筑的定义可以看出，绿色建筑与一般建筑有着不同之处。一般建筑随着建筑设计、生产和用材的标准化和产业化，建筑形式越来越趋于一律化和单调化，造就了"千城一面"的城市面貌；而绿色建筑倡导推行本地材料，使建筑随着气候、自然资源和地区文化的差异而呈现不同的风貌。绿色建筑一般呈现以下几个特征。

(1) 节约能源，使用绿色无污染能源。据统计，全球能量的50%消耗于建筑的建造和使用过程中,并由此产生严重的环境污染。因此,建筑节能是绿色建筑的核心内容,绿色建筑主张调整或改变现行的设计观念和方式,使建筑由高能耗方式向低能耗方式转化。一方面依靠节能技术,提高能源使用效率。如采用高效保温隔热构造的节能建筑围护结构、良好的自然采光系统、良好的自然通风系统、根据自然通风的原理设置风冷系统等,以减少采暖和空调的能源使用;尽量就近取材,减少运输方面的能耗等。另一方面,绿色建筑提倡使用太阳能、地热能、风能、生物能等非常规、可再生并且绿色无污染的能源,使建筑逐步实现一定程度上能源使用的自给自足。如在建筑顶层设置太阳能吸收板,使用太阳能庭院灯及太阳能路灯照明系统;利用地热能供热等。

(2) 节约资源,使用绿色环保建材。在建筑设计、建造和建筑材料的选择中,绿色建筑均考虑资源的合理使用和处置,尽可能节水、节地、节材,并积极做到废水、废液、废渣、废材的综合利用,尽量不使用含甲醛、卤化物溶剂或芳香族碳氢化合物等的各种建材,不使用含铅、镉、铬及其化合物制成的颜料和添加剂等,使建筑在建造、使用和报废后都对人类和环境无害。在水资源的利用上,一方面可以通过节水设施的推广使用节约用水,另一方面,还可以通过雨水收集及中水回用等技术,将建筑物屋面雨水和地面雨水、建筑物内部杂排水收集、处理后,在一定范围内用作非饮用水,从而大大减少对水资源的需求量和排入环境中的污水量。

(3) "零"排放,保护生态环境。首先,尽量减少或避免向外界排放有毒有害物质,在建设及使用过程中,要结合实际情况,尽量减少建筑物的废弃物排放。如应尽量减小噪声,注意粉尘的排放、运输的遗撒,建筑垃圾要合理处理,对施工废水应及时合理地收集和处理回用,通过合理设计避免或减轻光污染等,力求通过污染物"零"排放,减少对环境的影响。其次,利用生态园林技术,改善建筑小区环境质量、维护生态平衡、美化景观。如在建筑小区生态系统中,尽量保持和开辟绿地,充分利用绿色植物,调节小气候,吸收环境中的有毒有害气体,降低噪声,并取得防风、遮阳等效果。通过回归自然的设计,使绿色建筑与周边环境融合到一起,真正做到动静互补、和谐一致,从根本上保护生态环境。

综上所述,绿色建筑可以通过在设计中贯穿建筑节能技术、绿色环保建材技术、节水技术、雨水收集和中水回用技术、生态园林技术等绿色设计理念,以及在施工中采用无污染环保等绿色施工技术,力求做到"四节一环保",即在设计和建造过程中,力求节能、节水、节地、节材和保护环境,实现"人-建筑-自然"三者的和谐统一。

8.1.3 绿色建筑的相关评价标准

为积极应对气候变化,许多国家已开发了适合本国国情的绿色建筑评价体系,其中有代表性的评价标准有:中国的《绿色建筑评价标准》、英国的《建筑研究中心环境评价法(BREEAM)》以及在其基础上完善的《可持续住宅标准》、美国的《能源及环境设计先导计划(LEED)》、加拿大的《绿色建筑工具(GBTOOL)》、日本的《建筑物综合环境效率评价体系(CASBEE)》、德国的《可持续发展建筑导则(LNB)》、澳大利亚的《国家建筑环境评价体系(NABERS)》等,这些绿色建筑评价标准不仅可以作为衡量绿色建筑的工具,同时也推动了绿色建筑的发展,对世界其他国家和地区的评价体系也产生了直接或间接的影响。

《绿色建筑评价标准》(GB/T 50378—2019)(以下简称《标准》)是由建设部发布,中国建筑科学研究院与上海市建筑科学研究院联合主编的绿色建筑评估标准,主要用于评价住宅建筑和办公建筑、商场、宾馆等公共建筑。《标准》的评价指标体系包括五大指标:①安全耐久;②健康舒适;③生活便利;④资源节约;⑤环境宜居。各大指标中的具体指标分为控制项和评分项,统一设置加分项。其中,控制项是建筑被评为绿色建筑的必备条款,绿色建筑划分为基本级、一星级、二星级、三星级四个等级。

除此以外,国家还制定了部分与绿色建筑相关的标准和导则,如《国家康居示范工程建设技术要点》《绿色生态住宅小区建设要点与技术导则》《中国生态住宅技术评估手册》《绿色奥运建筑评估体系》《商品住宅性能评定方法和指标体系》《绿色建筑技术导则》《绿色建筑标识管理办法》等,之后还会陆续制定绿色医院、绿色宾馆、绿色办公室等细化的专项绿色建筑标识。通过这些标准或导则的贯彻和实施,相信我国绿色建筑一定会实现长足和跨越式发展。

重点提示:

掌握绿色建筑的内涵和特征。

8.2 积极发展节能型建筑

节能是绿色建筑的主要特征。目前,我国建筑用能浪费极其严重,且随着城市建设的高速发展,建筑能耗逐年大幅度上升,已达全社会能源消耗量的 32%,加上每年房屋建筑材料生产能耗约 13%,建筑总能耗已达全国能源总消耗量的 45%。我国现有建筑绝大部分为高能耗建筑,且每年新建建筑中 95%以上仍是高能耗建筑,如果继续执行节能水平较低的设计标准,将留下很重的能耗负担和治理困难,庞大的建筑能耗已经成为国民经济的巨大负担。因此,在目前我国能源形势相当严峻,在今后很长一段时期内也将难以缓解的状况下,建筑行业全面节能势在必行。积极发展节能型建筑,提高建筑能源使用效率,有利于从根本上促进能源资源节约和合理利用,缓解我国能源资源供应与经济社会发展的矛盾。

8.2.1 节能型建筑及发展现状

1. 节能型建筑

节能型建筑是按《公共建筑节能设计标准》(GB 50189—2015)进行设计和建造,按《建筑节能工程施工质量验收规范》(GB 50411—2019)、《公共建筑节能检测标准》(JGJ/T 177—2009)、《居住建筑节能检测标准》(JGJ/T 132—2021)等进行节能验收和检测,使其在使用过程中降低能耗的建筑。节能型建筑需要通过全面的建筑节能才能实现。建筑节能是指建筑在选址、规划、设计、建造和使用过程中，通过采用节能型建筑材料、产品和设备，执行建筑节能标准，加强建筑物所使用的节能设备的运行管理，合理地设计建筑围护结构的热工性能，提高采暖、制冷、照明、通风、给排水和管道系统的运行效率，以及利用可再生能源，在保证建筑物使用功能和室内热环境质量的前提下，降低建筑能源消耗，合理、有效地利用能源。

2．节能型建筑的发展现状

我国从 1986 年发布《北方地区居住建筑节能设计标准》至今，制定了一系列有关建筑节能的条例、规定及标准。如 2018 第二次修正的《中华人民共和国节约能源法》第三章第三节规定，建筑工程的建设、设计、施工和监理单位应当遵守建筑节能标准；不符合建筑节能标准的建筑工程，建设主管部门不得批准开工建设；已经开工建设的，应当责令停止施工、限期改正；已经建成的，不得销售或者使用。除此以外，还有《民用建筑节能条例》《民用建筑节能设计标准》《民用建筑节能管理规定》《公共建筑节能设计标准》《绿色建筑评价标准》《民用建筑工程节能质量管理办法》《建筑节能智能化技术导则(试行)》《建筑节能工程施工质量验收规范》《公共建筑节能检测标准》《居住建筑节能检测标准》以及许多省市制定的相关办法与规定等。这些法律、条例、标准和规范的实施虽然取得了一定的成效，然而多年来绿色节能建筑还是很少，建筑节能尚停留在较低水平，在许多城市里，有影响的大型公共建筑很多是高能耗建筑。例如，北京长安街上的国家大剧院把整个建筑埋在地下，这项工程招致了许多尖锐的批评，贝聿铭认为大剧院的大顶是浪费空间最大的，因而浪费的建材和能源也是最大的；国家图书馆新建筑，布局不符合中国有关的法规、标准与规范，建筑封闭，全天候依赖空调，能源消耗过大，不符合国家技术经济政策和推行可持续发展战略的要求，中央阅览大厅高 20 m 以上，体积有数万立方米，其空调消耗极其惊人；此外，21 世纪初建成的天津泰达图书馆、深圳图书馆、重庆图书馆、南京图书馆、东莞图书馆等一批规模很大的图书馆建筑，基本违背了《图书馆建筑设计规范》的"利用天然采光和自然通风"的行业强制性标准，不符合建筑节能的要求。

我国建筑节能状况落后，亟待改善。例如，国内绝大多数采暖地区围护结构的热功能都远远低于气候相近的发达国家，外墙的传热系数是发达国家的 3.5～4.5 倍，外窗为 2～3 倍，屋面为 3～6 倍，门窗的空气渗透为 3～6 倍。目前，欧洲国家住宅的实际年采暖能耗折算到标准煤，普遍达到 8.57 kg(标准煤)/m²，而我国达到节能 50% 的建筑，其采暖能耗却达到 12.5 kg(标准煤)/m²，约为欧洲国家的 1.5 倍。以北京与北京气候条件大体上接近的德国为例，1984 年以前德国建筑采暖能耗标准为 24.6～30.8 kg(标准煤)/m²，与北京目前水平差不多，但到 2001 年时，其建筑能耗降低至原来的 1/3 左右，为 3.7～8.6 kg(标准煤)/m²，而北京却一直是 22.45 kg(标准煤)/m²。由此可见，我国节能水平远远落后于发达国家。

建筑节能是一项系统工程，除了由国家立法、政府主导，对建筑节能制定全面、明确的政策规定和节能标准外，还必须由设计、施工、各级监督管理部门、开发商、运行管理部门、用户等各个环节严格按照国家的节能政策和节能标准的规定，全面贯彻执行各项节能措施，将建筑节能真正落到实处。

8.2.2 建筑节能关键技术

建筑要想降低能耗，提高用能效率，需要对其进行节能合理化设计。一般建筑节能关键技术包括日照和环境设计技术、建筑遮阳技术、建筑自然通风技术、围护结构保温隔热技术、可再生能源应用技术与照明节能技术等。

1. 日照和环境设计技术

日照和环境设计技术主要是在规划阶段通过建筑总体布局做好节能设计。建筑总体布局需因地制宜，要了解气候、地理环境条件等状况，然后再根据实际情况和当地条件进行精心设计。

(1) 日照技术。合理利用日照是节能的重要手段之一，日照技术需进行朝向选择，遵循冬季避开主导风向、夏季迎向主导风向和防止太阳辐射原则，并通过计算机模拟技术，确定日照间距和适宜的朝向。

(2) 环境设计技术。绿色植物具有蒸腾和光合作用，可以调节气温和增加空气湿度，尤其是降低夏季温度。树木枝叶形成浓荫可遮挡50%～90%的太阳辐射热，以及地面、墙面和相邻物的反射热，从而可改善室外热环境，降低室内空调能耗。例如，据测试夏季林地及草坪的气温与普通场地气温比较，平均降温值为 2.5℃～3℃，而西墙外有绿化的房间室温低于无绿化的房间室温约3℃。绿化设计应遵循以下原则：①优先种植乡土植物，采用少维护、耐候性强的植物，减少日常维护的费用；②采用生态绿地、墙体绿化、屋顶绿化等多样化的方式，对乔木、灌木和攀缘植物进行合理配置，构成多层次的复合生态结构，达到人工配置的植物群落自然和谐，并起到遮阳、降低能耗的作用；③绿地配置合理，达到在局部环境保持水土、调节气候、降低污染和隔绝噪声的目的。

2. 建筑遮阳技术

窗户遮阳是夏热冬暖地区建筑节能的最重要的措施。如在广西地区，设计合理的窗户外遮阳可减少空调能耗的23%～32%。目前，建筑遮阳的种类有窗口遮阳、屋面遮阳、墙面遮阳、绿化遮阳等几组形式。其中，窗口遮阳是最重要的形式。

(1) 窗口遮阳。窗口遮阳主要有窗口固定遮阳、窗口可调节遮阳和玻璃自遮阳三种形式。①窗口固定遮阳。窗口固定遮阳又包括水平遮阳、垂直遮阳、挡板遮阳三种基本形式。其中，水平遮阳能够遮挡从窗口上方射来的阳光，适用于南向外窗；垂直遮阳能够遮挡从窗口两侧射来的阳光，适用于北向外窗；挡板遮阳能够遮挡平射到窗口的阳光，适用于接近于东西向外窗。常见的还有综合遮阳、固定百叶遮阳、花格遮阳等。在实际应用中，可以单独选用或者进行组合。②窗口可调节遮阳。为了解决固定遮阳带来的与采光、自然通风、冬季采暖、视野等方面的矛盾，可调节的遮阳逐渐被人们采用。它可让使用者根据环境变化和个人喜好，自由地控制遮阳系统的工作状况，其形式有遮阳卷帘、活动百叶遮阳、遮阳篷、遮阳纱幕等。③玻璃自遮阳。玻璃自遮阳利用窗户玻璃自身的遮阳性能，阻断部分阳光进入室内。玻璃自身的遮阳性能对节能的影响很大，应该选择遮阳系数小的玻璃。遮阳性能好的玻璃常见的有吸热玻璃、热反射玻璃、低辐射玻璃。

(2) 其他遮阳形式。其他遮阳形式多见屋面遮阳、外墙面遮阳和绿化遮阳。通过屋顶构件进行屋面遮阳，能有效地遮挡太阳对屋面的直接辐射，同时也能结合立面造型，创造有性格的建筑形象；外墙面遮阳主要是利用墙面绿化和一些专用的遮阳构件来对西墙进行遮阳，也可借助其创造丰富的建筑造型；绿化遮阳是指通过在窗外一定距离种树，或通过在窗外或阳台上种植爬藤植物实现对墙面的遮阳，还可采用屋顶花园等形式。如落叶树木可以在夏季提供遮阳，常青树可以整年提供遮阳，常青的灌木和草坪可降低地面反射和建筑反射等。

3．建筑自然采光和自然通风技术

自然通风和自然采光往往结合在一起。通过保证房间内及中庭顶部一定的开窗面积，既达到了自然采光的目的，又可依靠室内外的风压及热压差，形成有组织的自然通风，在室外气候适宜时通过自然通风达到调节室内热环境的目的。

(1) 建筑自然采光技术。建筑自然采光技术是将日光引入建筑内部，通过设计精确地控制并且将其按一定的方式分配，以提供比人工光源质量更好的照明。充分利用天然采光不但可以节约大量照明用电，还可以提供更健康、高效、自然的光环境。从卫生角度看，充分的日照还可以起到杀灭细菌和病毒的作用。

(2) 建筑自然通风技术。建筑室内自然通风设计的主要作用是改善室内空气品质和节省开启空调的时间。室内空气品质的优劣在很大程度上取决于室外新风量，当室外空气温湿度较低时，自然通风可以在不消耗能源的情况下降低室内温度，带走潮湿气体，达到人体热舒适。为了保证通风的要求，建筑节能设计标准对窗户的可开启部分作了相应规定，如对于居住建筑来说，可开启窗的面积为窗户面积的 45%或地面面积的 8%，而公共建筑则为开窗面积不少于窗总面积的 30%。此外，还可通过建筑平面的合理布置，如建筑朝向、门窗位置的设计等组织"穿堂风"，以降低室内温度，达到节能目的。

4．建筑围护结构保温隔热技术

建筑围护结构是指建筑物及房间各面的围挡物，如墙体、门窗、屋顶、地面等。提高建筑围护结构的保温隔热性能是建筑节能工作的重要措施，它可以尽量保持室内的温度，减少室内热量或冷量通过围护结构散失。建筑围护结构保温隔热性能是由组成围护结构的各部分材料性能所决定的，材料的保温隔热性能通常用传热系数 K 来衡量，传热系数越大，则表明材料传热的能力越强，保温隔热的效果就越差。提高建筑围护结构保温隔热性能就是要尽量降低围护结构各个部分的传热系数。

(1) 围护结构保温技术。外墙是建筑围护结构的主要构件，一般通过建筑外墙的耗能约占建筑物全部耗能的 40%，因此提高外墙结构的保温性能对建筑节能具有重要意义。不同国家和地区的气候条件存在差异，对建筑外围护结构的传热性能要求都不同，一般情况气候越严寒，其建筑外围护结构的传热系数要求就越小，需要用导热系数小的高效隔热材料附着在墙体结构上来改善整个墙体的热工性能。根据复合材料与主体结构相对位置不同，保温技术分为外保温技术、内保温技术及夹心保温技术，其中外墙外保温是目前较为高效、简单的保温节能技术。

(2) 围护结构隔热技术。围护结构的保温不等于隔热，隔热的目的是尽量减少围护结构吸收的太阳热辐射向室内传递。对于自然通风的建筑来说外围护的隔热设计主要是内表面的温度，因此要求外围护结构应该具有一定的衰减度和延迟时间，以保证内表面温度不致过高，以免向室内和人体辐射过多的热量。围护结构隔热的方法可根据不同的建筑使用功能、不同地区的气候特点来选择，如通过加强墙体的蓄热性能来获得室外热能通过围护结构向室内传递的延迟时间，使内表面最高温度出现的时间和建筑使用的时间错开，利用材料本身的热惰性来达到隔热的目的；在墙体中设置通风间层，这些间层与室外或室内相通，利用风压和热压的作用带走进入空气层的部分热量，从而减少传入室内的热量；建筑防热外表面采用浅色平滑的饰面材料，采用对太阳辐射热吸收率小的材料等。

5. 可再生能源应用技术

大量使用太阳能、地热能、风能、生物能等非常规、可再生并且绿色无污染的能源已成为发展趋势，符合绿色建筑的理念和可持续发展的思想。例如，在建筑顶层设置太阳能吸收板，实现太阳能庭院灯及太阳能路灯照明系统；利用高温地热能发电或直接用于采暖供热和热水供应；借助地源热泵和地道风系统利用低温地热能等技术。目前，常用的有太阳能热水系统和地源热泵系统。

(1) 太阳能热水系统与建筑一体化技术。绿色节能建筑强调太阳能与建筑一体化的应用技术，将太阳能集热器与建筑屋面、阳台、外墙有机结合，既丰富了建筑物形象，又避免了重复投资，是未来太阳能技术发展的方向。目前，太阳能热水系统与建筑一体化技术已经是非常成熟的技术，3~4 年即可收回投资，非常适合宾馆、医院、学生公寓等公共建筑和住宅安装使用，即使是高层住宅也有多种技术系统可供选择。

(2) 地源热泵技术。地源热泵包括使用土壤、地下水和地表水作为热源和冷源的系统，即土壤热交换器地源热泵系统、地下水热泵系统、地表水热泵系统。地源热泵供暖(冷)系统通过吸收大地的能量，包括土壤、井水、湖泊等天然能源，冬季从大地吸收热量，夏季向大地放出热量，再由热泵机组向建筑物供冷供热，是一种利用可再生能源的高效节能、无污染的既可供暖又可制冷的新型热泵空调供暖系统，可广泛应用于商业楼宇、公共建筑、住宅公寓、学校、医院等建筑物。统计信息表明，对公共建筑而言，在 50%的节能率中，空调等设备系统占据 20%~30%，建筑围护结构为 12%~16%，照明大概为 6%~8%；住宅的能耗构成中，采暖空调和生活热水比例达到 80%。可见，利用可再生能源为建筑供冷、供热、供热水，节能效率显著。

6. 照明节能技术

照明节能技术是指在能保证有足够的照明数量及质量的前提下，应尽可能地做到节约照明用电。因建筑照明量大而面广，故照明节能的潜力很大。

(1) 选用高效光源。按工作场所的条件，选用不同种类的高效光源，可降低电能消耗，节约能源。如一般室内场所照明，优先采用荧光灯、小功率高压钠灯等高效光源，推荐采用 T5 细管、U 型管节能荧光灯，以满足《建筑照明设计标准》对照明功率密度的限值要求；高大空间和室外场所的一般照明、道路照明，应采用金属卤化物灯、高压钠灯等高光强气体放电灯，且气体放电灯应采用耗能低的镇流器等。

(2) 选用高效灯具。灯具的种类很多，不同类型的灯具其效率不同。除装饰需要外，应优先选用直射光通比例高、控光性能合理、反射或透射系数高、配光特性稳定的高效灯具。室内灯具的效率不应低于 70% (装有遮光栅格时，不应低于 55%)；室外灯具的效率不应低于 40%(但室外投光灯不应低于 55%)。除此以外，还应使用低损耗电感镇流器、电子镇流器等节能型镇流器。使用低损耗电感镇流器比使用普通型电感镇流器节电 44.4%～55.6%，使用电子镇流器比使用普通电感镇流器节电达 61.1%，节能效果更加可观。

(3) 选用合理的照明方案。采用光通利用系数较高的布灯方案，优先采用分区一般照明方式。如在有集中空调且照明容量大的场所，采用照明灯具与空调回风口结合的形式；在需要有高照度或有改善光色要求的场所，采用两种以上光源组成的混光照明；室内表面采用高反射率的浅色饰面材料，以更加有效地利用光能等。

(4) 照明控制和管理。照明控制和管理包括多种方式，如充分利用自然光，根据自然光的照度变化，分组分片控制灯具开停，每个开关控制灯的数量不要过多，方便管理和有利节能；对大面积场所的照明设计，采取分区控制方式，这样可增加照明分支回路控制的灵活性，使无须照明的地方不开灯，有利节电；有条件时，应尽量采用调光器、定时开关、节电开关等控制电气照明；室外照明系统，为防止白天亮灯，最好采用光电控制器代替照明开关，以利于节电；在插座面板上设置翘板开关控制，当用电设备不使用时，可方便切断插座电源，消除设备空载损耗、达到节电的目的等。

分析与思考：

为何自然通风、自然采光以及建筑绿化能有效节约建筑能耗?

8.2.3 建筑节能工程材料

保温材料的产生是人类生存的需要。人类居住和生活的环境必须保持适合的温度，既要升温降温，又要保温和隔热隔冷。升温降温需要能源，而保温和隔热隔冷则需要保温材料，保温材料使用得当，可以节省大量的能源。因此，保温与节能是紧密相连的。

目前，工业与民用建筑常用的保温节能材料可分为无机类、有机类和复合材料三大类，若按组成与状态又可分为以下几种：①无机纤维状保温材料，如岩棉、玻璃棉、矿渣棉等；

②松散粒状保温材料，如膨胀蛭石及制品、膨胀珍珠岩及制品等；③无机多孔保温材料，如泡沫水泥板、加气混凝土、微孔硅酸钙、复合硅酸盐、泡沫玻璃等；④有机保温材料，如各种聚苯板、聚碳酸酯、酚醛泡沫、软木板、木丝板、甘蔗渣板、蜂窝板等；⑤复合保温材料，如金属夹芯板，芯材为聚苯、岩棉等。对保温隔热材料的选择，应注意以下几点：①使用温度要合适；②热导率要低；③物理化学性能要稳定；④耐用年限要长；⑤对工程要求的适应性要广；⑥具有不燃性能；⑦在满足上述条件下，材料价格要低。从选择使用保温材料而言，需要根据节能效果的好坏、生产耗能的多少，以及产品成本的高低这三个要素来衡量。目前我国常用的各项新型保温材料中，岩棉、矿渣棉、玻璃棉的"三棉"制品具有明显的优势。

1. 节能材料在墙体中的应用

由于外墙墙体面积约占总建筑面积的45%，因此外墙保温材料的选用对节能降耗起着极重要的作用。目前，实心砖已逐渐被空心砖和多孔砖所取代，传统的用重质单一材料增加墙体厚度来达到保温的做法已不能适应节能和环保的要求，而复合墙体越来越成为墙体的主流。复合墙体一般用块体材料或钢筋混凝土作为承重结构，与保温隔热材料复合；或在框架结构中用薄壁材料加以保温、隔热材料作为墙体。

目前建筑用的保温、隔热材料主要有岩棉、矿渣棉、玻璃棉、聚苯乙烯泡沫、膨胀珍珠岩、膨胀蛭石、加气混凝土及胶粉聚苯颗粒浆料发泡水泥保温板等。墙体的复合技术有内附保温层、外附保温层和夹心保温层三种。在欧洲，大多数国家采用外附发泡聚苯板的做法，如德国外保温建筑占建筑总量的80%，而其中70%均采用泡沫聚苯板。我国的外墙保温技术经过多年的发展现在已经成熟，主要做法是在外墙外表面粘贴或钉上固聚苯乙烯板，或将聚苯板浇筑在混凝土墙外表面，或抹上保温浆料，外贴加强网布并用聚合物浆料抹面。近年来，外墙外保温应用技术发展很快，其系统主要包括膨胀聚苯板(EPS板)薄抹灰系统、挤塑聚苯板(XPS板)薄抹灰系统、胶粉聚苯颗粒系统、SS单面钢丝网加聚苯板整浇系统、聚氨酯喷涂系统、砂加气保温板系统以及泡沫玻璃保温板系统等。

自保温材料是指某些建筑材料本身具有保温性能，如轻质砂加气砌块、蒸压加气混凝土制品(砌块和外墙板)，以及其他能满足外墙平均传热系数 K 和热惰性指标 D 要求的轻质混凝土制品或复合制品。另外，也有尝试将 EPS 保温材料直接浇到钢筋混凝土中的做法，即采用中间保温的做法，以及将保温材料置于同一外墙的内、外侧墙片之间，内、外侧墙片可采用传统的混凝土空心砌块等的外墙夹心保温做法。这种做法对保温材料的选材要求并不高，因为传统材料的防水、耐火性能均良好，对内侧墙片和保温材料形成有效的保护，故聚苯乙烯、玻璃棉、岩棉等各种保温材料均可使用，并且对施工季节和施工条件的要求不是很高，不影响冬季施工。因此，在严寒地区，自保温材料可得到一定程度的应用。

2. 节能材料在门窗中的应用

门窗具有采光、通风和围护的作用，同时又是最容易造成能量损失的部位。为了增大采光、通风面积或凸显现代建筑特征，建筑物的门窗面积越开越大，全玻璃的幕墙建筑也很常见，这对门窗的节能提出了更高要求。

目前门窗节能主要是通过改善其材料的保温隔热性能和提高其密闭性能来实现。在节能门窗使用材料上，主要有铝合金断热型材、铝木复合型材、钢塑整体挤出型材、塑木复合型材以及 UPVC 塑料型材等一些技术含量较高的节能产品。上述产品中，使用较广的为 UPVC 塑料型材，其生产原料为高分子材料硬质聚氯乙烯，不仅生产过程中能耗少、无污染，而且材料导热系数小，多腔体结构密封性好，因而保温隔热性能好。UPVC 塑料门窗在欧洲各国已经采用多年，如塑料门窗在德国已经占了 50%；中国塑料门窗用量在 20 世纪 90 年代以后不断增大，正逐渐取代钢、铝合金等能耗大的材料。为了解决大面积玻璃造成能量损失过大的问题，人们将普通玻璃加工成中空玻璃、镀贴膜玻璃(包括反射玻璃、吸热玻璃)、高强度低辐射镀膜防火玻璃、采用磁控真空溅射方法镀制含金属银层的玻璃，以及智能玻璃等，这些玻璃都有很好的节能效果。

在节能门窗的使用形式上，住宅外门及阳台门在节能设计中可采用多功能户门(具有保温、隔声、防盗等功能)及夹板门等。夹板门一般中间填充玻璃棉或矿棉等作为保温材料，节能设计中应用较多的有双层金属门板，中间填充 15 mm 厚玻璃棉板；玻璃幕墙可采用双层玻璃幕墙，又称双层呼吸式幕墙，不同于传统的单层幕墙，它由内外两层或三层玻璃组成围护结构，玻璃之间留有一定宽度的通风道。在冬季双层玻璃之间可形成一个阳光温室，提高建筑内表面的温度，有利于节约采暖能耗；而在夏季，又可利用烟囱效应对通风道进行热压通风，将玻璃之间的热空气排走，达到降温的目的。对于高层建筑来说，直接开窗通风容易造成紊流，不易控制，而双层幕墙能够通过通风道进行开窗通风，在一定程度上改善了建筑室内的空气质量。

3．节能材料在屋顶中的应用

屋顶的保温、隔热是围护结构节能的重点之一。许多国家在民用建筑屋顶一般采用尖顶，在尖顶的阁楼空间紧接屋顶的下面都装有供空气流通的通道，既能解决空气的流通，又可起到一定的保温隔热作用，同时在天花板的上面，一般要铺设保温层。在寒冷地区的屋顶设保温层，主要是阻止室内热量散失；在炎热地区的屋顶设置隔热降温层是以阻止太阳辐射热传至室内为目的；而在冬冷夏热地区(如黄河至长江流域)，建筑屋顶节能则要冬、夏兼顾。

屋顶保温常用的技术措施是在屋顶防水层下设置导热系数小的轻质材料用作保温，如膨胀珍珠岩、玻璃棉等，也可在屋面防水层以上设置聚苯乙烯泡沫等，前者称为正铺法，后者为倒铺法。屋顶隔热降温的主要方法有架空通风、屋顶蓄水或定时喷水、屋顶绿化等，这些方法都能不同程度地满足屋顶节能的要求。目前最受推崇的是利用智能技术、生态技术来实现建筑节能的愿望，如太阳能集热屋顶和可控制的通风屋顶等。

4．节能材料在地面中的应用

对具有地下室和地下空间的建筑来说，居住和活动空间的地板并不是直接暴露在外界环境中，这就为生活空间的保温创造了有利条件。但如果地下室和地下空间不是采暖空间时，尤其是在冬季，仍会有相当多的热量通过一楼的地板传出。因此，在建筑物的一楼地板下面，仍需要填充高密度的保温材料。同时，在地下室的混凝土地坪与土壤之间也需要根据情况铺设一定厚度的刚性和半刚性保温材料。

5．节能材料在防空气渗透方面的应用

空气对建筑物的渗透是影响建筑节能效果的一个重要因素，建筑物内产生的水蒸气聚集式结露在建筑结构墙体、屋顶渗透，造成保温材料功能下降，从而降低保温节能的效果。因此，国际上在建筑结构的设计中都很重视解决阻断水蒸气向墙体和屋顶的渗透。经常采用的方法有两种，一是对保温层在取暖季节里温度较高的一面复合一层塑料薄膜或金属薄膜；二是在温度较高的一面用塑料薄膜直接铺设在已放置好的保温材料上。此外，为了防止空气渗透，还应在墙体与屋顶结合处、墙与地板结合处、地基与地板结合处采取特殊的施工设计和工艺处理；对于管道和电线周围的缝隙和空洞，应采用各种密封材料进行处理。

6．节能材料在我国的应用情况

近年来，国家非常重视节能型建筑的发展，陆续出台了民用建筑节能设计标准和管理规定，要求新建的采暖住宅必须是节能型设计，各省、直辖市和自治区也大力发展适应当地条件的节能住宅和墙体材料。如甘肃省大力开发和推广节能墙体材料、门窗材料，当地从事墙体材料的企业达 80 多家，生产加气混凝土砌块、粉煤灰空心砌块和岩棉板等 10 多种轻质墙板，逐渐舍弃了传统住宅外墙结构使用的黏土砖；上海市经过十多年的发展，新型墙体材料品种由原来的 9 种增加到目前的 31 种；为加快开发和推广应用新型墙体材料，福建省相继制定和颁发了《福建省新型墙体材料专项基金征收和使用管理实施细则的通知》《福建省发展应用新型墙体材料管理办法》《福建省建筑节能"十二五"专项规划》以及《福建省新型墙体材料目录》等有关文件。其中，《福建省新型墙体材料目录》公布了 6 大类共 18 种新型环保墙体材料，规定在行政区域内的新建、扩建、改建等各类建筑工程中推广使用这些新型环保墙体材料。

我国目前正处于经济快速发展阶段，作为大量消耗能源和资源的建筑业，必须发展节能型建筑，改变当前高投入、高消耗、高污染、低效率的模式，承担起可持续发展的社会责任和义务，实现建筑业的可持续发展。

重点提示：

掌握节能型建筑的关键节能技术。

8.3　积极推动节水型建筑的建设

建筑节水是绿色建筑理念的要求之一，符合绿色建筑最大限度节约资源、保护环境和减少污染的可持续发展理念，且在众多的绿色建筑评估体系中，都有涉及节水效率的评价。如中华人民共和国住房和城乡建设部的《绿色生态住宅小区建设要点与技术导则》《绿色建筑技术导则》《绿色建筑评价标准》；全国工商联住宅产业商会的《中国生态住宅技术评估手册》；中华人民共和国生态环境部的《环境标志产品技术要求生态住宅》；绿色奥运课题组的《绿色奥运建筑评估体系》等，故节水与水资源利用是绿色建筑技术的重要组成部分。

我国是一个水资源短缺的国家，尽管拥有世界上排名第六、每年 28 000 亿立方米的水资源总量，但人均占有量只有 2250 立方米，为世界人均值的 1/4。全国 660 个建制市中，约 400 个城市存在供水不足的问题，其中有 110 个城市严重缺水，缺水问题已严重制约了我国经济的可持续发展。与此同时，建筑物作为人类工作、生活的集聚地，是水资源消耗的主要承载体。据有关资料表明，我国住宅在建造和使用过程中，住宅建筑耗水量约占全国耗水总量的 32%，建筑物在开发、维护及使用过程中消耗约 50% 的用水总量。随着我国人口的增长和城市化进程的加快，城市用水以及建筑用水还会继续增长。因此，积极推动节水型建筑的建设是缓解我国水资源短缺的必经之路，是全面落实科学发展观、建立资源节约型、环境友好型社会的具体实践。面对缺水的现状，节约用水已成为我国的基本国策，建设节水型社会已成为我国解决水资源紧缺的最有效的战略措施，建筑节水更是任重而道远。

8.3.1　节水型建筑的内涵

1. 节水型建筑的含义

节水型建筑是指在建筑的全寿命周期内，最大限度地节约水资源、保护环境和减少污染，实现高效、安全、合理用水，以及与自然和谐共生的建筑。

节水并不降低人民生活质量和社会经济持续发展能力，它并非单纯的节省用水和简单的限制用水，而是对有限水资源的合理分配与可持续利用，是减少取用水过程中的损失、消耗和污染，杜绝浪费，提高水资源的综合利用效率。建筑节水是在建筑领域因地制宜地节水，因而也具有三层含义：一是减少用水量；二是提高水的有效使用效率；三是防止泄漏。具体来说，建筑节水要从以下四个层面推进，即降低供水管网漏损率；强化节水器具的推广应用；再生利用、中水回用和雨水回灌，合理布局污水处理设施；着重抓好设计环节，执行节水标准和节水措施。由此可见，节水型建筑就是在建筑中循环利用水资源，节约水资源，降低水环境负荷，它能够缓解并最终解决制约和威胁人类社会发展进步的水资源与水环境的瓶颈问题，因而是可持续发展的建筑。

2．节水型建筑与绿色建筑的关系

节水型建筑与绿色建筑关系非常密切，既有相似之处，也存在一些差异。

(1) 相似性。节水型建筑与绿色建筑的相似性表现在二者都强调节水、高效用水、保护水资源和不污染环境，实现水资源的可持续利用；都是以人为核心，改善和提高人类居住生活的环境，创造一个环境优美、人与自然和谐共处的人类居住区。

(2) 差异性。节水型建筑与绿色建筑的差异性表现在研究范围方面，绿色建筑比节水型建筑要广，绿色建筑是节水型建筑，但节水型建筑不一定是绿色建筑，节水型建筑是绿色建筑的必要非充分条件；在研究内容方面，绿色建筑主要挖掘建筑节能、节地、节水、节材的潜力，正确处理节能、节地、节水、节材、环保和满足建筑功能之间的辩证关系。而节水型建筑的研究主要侧重于利用建筑这个人工生态系统进行水资源的循环处理和利用。

8.3.2 建筑用水环境现存的主要问题

目前，人们在用水过程中常常会无意识地浪费珍贵的水资源。这些隐形浪费主要包括给水系统超压出流造成的水量浪费、管网跑冒滴漏与维护管理不当引起的水量损失、热水干管循环中的水量损失，以及二次污染造成的水量损失。

1．给水系统超压出流造成的水量浪费

给水系统的任务是在满足用户水质、水量和水压要求的前提下，将市政给水管网或自备水源的水输送到建筑物内各用水点。根据用户的使用性质，对水量、水压的要求和建筑物条件，给水系统有不同的供水方式，不同供水方式的选取对楼房节水效果影响较大。目前，在很多情况下，给水系统提供的水压与用水点实际需要的水压不相符，由于流量和压力成正比，出口压力过大，卫生洁具给水配件的出水量远远大于额定出水量，这种现象称为超压出流现象，给水配件出水流量与额定流量的差值，称为超压出流量。

超压出流不但会使给水配件承压过高导致损坏，而且超压出流量未产生使用效益，还会成为无效用水量而被浪费。由于超压出流在使用过程中流失，不易被人们察觉和认识，因此可称之为隐形水量浪费，至今未引起足够的重视。然而这种隐形水量浪费在各类建筑中不同程度地存在，如 55%的普通水龙头和 61%的陶瓷阀芯节水龙头的流量大于各自的额定流量，处于超压出流状态，两种龙头的最大出流量约为额定流量的 3 倍，其浪费的水量十分可观。

2．管网跑冒滴漏与维护管理不当引起的水量损失

给水管网在使用过程中有时会出现老化、锈蚀、渗漏甚至爆裂的现象。如管道、配件及其连接处出现渗漏水现象，主要是由于管道使用年限长，受酸、碱的腐蚀和其他机械扭伤所致；阀门经过一段时间的使用，可能会因填料受磨损存在关不住或关不严并且渗漏的现象；水箱浮球阀损坏也常导致大量的水从溢流管中溢出等。以水龙头为例，滴状漏水的

水龙头，一个月至少可造成 2.6m³ 的水量浪费，而对于龙头损坏的大水流一个月至少造成了 500 m³ 以上的水量浪费。此外，管网维护管理不当也会造成大量的水量损失，如用水结束后不及时关闭水龙头而出现"常流水"、底层商铺私接室外消火栓随意用水，以及管网漏水长期无人修理等现象。

3．热水系统干管循环中的水量损失

随着人民生活水平的提高和建筑功能的完善，热水供应已逐渐成为建筑供水不可缺少的部分。热水供应系统按热水供应范围的大小，可分为集中热水供应系统和局部热水供应系统。无论何种热水供应系统都存在严重的水量浪费现象，主要表现在开启热水配水装置后，不能及时获得满足使用温度的热水，往往要放掉不少冷水后才能正常使用。

4．二次污染造成的水量损失

净化处理后的自来水从净水厂出厂后到用户使用前，会经历很长一段过程。在输送管网中、储水升压设备中或由于敷设条件以及日常的管理不当都有可能使水质变坏，引起二次污染。二次污染事故的发生，使得建筑给水系统不能正常工作，被污染的水必须排放，而且对供水系统的清洗处理，也需耗费大量的净化水，这些都造成了水的严重浪费。

8.3.3　建筑节水关键技术

在日益严峻的缺水形势下，作为消耗水资源"大户"的各类建筑，应当切实搞好节水，通过采取科学有效的节水技术和措施，提高水资源利用效率，减少水资源浪费，同时开发利用再生水、雨水等非传统水源，开源与节流并举，使有限的水资源发挥最大效益。

1．控制水压，避免超压出流

水压越大，流量也会越大，"剩余水压"过高的用水点将产生超压出流。设计时对给水系统合理分区与配置减压装置，是将水压控制在限值要求内减少超压出流的技术保障。

我国现行的《建筑给排水设计规范》中，对给水配件和入户支管的最大压力作出了一定的限制性规定，但这仅是从防止因给水配件承压过高而导致损坏的角度来考虑的，并未从超压出流的角度考虑，压力要求过于宽松，对限制超压出流基本没有阐述。在设计时，没有考虑这一方面会造成极大的水资源浪费。因此应根据建筑给水系统超压出流的实际情况，对给水系统的压力作合理限定，充分考虑建筑物的层数、层高、水泵性能、室外管网压力等因素，通过优化设计确定最佳的竖向分区压力值，进行合理分区供水，并充分利用市政管网压力对低区直接供水。

在《建筑给排水设计规范》中，高层建筑生活给水系统应竖向分区，各分区最低卫生器具配水点处的静水压不宜大于 0.45 MPa，特殊情况下不宜大于 0.55 MPa。而卫生器具的最佳使用水压宜为 0.20～0.30 MPa，大部分处于超压出流。根据有关研究成果，当配水点处静水压力大于 0.15 MPa 时，水龙头流出水量明显上升。因此，高层建筑分区给水系统最低

卫生器具配水点处静水压大于 0.15 MPa 时，应采取合理的减压措施。如配置减压阀、减压孔板或节流塞等减压装置，使每个用水点的出水压力尽量接近器具的额定出水压力，减少超压出流量。据统计，采用孔板或用压力调节阀调压，可使耗水量降低 15%～20%。

分析与思考：

高层建筑给水系统设计与施工时应采取哪些措施避免超压出流？

2. 合理使用管材，减少跑冒滴漏

建筑给水系统中，跑、冒、滴、漏现象较为普遍，水资源浪费严重，这常常与管材、附件质量及施工质量有关。因此，在建设节水型建筑时，需做好以下几方面工作。

(1) 正确选择和敷设管材。对于新建设的供水管网工程，在设计时应充分考虑管材特性。如铸铁管虽然成本低，但其强度也低，较容易爆裂；球墨铸铁管虽然成本较高，但其可延性较好，一般爆裂的概率很小；PVC 管抗腐蚀性和抗震性强，但如将其直接敷设于干硬的原状土沟底时，容易造成管道受力不均，局部过载，从而使局部管段承受过大应力而发生爆管事故。选材时，应兼顾经济与技术，进而作出正确的选择。在施工时，应严格控制施工质量，对局部异常地基做处理后再进行敷设，以免不均匀沉降导致管材断裂。

(2) 控制接口漏水。接口漏水一直是造成管网漏水的重要原因。因此，在设计、施工时应尽量减少管线上的接口数量，这样可降低漏水的概率。由于接口处容易发生应力集中，所以接口应尽量避开地基软弱或易发生震动的地带。当温度下降，管道收缩或管道受其他外力影响发生收缩变形时，刚性接口容易被拉断，而柔性接口允许一定的纵向位移和扭动角度，可缓冲管道受力。因此，管道接口应推广使用柔性接口。

(3) 加强管网管理和维护。为降低漏水率，加强管网管理和维护是必要的。因此，应增强日常的管道检漏工作，发现管网安全隐患，及时处理，并对违章用水和私自接水进行依法严肃查处。同时，也应根据各建筑室内外管道的具体情况，对薄弱管段和年代已久管段进行改造。

3. 推广使用节水器具，减少用水量

配水装置和卫生设备是水的最终使用单元，其节水性能的好坏，直接影响着建筑节水工作的成效，因而大力推广使用节水器具是实现建筑节水的重要手段和途径。建设节水型建筑时，应根据用水场合和《节水型生活用水器具》《节水型产品技术条件与管理通则》的要求，合理选用节水龙头、节水便器、节水淋浴装置、节水型电器等节水器具和设备。节水器具相比于普通用水器具，可减少 15%左右的水资源消耗。如在减少马桶冲洗水量方面，若全部使用冲水量≤6 L 的马桶，则住宅可节水 14%，宾馆、饭店可节水 4%，办公楼可节水 27%；厨房的洗涤盆、沐浴水嘴和盥洗室的面盆龙头若采用充气水嘴，也可节水且不减小水柱的直径。

4. 完善热水系统设计，降低无效热水量

同一幢建筑的热水供应系统，选用不同的循环方式，其无效冷水量是不相同的。就节水效果而言，支管循环方式最优，立管循环方式次之；无循环方式浪费水量最大，干管循环方式次之。因此，应根据建筑的具体情况采取以下技术措施，尽量减少热水系统无效冷水的量。

(1) 集中热水供应系统。对现有定时供应热水的无循环系统进行改造，增设回水管；对新建建筑的热水供应系统，不应再采用干管循环和无循环方式，应根据建筑性质及建筑标准选用支管循环或立管循环。

(2) 局部热水供应系统。因局部热水供应系统中不设回水管，当家用燃气热水器的设置点与卫生间相距较远时，每次洗浴都需放掉管内滞留的大量冷水，又因为热水管几乎都未采取保温措施，管中水流散热较快，所以在洗浴过程中，当关闭淋浴器后再次开启时，可能又要放掉一些低温水，且热水管线越长，水量浪费越大。因此，在设计住宅厨房和卫生间位置时，除考虑建筑功能和建筑布局外，应尽量减少其热水管线的长度，且对连接家用热水器的热水管道进行保温，并组织力量开发与燃气热水器配套的回水装置。除此之外，还应选择适宜的加热和储热设备，在不同条件下满足用户对热水的水温、水量和水压的要求，尽量减少这种非使用性的水量浪费。

5. 合理设计和管理，防止二次污染造成的浪费

防止建筑给水系统二次污染，对节约用水有着十分重要的意义。一般可采取在高层建筑给水中利用变频调速泵供水、新建建筑的生活与消防水池分开设置、严格执行设计规范中有关防止水质污染的规定、水池水箱应定期清洗和强化二次消毒等措施，防止二次污染。

(1) 高层建筑采用变频调速泵供水。水池、水泵、高位水箱加压供水方式是目前高层建筑中使用最广泛的供水方式。有研究表明，这种供水系统的水质指标合格率有所下降，其原因约有一半是水在加压输送和储存过程中造成的。采用变频调速供水设备和气压罐供水，可取消给水系统中的高位水箱，避免由于二次污染造成的水量浪费。

(2) 新建建筑的生活与消防水池分开设置。当高层建筑的生活与消防储水池合建时，水池容积过大，生活用水储量一般不足总储量的 20%，生活用水储存时间过长，有时长达 2～3 天。有研究表明，夏季水温较高时，水箱中的水在储存 12 h 后，余氯即为零，此时细菌快速繁殖。因此，新建建筑的生活与消防水池要分开设置。

(3) 严格执行设计规范中有关防止水质污染的规定。采用水池、水泵、水箱二次供水方式，虽然存在着二次污染问题，但也具有供水水量和水压较稳定可靠等优点，完全淘汰这种供水方式是不太可能的。因此，应严格执行设计规范中有关水池(箱)材质选用、配管和构造设计以及防止管道系统回流污染等规定，杜绝此类因素引起的水质污染。

除此以外，为保证水箱良好的卫生条件，卫生防疫部门应加强对水箱水质和水箱清洗的监管力度，并应适当地增加水箱的清洗次数。当生活饮用水池内的储水在最高日用水情况下，12 h 内不能得到更新时，宜设置消毒处理装置。

6．利用非传统水源，实现雨污水的资源化

非传统水源是指不同于传统地表水源和地下水源的水源，包括再生水、雨水、海水等。利用非传统水源是高效利用水资源和降低水环境污染的重要措施，能够显著提高节水效率。在建筑给水排水工程中，非传统水源主要包括建筑中水和雨水。

(1) 大力发展建筑中水工程。建筑中水工程是指以生活污水作为水源，经过适当的处理后，达到规定的水质标准，回用于建筑物或居住小区作为杂用水的供水系统。其水质指标低于生活饮用水水质标准，但高于污水排入地面水体的排放标准。建筑中水用途广泛，可用作建筑杂用水，如冲厕所、道路清扫、城市绿化、车辆冲洗、建筑施工、消防等杂用，从而替代等量的自来水，这样相当于增加了供水量，达到了节水的目的。因此，在水资源越来越缺乏的情况下，大力发展中水势在必行。这是实现污水资源化、节约水资源的有力措施，是今后节约用水发展的必然方向。目前，我国一些城市已经开展了建筑中水技术的研究和推广，中水设施建设也初见成效，但总体来看，我国建筑中水回用仍处于起步阶段，还有待于大力发展。

(2) 充分利用雨水资源。雨水作为自然界水循环的阶段性产物，其污染指标浓度较低，水质基本良好，是城市中十分宝贵的水资源。初期雨水污染主要为有机污染和悬浮固体污染，其他污染指标浓度相对较低，雨水中的悬浮物、COD、氨氮、总磷等污染物，随降雨历时的延长而逐渐降低，降雨后期 COD 趋于稳定，水质较好。因此，雨水的收集利用应考虑舍弃初期雨水径流，以减少对处理设施的影响，可设置初期弃流设施予以解决。雨水回收利用工艺流程图如图 8-1 所示。

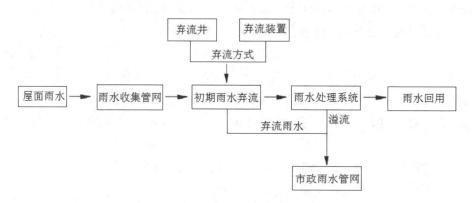

图 8-1　雨水回收利用工艺流程图

建设节水型建筑时，应通过合理的规划和设计，采取相应的工程技术措施，将建筑屋面、地表的雨水收集起来，经过一定的设施和药剂处理后，储存以备利用。类似于中水，雨水处理后也可以用于厕所冲洗、城市绿化、景观用水以及其他适应中水水质标准的用水。目前，我国大多数建筑都是将屋顶的雨水直接排入市政雨水管道，这不仅增加了市政雨水管道的承受能力，加大了管径、增加了造价，同时也是一种水资源的浪费。在现今我国水

资源相对紧缺的条件下，实现对雨水的综合利用将是城市可持续发展的重要途径。因此，还应不断加大对雨水的资源化利用研究。

8.3.4　节水器具与设备

传统的给水设备和器具结构落后、质量差、易坏易漏，容易造成水资源的巨大浪费。随着科学技术的进步、制作工艺的提高，技术人员已研制出大量能有效节水的器具，这些器具应得到大力推广。2002 年国家就颁布了《节水型生活用水器具》的产品标准，采用节水型生活用水器具势在必行。

1. 节水型便器

家庭生活中，便器冲洗水量占全天用水量的 30%～40%，便器冲洗设备的节水是建筑节水的重点。除了利用中水做厕所冲洗之外，目前已开发研制出许多种类的节水设备。如美国研制的免冲洗(干燥型)小便器，采用高液体存水弯衬垫，无臭味，不用水，免除了使用水和污水处理的费用，是一种有效的节水设备。此外，还有带感应自动冲水设备的小便器和各种节水型大便器，如两档提拉式虹吸水箱、双冲水节水水箱、虹吸喷射式、虹吸涡旋式、利用压缩空气或真空抽吸的气动大便器等，这些器具均着眼于用较少的水量达到良好的冲洗效果，节水效果显著。

近年来，便器的结构也有了很大进步，冲洗水箱容积从过去的 12～26 L，减至 6～9 L 节水型的水箱，最小的 4.5 L 水箱已在国外使用。我国目前推广应用 6 L 坐便器系统的条件已经具备，继 1999 年修订颁布的《卫生陶瓷》将 6 L 便器和后续冲水量纳入国家标准后，国家相关部门组织编写的《6 升水便器配套系统》也已于 2000 年正式颁布实施。产品标准和系统评价检测标准的确立，为节水型卫生洁具的推广应用提供了科学的评价方法和技术基础。

2. 节水型水龙头

水龙头是应用范围最广、数量最多的一种盥洗洗涤用水器具，目前开发研制的节水型水龙头有延时自动关闭式、水力式、充气式、光电感应式和电容感应式等水龙头；手压、脚踏、肘动式水龙头；陶瓷片防漏式等节流水龙头，这些节水型水龙头都有较好的节水效果。其中，充气水龙头出水时给人感觉水量很大，而实际出水量仅为 0.032 L/s，可比一般水龙头节水 60%～70%，特别是当出现超压供水时，充气龙头的节水效果更加明显；延时自闭式水龙头在出水一定时间后自动关闭，避免长流水现象，并且其出水时间可在一定范围内调节，既方便卫生，又符合节水要求，非常适合公共场所使用。因此，应根据不同的场合选用安装各种节水龙头，而有关部门也应严把质量关，全面淘汰老式螺旋式水龙头，防止粗制滥造的水龙头再次进入市场。

3. 节水型淋浴设施

在生活用水中,淋浴用水占总用水量的 20%~35%,比例相当大。旧式淋浴器调节水温时浪费水量很多,其调节过程其实就是浪费水的过程。现在研制使用的节水型淋浴器包括带恒温装置的冷热水混合栓式淋浴器和带定量停止水栓的淋浴器。冷热水混合栓式淋浴器,按设定好的温度开启扳手,既可迅速调节温度,又可减少调水时间;带定量停止水栓的淋浴器,能自动预先调好需要的冷热水量,如用完已设定好的水量,即可自动停水,防止浪费冷水和热水。公共浴室淋浴采用双管供应,因不易调节,增加了无用耗水时间,而采用单管恒温供水,一般可节水 10%~15%;除了避免调节水温浪费水量外,还应节约擦身时的水量和其他长流水,若设计采用脚踏式间断式淋浴器,做到人离水停,可比连续喷淋设备节水 30% 以上。此外,淋浴连接阀对于具备一定水压的淋浴设备来说,是一个理想的节水节能配件,它使用于有软管连接的淋浴装置上,可安装在软管与水龙头的接口处,也可安装在软管与沐浴头手柄的连接处,以空气为动力产生压差,当水由花洒喷出时,仍能大面积淋洒,在满足同样舒适度的情况下,节水节能高达 70%。

4. 节水型洗衣机

洗衣机是家庭另一个用水量较大的设备。目前,市场上绝大多数国产品牌的洗衣机,其用水量均大大超过了欧盟曾公布的每公斤衣物用水不得超过 12 L 的洗衣用水标准。如以普通 5 kg 的洗衣机为例,需要 150~175 L 水。海尔是成功推出节水洗衣机的厂家,其生产的 XQG50-QY800 型洗衣机,每次洗衣只需 60 L 水,达到了国际 A 级滚筒式洗衣机的用水量标准,其余的如超薄滚筒洗衣机 XQG50-ALS968TX 型及顶开式 XQG50-B628TX 型,也含有较高的节水技术,也是特别适合家庭使用的节水型洗衣机。

建筑节水涉及建筑给水排水工程的各个环节,各种节水措施也是相互联系、相互制约、相辅相成的。因此,应把建筑节水作为一个系统工程来抓,从给水系统和热水系统的设计上限制超压出流和无效冷水量的产生,防止管道系统的跑冒滴漏现象和给水系统二次污染造成的水量浪费,并对建筑污废水和雨水进行收集、处理和回用,合理设计、安装节水器具等节水设施,只有多措施并举,建筑节水才能取得最大效益。

重点提示:

掌握节水型建筑的内涵以及关键的节水技术。

8.4 绿 色 施 工

绿色施工是指工程建设中,在保证质量、安全等基本要求的前提下,通过科学管理和技术进步,最大限度地节约资源并减少对环境负面影响的施工活动,实现节能、节地、节水、节材和环境保护。

绿色施工既不同于绿色建筑,也不同于文明施工。绿色建筑体现在建筑物本身的安全、舒适、节能和环保，而绿色施工则体现在工程建设过程的"四节一环保"，它以打造绿色建筑为落脚点，但又不局限于绿色建筑的性能要求，更侧重于过程控制。因此，没有绿色施工，建造绿色建筑即成为一纸空谈。文明施工是指保持施工场地整洁、卫生，施工组织科学，施工程序合理的一种施工活动。其基本条件包括有整套的施工组织设计(或施工方案)；有严格的成品保护措施和制度；大小临时设施和各种材料、构件、半成品按平面布置堆放整齐；施工场地平整，道路畅通，排水设施得当；水电线路整齐，机具设备状况良好，使用合理；施工作业符合消防和安全要求。而绿色施工除了涵盖文明施工外，还包括采用降耗环保型的施工工艺和技术，节约水、能、材料等资源能源，因而绿色施工高于和严于文明施工。

　　绿色施工的总体框架是由施工管理、环境保护、节能与能源利用、节水与水资源利用、节材与材料资源利用、节地与施工用地保护六个方面组成，如图 8-2 所示。在规划管理阶段，绿色施工要求编制绿色施工方案，方案包括环境保护、节能、节地、节水、节材等措施，这些措施都将直接为工程建设节约成本。因此，绿色施工在履行保护环境节约资源的社会责任同时，也节约了企业自身成本，促使工程项目管理更加科学合理。

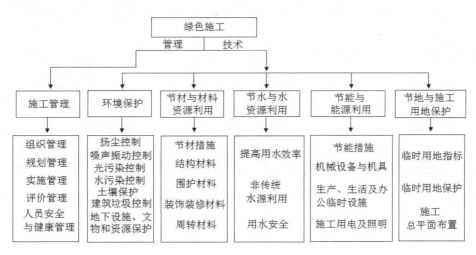

图 8-2　绿色施工的总体框架

8.4.1　施工管理

　　当前我国绿色施工推行尚未普及，还未达到系统综合的程度。进行建筑工程绿色施工，企业要有明确的"绿色施工"理念，为了保证绿色施工高效、有序地实施，必须实施科学管理，提高企业管理水平，使企业从被动地适应转变为主动地响应，促进绿色施工的实施制度化、规范化。

　　从绿色施工的定义可以看出，实现绿色施工要靠科学管理和技术进步，二者缺一不可。从某种意义上说，科学管理比技术进步更重要。《绿色施工导则》中的绿色施工管理主要包括组织管理、规划管理、实施管理、人员安全与健康管理、评价管理五个方面。

1．组织管理

组织管理是指设计并建立绿色施工管理体系，通过制定系统完整的管理制度和绿色施工整体目标，将绿色施工有关内容分解到管理体系目标中去，使参建各方在建设单位的组织协调下各司其职地参与到绿色施工过程中，使绿色施工规范化、标准化。

绿色施工管理体系应设立两级管理机构，总体负责项目绿色施工实施管理。一级机构为建设单位组织协调的管理机构，即绿色施工管理委员会，其成员包括建设单位、设计单位、监理单位、施工单位；二级机构为施工单位建立的管理实施机构，即绿色施工管理小组，主要成员为施工单位各职能部门和相关协办单位。建设单位和施工单位的项目经理应分别作为两级机构绿色施工管理的第一责任人。各级机构中再任命分项绿色施工管理责任人，负责该机构所涉及的与绿色施工相关的分项任务处理和信息沟通。以管理责任人为节点，将机构中不同组织层次的人员都融入绿色施工管理体系中，实现全员、全过程、全方位、全层次管理。

2．规划管理

规划管理主要是指编制执行总体方案和独立成章的绿色施工方案，其实质是对实施过程进行控制，以达到设计所要求的绿色施工目标。

建设项目总体方案的优劣直接影响到管理实施的效果，要实现绿色施工的目标，就必须将绿色施工的思想体现到总体方案中去。同时，根据建筑项目的特点，方案编制也应该体现各参建单位的相关责任。如建设单位应向设计、施工单位提供建设工程绿色施工的相关资料，并保证资料的真实性和完整性；在编制工程概算和招标文件时，建设单位应明确建设工程绿色施工的要求，并提供包括场地、环境、工期、资金等方面的保障，同时应组织协调参建各方的绿色施工管理等工作。监理单位应对建设工程的绿色施工管理承担监理责任，审查总体方案中的绿色专项施工方案及具体施工技术措施，并在实施过程中做好监督检查工作。实行施工总承包的建设工程，总承包单位应对施工现场绿色施工负责，分包单位应服从总承包单位的绿色施工管理，并对所承包工程的绿色施工负责。实行代建制管理的，各分包单位应对管理公司负责。

绿色施工方案在总体方案中应独立成章，将总体方案中与绿色施工有关的内容进行细化。首先，应以具体的数值明确项目所要达到的绿色施工具体目标，例如材料节约率及消耗量、资源节约量、施工现场环境保护控制水平等；其次，结合总体方案，提出建设各阶段绿色施工的控制要点；再次，根据绿色施工控制要点，列出各阶段绿色施工具体保证实施措施，如节能措施、节水措施、节材措施、节地与施工用地保护措施及环境保护措施等；最后，列出能够反映绿色施工思想的现场各阶段的绿色施工专项管理手段。通过规划制定绿色施工方案，在实施过程中进行目标控制，以达到设计要求。

3．实施管理

实施管理是指绿色施工方案确定之后，在项目的实施管理阶段，对绿色施工方案实施过程进行策划和控制，以达到绿色施工目标。

绿色施工目标主要包括绿色施工方案目标、绿色施工技术目标、绿色施工控制要点目标以及现场施工过程控制目标等。这些目标一般会随着施工阶段的发展而受到影响或干扰，为了保证其顺利实现，可以采取相应的动态控制措施对整个施工过程进行控制。也就是说，在施工过程中应收集各个阶段绿色施工控制的实测数据，定期将实测数据与目标值进行比较，当发现偏离时，及时分析偏离原因、确定纠正措施、采取纠正行动，实现 Plan(计划)、Do(执行)、Check(检查)和 Action(调整)循环控制管理，即 PDCA 循环，将控制贯穿到施工策划、施工准备、材料采购、现场施工、工程验收等各阶段的管理和监督之中，直至目标实现为止。

因建设项目对环境的污染以及对资源能源的消耗浪费主要发生在施工现场，所以施工现场管理的好坏，直接决定着绿色施工整体目标能否实现。绿色施工现场管理应包含的内容有：①合理规划施工用地，保证场内占地合理使用，场外临时用地按要求申请使用；②在施工组织设计中，应科学地进行施工总平面设计，合理规划和充分利用施工场地空间；③加强对施工现场的检查，现场管理人员应经常检查现场布置是否按平面布置，是否符合有关规定，是否满足施工需要，继而进一步优化施工现场的布置；④创建文明施工现场，可使施工现场和临时占地范围内工作井井有条，文明安全和环境得到保护，绿色树木和文物不被破坏，交通方便，居民生活不受干扰，文明施工非常有利于提高施工企业的信誉，有利于提高工程质量和工作质量；⑤在施工结束后，还应及时清场，将临时设施拆除，以便整治规划场地，恢复临时占地的绿化。

4．人员安全与健康管理

为了保障施工人员的长期职业健康，建筑施工企业应贯彻执行 ISO14000 环境管理系列标准和 OHSAS18000 国际性安全及卫生管理系统验证标准体系，制定施工防尘、防毒、防辐射等措施。合理布置施工场地，保护生活及办公区不受施工活动的有害影响。提供卫生、健康的工作与生活环境，加强对施工人员的住宿、膳食、饮用水等生活与环境卫生的管理，改善施工人员的生活条件。施工现场建立卫生急救、保健防疫制度，并编制突发事件预案。设置警告提示标志牌，现场平面布置图和安全生产、消防保卫、环境保护、文明施工制度板，公示突发事件应急处置流程图。

5．评价管理

绿色施工管理体系中应建立评价体系，根据绿色施工管理方案，结合工程特点，对绿色施工的效果及采用的新技术、新设备、新材料和新工艺进行评价，然后根据评价结果对其方案和技术进行改进和优化。绿色施工评价应由专家评价小组执行，制定评级指标等级和评分标准，分阶段对绿色施工方案、实施过程进行综合评估，判定绿色施工管理效果。常用的评价方法有层次分析法、模糊综合评判法、数据包络分析法、人工神经网络评价法、灰色综合评价法等。

绿色施工评价是推广绿色施工中的重要一环，只有真实、准确地对绿色施工进行评价，才能了解其实际状况和水平，发现存在的问题及薄弱环节，并在此基础上进行持续改进，使绿色施工的技术和管理手段更加完善。

综上所述，绿色施工管理是绿色施工过程中的重要手段，其目的是在施工过程中贯彻绿色施工思想，真正使绿色施工理念落实到具体的施工过程中，确保实现绿色施工整体目标，推动建筑业可持续发展，为建设资源节约型、环境友好型社会作出应有贡献。

8.4.2　环境保护主要措施

在传统的建筑工程施工中，通常会扰乱场地环境，对项目所在地的生态系统及生活环境等造成不同程度的破坏。绿色施工要求以资源的高效利用为核心，以环保优先为原则，追求高效、低耗、环保统筹兼顾，实现经济、社会和生态的综合效益最大化。因而，环境保护是绿色施工的一项重要内容，在施工过程中，应采用各种防污染控制措施或施工新技术，防止环境问题出现。

1. 施工扬尘控制

扬尘是一种非常复杂的混合源灰尘，是空气中最主要的污染物之一，在我国大多数地区，已经成为首要的空气污染物。根据最新污染源解析的结果，建筑水泥尘对大气颗粒物 TSP 的年分担率为 18%、对 PM_{10} 的年分担率为 13%、以扬尘形态进入城市扬尘的分担率为 17%。目前我国基础建设正处于高峰时期，建筑、拆迁和道路施工过程中物料的装卸、堆存和运输转移等产生的建筑扬尘还会不断增多。因此，施工过程中，应采取有效措施积极防治施工扬尘的产生。

(1) 运输装载环节扬尘控制。对施工现场路面进行硬化处理和进行必要的绿化，并定期洒水、清扫；运送土方、垃圾、设备及建筑材料等，不污损场外道路；运输容易散落、飞扬、流漏物料的车辆，必须采取措施封闭严密，保证车辆清洁，且施工现场出口应设置洗车槽，使车辆不带泥土进出现场。

(2) 土方作业阶段扬尘控制。土方作业阶段，应采取洒水、覆盖等措施，达到作业区目测扬尘高度小于 1.5 m，不扩散到场区外。具体施工时，表层土和砂卵石覆盖层可以采用常用的挖掘机直接挖装，对岩石层的开挖尽量采用凿裂法施工，或者采用凿裂法适当地辅以钻爆法施工，降低产尘率，且凿裂和钻孔施工尽量采用湿法作业以减少粉尘。

(3) 结构施工、装饰装修阶段扬尘控制。结构施工、装饰装修阶段，作业区目测扬尘高度要小于 0.5 m，非作业区达到目测无扬尘的要求。因此，应在工地周围设置一定高度的硬质阻挡围墙，且保持封闭严密和整洁完好；对容易产生扬尘的堆放材料应采取覆盖措施，对粉末状材料应封闭存放，场区内可能引起扬尘的材料及建筑垃圾搬运应有降尘措施，如覆盖、洒水等；浇筑混凝土前清理灰尘和垃圾时尽量使用吸尘器，避免使用吹风器等易产生扬尘的设备；机械剔凿作业时可用局部遮挡、掩盖、水淋等防护措施；高层或多层建筑清理垃圾应搭设封闭性临时专用道或采用容器吊运。

(4) 清拆建筑扬尘控制。建筑物、构筑物拆除前，应做好扬尘控制计划。当机械拆除时，可采取清理积尘、拆除体洒水、设置隔挡等措施；爆破拆除时，可采用清理积尘、淋湿地面、预湿墙体、屋面敷水袋、楼面蓄水、建筑外设高压喷雾状水系统、搭设防尘排栅和直升机投水弹等综合降尘，并选择风力小的天气进行爆破作业。

2. 施工噪声与振动控制

施工噪声是指在施工过程中，由于使用不同的施工机械而产生的干扰周围生活环境的声音。它是噪声污染的一项重要内容，对居民的生活和工作会产生重要影响。因此，施工中应积极采取有效的噪声与振动控制措施。

(1) 从声源上控制施工噪声。从声源上控制施工噪声，这是防治其污染的最根本措施。首先，尽量选用低噪声和低振动的建筑机械，如低噪声的振捣器、风机、电动空压机、电锯等，同时需要淘汰落后的施工设备；施工中应采用低噪声效果明显的新技术。其次，应积极采取隔音与隔振措施，避免或减少施工噪声和振动，如对噪声大的车辆及设备可安装消声器等。

(2) 从传播途径上控制施工噪声。在传播途径上控制噪声主要包括对噪声大的作业面设置隔声屏、隔声间，如模板整理小组设置隔声屏，对木工组设置木工房；施工现场应采用封闭式施工等。

(3) 合理安排与布置施工。首先，合理安排施工时间，除特殊建筑项目经环保部门批准外，一般项目当对周围环境有较大影响时，应该避开夜间施工。其次，合理布置施工场地，根据声波衰减的原理，可将高噪声设备尽量远离噪声敏感区，如将粉碎石子、搅拌混凝土及砂浆等产生噪声的活动集中定点进行，并远离附近居民区等。

(4) 使用成型建筑材料。大多数施工单位都是在施工现场切割钢筋和加工钢筋骨架。一些施工场界较小、施工期较长的大型建筑，应选在其他地方，将钢筋加工好后再运到工地使用。还有一些施工单位在施工场界内做水泥横梁和槽形板，造成施工场界噪声严重超标，若选用加工成型的建筑材料或异地加工成型后再运至工地，可大大降低施工场界噪声。

(5) 严格控制人为噪声。进入施工现场不得高声叫喊，无故甩打模板，乱吹哨，限制高音喇叭的使用，最大限度地减少噪声扰民。

除采取以上措施外，施工过程中还应在施工场界对噪声进行实时监测与控制，现场噪声排放不得超过国家标准《建筑施工场界环境噪声排放标准》(GB 12523—2011)的规定。

3. 光污染控制

光污染在施工过程中主要表现在两个方面，一方面是电焊过程中产生的强光；另一方面是夜间施工照明造成的污染。

(1) 尽量避免或减少施工过程中的光污染。尽量避免或减少施工过程中的光污染，如施工中的灯具选择应以日光型为主，尽量减少射灯及石英灯的使用；夜间室外照明灯加设灯罩,透光方向集中在施工范围等。

(2) 尽量避免电焊产生的强光。在组织施工时,钢筋连接应尽量采用机械连接方式,减少其焊接量;钢结构采用工厂化加工、现场螺栓连接,减少现场钢材焊接量;应将钢筋加工场地设置在距居民和工地生活区较远的地方,或采取遮挡措施,如设置遮光围墙等,以消除和减少电焊作业时的电焊弧光外泄及电焊等发出的亮光;选择在白天阳光下工作等施工措施。

4. 水污染控制

施工现场产生的污水主要包括雨水、污水两类。在施工过程中产生的大量污水,如没有经过适当的处理就直接排放,便会污染河流、湖泊、地下水等水体,直接、间接地危害这些水体中的生物,最终危害人类的健康及生存环境。

(1) 污水处理与回用。在施工现场应针对不同的污水,设置相应的处理设施,如搅拌站污水、水磨石污水设沉淀池,施工现场食堂污水设隔油池,冲厕污水设化粪池等;污水处理后可首先考虑回用到施工现场,不能二次使用的施工污水,经处理后方可排入市政污水管道。

(2) 保护地下水环境。施工期间做好地下水监测工作,监控地下水变化趋势;采用隔水性能好的边坡支护技术;在缺水地区或地下水位持续下降的地区,基坑降水尽可能少抽取地下水,当基坑开挖抽水量大于 50 万 m³ 时,应进行地下水回灌,并避免地下水被污染等。此外,对于化学品等有毒材料、油料的储存地,还应有严格的隔水层设计,并做好渗漏液的收集和处理。

(3) 污水排放管理。施工现场产生的污水不能随意排放,不能任其流出施工区域,污染环境;污水排放应委托有资质的单位进行废水水质检测,提供相应的污水检测报告,并应达到国家标准《污水综合排放标准》(GB 8978—1996)的要求。

5. 土壤保护

工程施工过程中,若没有采取有效的防护措施,通常会带来土壤环境的恶化。因此,我国《绿色施工导则》明确规定,施工现场的临时设施建设禁止使用黏土砖;土方开挖施工应采取先进的技术措施,减少土方开挖量,最大限度地减少对土地的扰动,保护周边的自然生态环境。

(1) 保护地表环境,防止土壤侵蚀和流失。因施工造成的裸土,应及时覆盖砂石或种植速生草种,以减少土壤侵蚀;因施工造成容易发生地表径流土壤流失的情况,应采取设置地表排水系统、稳定斜坡、植被覆盖等措施,减少土壤流失。

(2) 防止设施和废物可能产生的土壤污染。施工过程中应采取措施,使施工现场的沉淀池、隔油池、化粪池等设施不发生堵塞、渗漏、溢出等现象而污染土壤,及时清掏各类池内沉淀物,并委托有资质的单位清运。对于电池、墨盒、油漆、涂料、修理机械产生的液压油、机油、清洗油料的废油等有毒有害废弃物,应回收后交有资质的单位处理,不能作为建筑垃圾外运或土方回填，避免污染土壤和地下水。

(3) 临时占地植被的恢复。施工结束后，应及时对施工活动破坏的植被进行恢复，与当地园林、环保部门或当地植物研究机构进行合作，在先前开发地区种植当地或其他合适的植物，以恢复剩余空地地貌或科学绿化，补救施工活动中的人为破坏植被和地貌土壤侵蚀。

(4) 限制或禁止黏土砖的使用。毁田烧砖是有市场需求的结果，因此，建筑行业应积极推进墙体材料改革，以新型节能的墙体材料代替实心黏土砖，使其失去市场，毁田烧砖即可被有效控制。

6. 建筑垃圾控制

工程施工过程中，经常会产生大量的建筑垃圾。其中，有的垃圾可以用于回填，有的垃圾还不能进行现场综合利用。大量未处理的垃圾废物露天堆放或简易填埋，便会占用大量的土地资源并可能成为环境的二次污染源。因此，在施工过程中，应积极采取减少建筑垃圾数量和进行回收利用的方法，以减少其对环境造成的危害。根据《绿色施工导则》的规定，建筑垃圾的控制应遵从以下几点。

(1) 建筑垃圾减量化。制订建筑垃圾减量化计划，如住宅建筑，每万平方米的建筑垃圾不宜超过 $400 \mathrm{~m}^3$。

(2) 加强建筑垃圾的回收再利用。加强建筑垃圾的回收再利用，力争建筑垃圾的再利用和回收率达到 30%，建筑物拆除产生的废弃物，其再利用和回收率大于 40%；对于碎石类、土石方类建筑垃圾，可采用地基填埋、铺路等方式提高再利用率，力争再利用率大于 50%。

(3) 及时清运现场垃圾。施工现场生活区设置封闭式垃圾容器，施工场地生活垃圾实行袋装化，及时清运；对建筑垃圾进行分类，并收集到现场封闭式垃圾站，集中运出。

建筑垃圾中存在的许多废弃物，经分拣、剔除或粉碎后，大多可以作为再生资源重新利用。存在于建筑垃圾中的各种废钢配件等金属，如废钢筋、废铁丝、废电线等，经分拣、集中、重新回炉后，可以再加工制造成各种规格的钢材；废竹、木材则可以用于制造人造木材；砖、石、混凝土等废料经破碎后可以代替砂、石材料，用于砌筑砂浆、抹灰砂浆和打混凝土垫层等，还可以用于制作砌块、再生骨料混凝土、铺道砖和花格砖等建材制品。由此可见，综合利用建筑垃圾是节约资源、保护生态环境的有效途径。

7. 地下设施、文物和资源保护

地下设施主要包括人防地下空间、民用建筑地下空间、地下通道和其他交通设施、地下市政管网等设施。这类设施通常处于隐蔽状态，在施工过程中如果忽视对其保护，则很容易被破坏而造成很大损失。因此，在施工过程中，应谨慎施工，并时刻注意采取措施，保护好地下设施的安全及其正常运行。如施工前应调查清楚地下各种设施，做好保护计划，保证施工场地周边的各类管道、管线、建筑物、构筑物的安全运行；施工过程中一旦发现文物，应立即停止施工，保护好现场，并通报文物部门和协助做好相应的工作；对施工场区及周边的古树名木采取避让、保护的方法，并制定最佳的施工方案；开挖沟槽和基坑时，应分层开挖，每层挖掘深度最好控制在 20～30 cm 等。

8.4.3　施工节材及主要措施

任何建筑物都是由各种建筑材料通过科学有序的施工方法结合而成的整体，其建造过程必然涉及各种建材的选择和使用。施工节材指的是在施工中利用先进的施工技术和材料加工技术，降低建筑材料的消耗度，实现建筑材料的充分利用和再利用，提高其利用率。而在工程实践中，由于体制问题、政策法规欠缺、管理不到位等众多原因，施工中材料使用的随意性、无意性大量存在，导致大量的建筑资源被浪费，也在无形中提高了施工成本。因此，施工节材不仅是降低施工成本的重要手段之一，也是节约有限建筑资源的有效途径，同时还是绿色施工技术的一项重要要求。

节材技术是绿色施工技术的重中之重，施工中可从以下几个方面采取措施节约材料，提高材料的使用效率。

1)　加强图纸会审的材料审核

图纸会审时，应审核节材与材料资源利用的相关内容，使材料损耗率比定额损耗率低 30%。因为在建材的能耗中，非金属建材和钢铁建材所占比例最大，约为 54%和 39%，所以通过在结构体系、高强高性能混凝土、轻质墙体组合、保温隔热材料等的选用上，来减少混凝土的使用量；通过应用新型节材钢筋、钢筋机械连接、免拆模、混凝土泵送等技术措施，减少材料浪费。

2)　合理选择材料

首先，参与施工的材料必须是符合国家相关要求的。其次，根据就地取材原则仔细调查研究地方材料资源，在保证材料质量的前提下，充分利用当地资源，尽量做到施工现场 500km 以内生产的建筑材料用量占建筑材料总量的 70%以上。此外，合理选择施工中的材料种类，如工程施工所需临时设施(办公及生活用房、给排水、照明、消防管道及消防设备)应采用可拆卸可循环使用材料；现场操作台可采用可拆卸可重复使用的钢平台；利用废弃钢材做脚手架的防护措施加以重复利用；施工模板以节约木材为原则，提倡使用以钢代木、以竹代木、以塑代木、钢框模、竹夹模及新型模板体系；推广使用高强钢筋和高性能混凝土，减少资源消耗；一些楼梯的保护板可采用回收的木板进行重新利用；可利用粉煤灰、矿渣等新材料降低混凝土和砂浆中的水泥用量等。

3)　合理安排材料运输

合理安排材料运输是指运用精益生产的理念进行物料供应管理，将必要的原材料和零部件，以必要的数量和完美的质量，在必要的时间送往必要的地点，减少材料的搬运次数。为此，应首先根据施工进度、库存情况等合理安排材料的采购、进场时间和批次，尽量减少库存。其次，要充分了解工地的运输条件，尽可能缩短运距，利用经济有效的运输方法减少中转环节。最后，材料运输工具选择适宜，装卸方法得当，防止损坏和遗洒，并根据现场平面布置情况就近卸载，避免和减少材料的二次搬运。

4) 保管和保养材料

进入现场的材料应该堆放有序，储存环境适宜，保管措施得当；要根据材料的物理、化学性质进行科学、合理的储存，防止因材料变质而引起损耗；加强模板、脚手架等周转材料的保养，维护其质量状态，延长其使用寿命，提高其周转次数，如模板拆除后，立即进行模板表面的清理、刷水质脱模剂，使模板处于保养状态等。另外，还可以通过在施工现场建立废弃材料的回收系统，对废弃材料进行分类收集、储存和回收利用，并在允许的条件下，重新使用旧材料。

5) 精确计算材料用量

采用科学严谨的材料预算方案，精确预估材料用量，并制定合理的利用管理制度，实行限额领料，严格控制材料的消耗。如对于混凝土，首先应精确计算其土方量，然后混凝土进场时，根据预算量、报方量和实际小票量确认混凝土运输量，由专人负责审核签字；而对于木材，应精确控制方木、板材等木工用料的进场计划，材料用量计划提出后，先由木工工长进行核对，木工工长审核通过后报预算审核，从源头控制材料用量。其他材料也可用相同的办法进行用量控制。

6) 优化方案和工艺

优化方案和工艺，并加大材料的回收利用与循环使用。优化施工方案，积极推广新材料、新工艺，促进材料的合理使用和重复使用，节省实际施工材料消耗量。①对于钢筋，应按要求选用高强度钢筋以降低配筋率；推广钢筋专业化加工和配送，通过检验、精加工来减少损耗；优化钢筋配料及钢构件下料方案，钢筋及钢结构制作前，由钢筋工长对下料单及样品进行复核，无误后方可批量下料，保证钢筋下料的准确性；使用异径套筒连接变直径竖向钢筋，节约钢筋的使用量；合理利用拆除钢筋，如钢筋废料用于制作马凳、定位钢筋等，尽量减少作为废品需要处理的钢筋量。②对贴面类材料，在施工前应进行总体排布策划，减小非整块材料的数量，并在施工过程中，严格控制辅料的使用，如在粘贴保温板施工作业时，先根据结构轮廓和墙体门窗洞口分布情况进行精确排布，根据尺寸合理利用板材，以节省材料和避免重复施工。③对于混凝土，浇筑时严格控制标高，现场随浇筑、随测量，避免因超标高和浇筑不平而产生浪费；将混凝土的配比加以改进，掺入粉煤灰外加剂，降低水灰比，提高混凝土的强度；利用冲洗罐中的剩余混凝土硬化现场临时道路；落地混凝土应及时清理和回收，经加工制作成临时小型混凝土构件，如混凝土墩等。④对于木材，尽量减少随意切割；木材截余材料可合理再利用，如施工中使用的竹胶板、梁、柱模板根据配料单统一发送，减小整张板的现场切割数量；无法使用的废弃板材则用于专业、土建预留洞口的封盖等；对施工中的废方木和长木截余材料进行统一收集，机械开榫、抹胶、机械对接挤压合成后进行再利用，如将 50 mm 左右长的废木条用作墙柱护角、斜道防滑条、挡脚板等，短木用作满堂红式脚手架下的垫木、外线垫层模板和梁柱快拆体系侧龙骨的填充物等。⑤对于安装工程，可通过优化其预留、预埋、管线路径等方案，以减少材料的消耗。

7) 其他措施

除上述节材措施以外，还可通过优先选用制作、安装、拆除一体化的专业队伍进行模板工程施工，以提高模板的使用效率；现场临时道路选线设计应与永久道路相结合，尽量在永久道路位置布置施工临时道路，施工时基层材料以永久道路标准施工，以后永久道路建设时只进行面层施工，避免重复建设，提高材料利用效率；临时房屋建筑在永久建筑基础之上，避免重复建设基础；先期工程与后期工程尽可能公用临时设施，避免重复建设和拆除；尽快进行节材型建筑示范工程建设，制定节材型建筑评价标准体系和验收办法，从而建立建筑节材新技术体系推广应用平台，以有序地推动建筑节材新技术体系的研究开发、技术储备及新技术体系的推广应用。

8.4.4　施工节水及主要措施

施工节水并不是简单地减少施工用水量，而是指在施工中采取多种措施减少水的无效损耗，提高用水效率，并加强对非传统水源的利用，从而缓解资源型缺水。

据统计，建筑施工中的水资源消耗及浪费极大。我国年混凝土制成量超过 $6 \times 10^9 \, \mathrm{m}^3$，配制这些混凝土所需的用水量约 $3 \times 10^8 \, \mathrm{m}^3$，再加上混凝土养护用水量(按照传统做法浇水养护，其消耗量将超过搅拌用水)，相当于每年 $6 \times 10^9 \, \mathrm{m}^3$ 的用水量，占全国年缺水量的 1/10。除了混凝土养护外，有些工程在施工中还将大量的自来水用于扬尘处理、土方车辆清洗和道路清洗等，主要施工项目耗水量大致如表 8-1 所示。

表 8-1　施工项目耗水量

序 号	用水项目	耗水量/L	序 号	用水项目	耗水量/L
1	浇筑混凝土全部用水/m³	1700～2400	14	砌石工程全部用水/m³	50～80
2	搅拌普通混凝土/m³	250	15	抹灰工程全部用水/m³	30
3	搅拌轻质混凝土/m³	300～350	16	砌耐火砖砌体(包括砂浆搅拌)/m²	100～150
4	搅拌泡沫混凝土/m³	300～400	17	浇砖/m³	200～250
5	搅拌热混凝土/m³	300～350	18	浇硅酸盐砌块/m³	300～350
6	混凝土自然养护/m³	200～400	19	抹灰(不含调制砂浆)/m²	4～6
7	混凝土蒸汽养护/m³	500～700	20	楼地面抹砂浆/m³	190
8	模板浇水湿润/m²	10～15	21	搅拌砂浆/m³	300
9	搅拌机清洗/台班	600	22	石灰消化/t	3000
10	人工冲洗石子/m³	1000	23	上水管道工程/m	98
11	机械冲洗石子/m³	600	24	下水管道工程/m	1130
12	洗砂/m³	1000	25	工业管道工程/m	35
13	砌筑工程全部用水/m³	150～250			

由此可见，建筑施工耗水量非常可观，属于用水大户，而且由于工程建设本身的流动性和临时性，造成施工用水管理比较粗放，水资源的消耗也比较集中，施工中还有很大的水资源节约和再利用的空间，施工节水凸显重要。因此，在施工中应积极推广节水措施，大力倡导建筑节水和提高用水复用率，以减少施工期间的工程用水与生活用水。

1) 施工现场用水管理措施

首先，应加强施工用水的定额管理，国家针对建筑业的不同工程结构形式、建筑类别等因素，分门别类地制定了用水消耗定额，各单位在编制施工临时用水的施工组织设计时，应按定额执行，且施工中严格控制。其次，应建立施工现场用水节水制度，做好现场用水计量工作。如施工现场分别对生活用水与工程用水确定用水定额指标，并实行分别计量管理机制；大型工程的不同单项工程、不同标段、不同分包生活区的用水量，在条件许可的情况下，均应实行分别计量管理机制；施工单位应对单位工程确立用水量定额，且由专人控制，超额消耗加价供应，并落实到班组，使广大员工注意节水工作；在签订分包或劳务合同时，可将节水定额指标纳入合同条款，进行计量考核；对混凝土搅拌站点等用水集中的区域和工艺点进行专项计量考核等。

2) 节约用水措施

施工中，应结合项目特点，制定切实可行的施工节水方案和技术措施，减少施工用水量。其具体措施主要有以下几项。①加强宣传教育，增强全体职工的节水意识和环保意识。②施工现场办公区、生活区的生活用水应采用节水系统和节水器具，提高节水器具配置比率，并安装计量装置，监视水的消耗量；现场所有出水点均使用节水龙头，杜绝跑、冒、滴、漏等现象，发现问题应及时处理。③施工现场用水量最大的主要是混凝土养护用水，因此现场应采用新的施工工艺，推广新的科技成果。如立面结构拆模后涂刷养护液，替代用水养护；平面结构采用洒水覆塑料薄膜养护，减少养护用水量，保证养护质量。④给水管网应合理布设，使路线最短，并经常检查管网的完整性，避免渗漏，且不使用自来水进行路面喷洒和绿化浇灌等。

3) 循环和重复用水措施

建筑施工过程中，由于水资源的使用或者工艺特点，常常会产生大量的污废水。如果设置废水重复、回收利用系统，对这些污废水进行适当的处理，回用到施工中去，不仅可以降低水环境污染，而且还会节约大量的水资源，具有明显的环境效益和资源效益。其具体措施主要有：①合理使用基坑降水，在施工现场修建蓄水池，将地下降水抽进水池沉淀，在施工现场进行二次利用，可用于冲洗进出工地的车辆、施工现场的降尘洒水及施工现场混凝土的养护；②在运输车辆清洗处设置沉沙池，冲洗后的水经沉淀后进行二次回收利用，可用于洒水降尘、冲洗车辆等；③在施工现场设施工污水的循环渠道，循环渠道经过格栅与沉淀池连接，沉淀池对来水进行处理后可用于进出车辆的清洗，道路洒水、降尘、混凝土养护等。

4) 利用非传统水源措施

要实现水资源的可持续利用，必须改变既有的水资源开发利用模式。目前，世界各国对水资源的开发和利用已经将重点转向了非传统水资源，建筑施工过程中的非传统水源主要指雨水和中水。为了加大非传统水源的开发和利用量，促进其在施工领域的开发利用，《绿色施工导则》明确提出，要力争施工中非传统水源和循环水的再利用量大于 30%。因此，施工中应充分和优先利用非传统水源，如在雨水充沛的地区，建立雨水收集装置收集雨水，可用作进出车辆的清洗、道路洒水、降尘、混凝土养护等；优先采用中水搅拌、养护、冲洗设备和喷洒路面等。

8.4.5 施工节能及主要措施

施工节能是指建筑工程企业在施工过程中，采取技术上可行、经济上合理、有利于环境、社会可接受的措施，提高能源的利用率。施工节能可从施工组织设计、施工机械设备及机具、施工临时设施等方面，在保证安全的前提下，最大限度地降低施工过程中的能量损耗，提高能源利用率。

在建筑工程全寿命周期中，能源消耗可分为设计能耗、施工能耗、使用能耗、解体及回收能耗四个阶段。建筑施工生产周期虽然相对较短，但其对于能源的消耗却是非常集中和不可忽视的。研究表明，建筑施工耗能可以占到建筑全寿命周期耗能的 23%，在低能耗建筑中甚至高达 40%～60%。因此，施工节能在建筑节能中占有非常重要的地位，在国家建设节约型社会的当下，进行施工节能控制刻不容缓。

建筑施工现场的能源结构一般包括煤、天然气、液化气、电、汽油、柴油等，其中，煤、天然气、液化气主要用于施工现场的食堂厨房、生活取暖、冬季施工时砂石料及混凝土拌和时的水加温；电主要是满足施工机械的用电和生活照明用电两大类；而施工现场各种重型机械则是以汽油或柴油为主要能源。从"绿色环保"的角度来看，建筑施工过程中的能源使用要着眼于节约能源和减少污染两方面，在重视使用清洁能源的同时，施工节能更是不可忽视。

1) 制定合理的施工能耗指标，提高施工能源利用率

制定切实可行的施工能耗指标体系，可为承包商建立绿色施工的行为准则，为开展绿色施工提供指导和方向。施工中，应建立能源消耗指标数据，定期对消耗量进行分析，参照能耗指标实施监控，加强用能管理，且建设单位和施工单位都要有专人负责。根据建筑施工用电的特点，建筑施工临时用电应该分别设定生产、生活、办公和施工设备的用电控制指标，定期进行计量、核算、对比分析，并有预防和纠正措施。

2) 合理选择和维护设备，降低设备能耗

施工现场，机械设备是主要的耗能单元，如焊机、电梯、塔吊、水泵、切割机、卷扬机等，其耗能情况直接影响施工节能效果的好坏。因此，施工中应做好设备节能控制。一般可采取以下措施降低设备能耗：①要优先采用技术成熟、能源消耗相对较低的设备，如选用变频技术的节能施工设备等；②在条件允许和可能时，对施工期相对较长的工程，要逐步淘汰能耗大的机械及设备；③禁止耗能超标机械进入施工现场；④所选机械设备应与

工程量相匹配，在减少设备耗能的同时，提高机械使用效率；⑤对设备进行定期维护、保养，保证设备运转正常，降低能源消耗；⑥在施工机械闲置时关掉电源；⑦切实做好供电线路的设计及优化，减少设备的无负荷运行时间等。

3) 合理安排施工，节约施工耗能

按照设计图纸文件要求，编制科学、合理、可操作性强的施工组织设计，确定安全、节能的方案和措施。根据施工组织设计，分析施工机械的使用频次、进场时间、使用时间等，合理安排施工顺序和工作面等，以减少施工现场或作业面内的机械使用数量和电力资源的浪费，提高机械设备的满载率。选择施工工艺时，应优先考虑耗用电能或其他能耗较少的工艺，如钢筋的连接施工，尽量采用机械连接，减少采用焊接连接等；对能源消耗量大的工艺必须制定专项降耗措施。根据实际情况，应用节能技术，如热泵技术、节能锅炉等，减少施工期间的能源消耗。另外，合理安排施工时间，避开用电高峰，也可在用电需求侧提高能源的使用效率；在施工进度允许的前提下，尽可能减少夜间施工作业时间，以降低施工照明所消耗的电能。

4) 多措施并举，节约生活用电

在节约生活用电方面，办公及生活照明应使用低电压照明线路，采用比较省电的节能灯具，规定宿舍内所有照明设施的节能灯配置率为100%，并利用声控与光控等技术节约照明用电；办公室白天尽可能使用自然光源照明，并养成人走灯熄的习惯，杜绝白昼灯、长明灯；合理控制空调的使用时间和温度，夏季空调温度设置应大于 26℃，冬季空调制热温度不大于 20℃，并养成空调开启即关闭门窗、间断使用的习惯，避免出现"开着窗户开空调"的现象；尽量减少频繁开启计算机、打印机和复印机等办公设备，且使设备尽量在省电模式下运行，设备停用时随手关闭电源，并养成人离开办公室即关闭空调和所有办公用电设备的习惯；为了避免施工人员使用大功率电热器具做饭、烧水或取暖，应在生活区安装专用电流限流器，禁止使用电炉、电饮具、热得快等电热器具，电流超过允许范围立即断电，并定期组织人员对宿舍进行检查，发现违规一律进行没收处理并进行相关处罚。

5) 充分利用可再生能源，降低不可再生能源的消耗

根据项目区域气候和自然条件，充分利用太阳能、地热等可再生能源，这是施工节能不得不考虑的重要因素。如在日照时间相对较长的我国南方地区，应当充分利用太阳能提供热水；工地办公场所的空间、朝向、间距和窗墙面积比等应合理设计，使其获得良好的日照、自然采光和自然通风，降低采光和空调所消耗的电能；南方地区可根据需要，在其外墙窗设遮阳设施，降低用于降温的能耗；临时设施提倡采用节能材料，墙体、屋面使用隔热性能好的材料，减少夏季空调、冬季取暖设备的使用时间和耗能量；地热资源丰富的地区，在施工人员生活方面应当考虑尽可能多地使用地热能等。

6) 做好节能设计，降低施工临时用电

有条件的企业，施工临时用电应该进行节能设计。根据建筑施工临时用电的特点，节能设计首先应对建筑施工图进行系统地分析，明确施工用电位置及常用电点的位置，根据

用电位置和设备的施工需要，设计合理的线路走向，在保证工程就近用电的情况下，避免重复铺设或不必要的铺设，减少用电设备与电源间的路程，降低电能在传输过程中的损耗。其次，应在临时用电配电箱的设计和选用方面进行节能设计，根据具体施工情况进行增加或减少配电点，并遵守"三级控制、二级保护""一机一闸一箱一漏电"的安全原则，以保证施工人员的人身安全及施工现场的防火安全，减少不必要的损失。最后，还应根据图纸分析，确定施工期间照明的设置，并结合有关规定的照明亮度，对施工照明用电进行合理布局，在保证照明的情况下减少不必要的浪费，避免出现双重照明及照明漏点，以达到减少临时用电量的目的。

8.4.6 施工节地及主要措施

施工节地是指在工程施工建设中，严格控制临时用地，合理布置施工总平面，以达到节省施工用地，提高施工用地利用效率的目的，从而建立和发展紧凑型的施工建设模式，最大限度地节约和保护土地资源。

随着经济的快速发展，城市基础性设施的建设力度不断加大，建设项目的用地量也呈大幅度增加趋势。其中，除了建设项目所必需的永久用地外，临时用地量也十分可观，多数项目临时用地量占到永久用地的 30%以上，部分甚至达到了 70%～80%。面对建设项目不可避免地占用一定数量土地的客观事实，以及考虑土地资源的不可再生性，正确处理建设用地与节约用地的关系就成为必须要正视的问题，而临时用地对土地资源的占用、影响和破坏，使施工节地构成了节约用地的重要内容。在工程建设过程中，施工节地可从控制临时用地和合理布置施工总平面等方面进行节地工作。

1. 控制临时用地

临时用地是指工程建设施工和进行地质勘察需要临时使用，而在施工或者勘察完毕后不再使用的国有或者集体所有的土地。工程建设施工临时用地主要包括工程建设施工中，建设单位和施工单位新建的临时住房和办公用房、临时加工车间或修配车间、搅拌站和材料堆场、预制场、取土场、弃土(渣)场、施工便道、运输通道和其他临时设施用地，以及架设地上线路、铺设地下管线和其他地下工程所需临时使用的土地等。地质勘察过程中的临时用地主要是指建设工程项目时，需要对工程地质、水文地质情况进行勘测、勘察所需要的临时使用的土地。

临时用地在工程建设使用过程中，会造成一定的经济损失和环境损失，但工程建设完毕，临时用地随即完成使命，即可被恢复为原状或原有使用用途。因此，临时用地与一般建设用地不同，它不改变土地用途和土地权属，只涉及经济补偿和地貌恢复等问题。因临时用地不可避免地会给土地资源和环境带来影响，尤其是占地面积较大、用完不恢复或占用不宜临时使用的土地时，其不良影响更是难以控制。所以在工程施工中，合理地减少临时用地的使用面积，做好相应的恢复保护工作，提高土地资源的利用效率至关重要。

1) 合理减少临时用地

合理减少临时用地的占用面积，可从以下几方面采取积极措施。①在环境与技术条件可能的条件下，积极采用新技术、新工艺、新材料进行施工，如在地下工程施工中，避免传统的大开挖，尽量采用顶管、盾构、非开挖水平定向钻孔等先进的施工方法，减少施工占地对环境的影响。②对深基坑施工方案进行优化，减少土方开挖和回填量，保护周边自然生态环境，如开挖施工中应考虑设置挡墙、护坡、护角等防护设施，以缩短边坡长度；在技术经济比较的基础上，对深基坑的边坡坡度、排水沟形式与尺寸、基坑填料、取弃土设计等方案进行比选优化，避免高填深挖，最大限度地减少对土地的扰动。③严格控制临时用地的数量，施工便道、各种料场和预制场等临时用地，要结合工程进度和工程永久用地统筹考虑，尽可能将临时用地设置在公共用地范围内。④通过精度较高且又方便有效的理论计算，制定最佳的土石方调配方案，以便在经济运距内充分利用移挖作填，严格控制土石方工程量。⑤合理确定施工场地、取土场和弃(土)场的地点及数量，以及取土方式，避免大规模取土，并将取土、弃土和改地、造田结合起来；在有条件的地方，尽量采用符合要求的固体废物进行筑填，尽可能减少取土量和取土用地。⑥在公路、铁路等线性工程建设中，充分利用地形，认真地进行高填路堤与桥梁、深挖路堑与隧道、低路堤和浅路堑等施工方案的优化，尽量减少填、取活动给土地资源带来的干扰和影响。

2) 临时用地的恢复和保护

临时占地对环境的影响在施工结束后不会自行消失，而需要人为地通过保护性的恢复来消除，按照"谁破坏、谁复垦"的原则，用地单位责任人可通过以下措施进行相应的恢复保护，避免土壤侵蚀和流失。①清除临时用地上的废土、废渣、废料和临时建筑等，翻土且平整土地，造林种草，恢复土地的种植植被。②对占用的农田仍尽量复垦用作农地，在对临时用地进行清理、翻松、平整后，适当布设土埂，恢复破坏的排水和灌溉系统。③临时用地需占用耕地的，用地单位在建设过程中，应及时将耕作层(表层 30 cm 土层)的熟土剥离并堆放在指定地点，集中管理，以便用于土地复垦、绿化和重新造地，以提高土地复垦质量，恢复土地原有的使用功能。④施工现场应避让和保护施工场区及周边的古树名木、现存的文物、地方特色资源等。⑤利用和保护施工用地范围内原有绿色植被，对施工周期较长的现场，可按建筑永久绿化的要求，安排场地新建绿化。

2. 合理布置施工总平面

布置施工总平面是对拟建项目施工现场中所有占据空间位置的要素进行总的安排，即对施工现场总的道路交通、材料仓库、材料加工棚、临时房屋、物料堆放位置、施工设备位置、临时水电管线和整个施工现场的排水系统等作出合理的规划布置，正确处理各项施工设施和永久建筑、拟建工程之间的空间关系，目的是在施工过程中，对人员、材料、机械设备和设施所需的空间作出最合理的分配和安排，使其相互间能够有效组合和安全运行，获得较高的生产效率，从而获得较好的经济效益。

1) 施工总平面布置内容

施工总平面布置的内容包括五个方面。①建设项目施工用地范围内的地形和等高线；全部地上、地下已有和拟建的建筑物、构筑物、铁路、道路、各种管线、测量的基准点和其他设施的位置和尺寸。②全部拟建的永久性建筑物、构筑物、铁路、公路、地上地下管线和其他设施的坐标网。③为整个建设项目施工服务的施工临时设施，包括生产性施工临时设施和生活性施工临时设施两类。④所有物料堆放位置与绿化区域位置；围墙与入口位置。⑤施工运输道路、临时供水管线和排水管线、防洪设施、临时供电线路及变配电设施的位置，建设项目施工必备的安全、防火和环境保护设施布置等。

2) 施工总平面布置

合理布置施工总平面，可从以下几个方面考虑。①施工现场应合理规划出办公区、生活服务区、材料堆放与仓储区、材料加工作业区，各区应分开设置。②施工现场设置围挡，围挡外侧与道路之间宜采用绿化或者硬化铺装措施；用绿化代替场地硬化，减少场地硬化面积。③根据施工规模及现场条件等因素合理确定临时设施，临时设施占地面积按用地指标所需的最低面积设计；施工临时设施布置应紧凑，应减少废弃地及死角；在满足环境、职业健康与安全及文明施工要求的前提下，尽量减少临时设施占地面积；临时设施应尽量采用装配式施工设施，以提高其安拆速度。④充分利用施工场地环境、市政动力、交通等资源条件，减少临时设施的重复建设，如尽量使用原有的道路，对原有道路的承载情况进行摸排；充分利用原有建筑物、构筑物、道路、管线为施工生产服务；分期施工的工程，临时设施布置应注意远近期结合，减少和避免重复建设占地等。⑤施工现场仓库、材料堆场、加工区等布置，宜靠近已有交通线路或即将修建的正式或临时交通线路，缩短运输距离。⑥施工现场道路、临时性构筑物和管线应按照永久和临时相结合的原则布置。⑦在满足施工要求的情况下，尽量在施工现场内形成环形通路，使道路畅通，运输方便。⑧按照"准时制生产"的原则供应原材料、建筑器材及构件，减少材料堆积的用地面积，各种材料能按计划分期分批进行。⑨绘制施工总平面图，且应明确标注施工现场围挡、道路、临时房屋设施、临时施工用水、临时施工用电、环境保护设施、安全设施等的位置和相关尺寸。

重点提示：

掌握绿色施工的内涵及框架结构；熟悉绿色施工的"四节一环保"措施。

本 章 小 结

本章简要地介绍了绿色建筑及其特征和评价标准；节能型建筑及其在我国的发展现状；节水型建筑的内涵及其与绿色建筑的异同；绿色施工的内涵及总体框架；施工管理等相关内容。详细阐述了建筑用水环境存在的问题；绿色施工的环境保护主要措施等内容。重点介绍了建筑节能关键技术，包括日照和环境设计、建筑遮阳、建筑自然通风、围护结构保温隔热、可再生能源应用与照明节能等技术；节能工程材料及其在墙体、门窗、屋顶、地面等方面的应用；建筑节水关键技术，包括控制水压、合理地使用管材、推广使用节水器具、完善热水系统设计、避免二次污染、利用非传统水源等技术措施；常用的节水器具和设备；施工节材、节水、节能和节地的概念及其主要措施等相关内容。

思 考 题

1. 什么是绿色建筑？它有什么特征？

2. 何谓节能型建筑？我国为什么要发展节能型建筑？

3. 建筑节能关键技术包括哪些？

4. 工业与民用建筑常用的保温节能材料有哪些类别？

5. 什么是节水型建筑？它与绿色建筑有何异同？

6. 目前建筑用水环境存在哪些问题？

7. 建筑节水关键技术包括哪些？

8. 什么是绿色施工？它由哪几方面组成？

9. 绿色施工管理主要包括哪几个方面？

10. 简述建筑施工中扬尘的控制方法。

11. 阐述建筑施工中的噪声控制措施。

12. 如何减少施工中的光污染？

13. 如何减少施工中的水污染？

14. 建筑施工中如何减少和控制建筑垃圾量？

15. 为什么要在施工领域积极推行节材措施？

16. 如何通过合理安排材料运输进行施工节材？

17. 简述工程施工中的循环和重复用水措施。

18. 简述工程施工中的非传统水源及其主要应用途径。

19. 何谓施工节能？施工节能的主要措施有哪些？

20. 哪些措施可以降低施工生活用电？

21. 什么是临时用地？

22. 采取哪些措施可以合理地减少临时用地？

23. 如何对临时用地进行恢复和保护？

24. 施工总平面布置的主要内容包括哪些？

25. 应从哪些方面考虑合理布置施工总平面？

参 考 文 献

[1] 施问超，邵荣，韩香云. 环境保护通论[M]. 北京：北京大学出版社，2011.

[2] 杨东平. 中国环境发展报告(2011)[M]. 北京：北京社会科学文献出版社，2011.

[3] 王玉梅. 环境学基础[M]. 北京：科学出版社，2010.

[4] 周集体，张爱丽，金若菲. 环境工程概论[M]. 大连：大连理工大学出版社，2007.

[5] 王利平. 土木工程环境概论[M]. 北京：科学出版社，2009.

[6] 方淑荣. 环境科学概论[M]. 北京：清华大学出版社，2011.

[7] 李定龙，常杰云. 环境保护概论[M]. 北京：中国石化出版社，2006.

[8] 朱蓓丽. 环境工程概论[M]. 2 版. 北京：科学出版社，2006.

[9] 杜运兴，尚守平，李丛笑. 土木建筑工程绿色施工技术[M]. 北京：中国建筑工业出版社，2010.

[10] 袁渭康，赵庆祥. 环境科学与工程[M]. 北京：科学出版社，2007.

[11] 左玉辉，孙平，华新，等. 环境保护通论[M]. 北京：高等教育出版社，2010.

[12] 周庆辉. 现代汽车排放控制技术[M]. 北京：北京大学出版社，2010.

[13] 王惠. 资源与环境概论[M]. 北京：化学工业出版社，2009.

[14] Eldon D. Enger Bradley F. Smith.环境科学——交叉关系学科[M]. 14 版. 北京：清华大学出版社，2017.

[15] 安妮·马克苏拉克. 环境工程：设计可持续的未来[M]. 姜晨，姜冬阳，译. 北京：科学出版社，2011.

[16] 张燕文. 可持续发展与绿色室内环境[M]. 北京：机械工业出版社，2007.

[17] 邓铁军. 工程建设环境与安全管理[M]. 北京：中国建筑工业出版社，2009.

[18] 李爱贞. 生态环境保护概论[M]. 2 版. 北京：气象出版社，2005.

[19] 魏群. 城市节水工程[M]. 北京：中国建材工业出版社，2006.

[20] 姜安玺. 空气污染控制[M]. 2 版. 北京：化学工业出版社，2010.

[21] 任连海，田媛. 城市典型固体废弃物资源化工程[M]. 北京：化学工业出版社，2009.

[22] 李永峰，陈红，韩伟，等. 固体废物污染控制工程教程[M]. 上海：上海交通大学出版社，2009.

[23] 李兴虎. 汽车环境污染与控制[M]. 北京：国防工业出版社，2011.

[24] 应试指导专家组. 环境影响评价案例分析[M]. 北京：化学工业出版社，2012.

[25] 周雄. 环境影响评价案例分析[M]. 2 版. 北京：中国建筑工业出版社，2012.

[26] 何新春. 环境影响评价案例分析基础过关 30 题[M]. 北京：中国环境科学出版社，2009.

[27] 环境保护部环境工程评估中心. 环境影响评价案例分析[M]. 北京：中国环境科学出版社，2012.

[28] 黄煜镔，范英儒，钱觉时. 绿色生态建筑材料[M]. 北京：化学工业出版社，2011.

[29] 沈耀良，汪家权. 环境工程概论[M]. 北京：中国建筑工业出版社，2000.

[30] 李淑芹，孟宪林. 环境影响评价[M]. 北京：化学工业出版社，2011.

[31] 陆书玉. 环境影响评价[M]. 北京：高等教育出版社，2009.

[32] 鲍国芳. 新型墙体与节能保温建材[M]. 北京：机械工业出版社，2009.

[33] 孔昌俊，杨凤林. 环境科学与工程概论[M]. 北京：科学出版社，2004.

[34] 姜湘山，李亚峰. 建筑小区给水排水工艺[M]. 北京：化学工业出版社，2003.

[35] 韩剑宏，于玲红，张克峰. 中水回用技术及工程实例[M]. 北京：化学工业出版社，2000.

[36] 张自杰. 排水工程(下册)[M]. 北京：中国建筑工业出版社.1997.

[37] 战友. 环境保护概论[M]. 北京：化学工业出版社，2004.

[38] 王光辉，丁忠浩. 环境工程导论[M]. 北京：机械工业出版社，2006.

[39] 许兆义，李进. 环境科学与工程概论[M]. 北京：中国铁道出版社，2010.

[40] 环境保护部环境工程评估中心. 环境影响评价技术方法[M]. 北京：中国环境科学出版社，2012.

[41] 环境保护部环境工程评估中心. 环境影响评价技术导则与标准[M]. 北京：中国环境科学出版社，2012.

[42] 贠彗星，冉云. 可持续发展的绿色建筑[J]. 山西建筑，2011，37(4)：2-4.

[43] 伍倩仪. 基于全寿命周期成本理论的绿色建筑经济效益分析[D]. 北京：北京交通大学，2011：8-12.

[44] 胡芳芳，王元丰. 中国绿色住宅评价标准和英国可持续住宅标准的比较[J]. 建筑科学，2011，27(2)：8-13.

[45] 支家强，赵靖，辛亚娟. 国内外绿色建筑评价体系及其理论分析[J]. 城市环境与城市生态，2010，23(2)：43-47.

[46] 李涛，刘丛红. LEED 与《绿色建筑评价标准》结构体系对比研究[J]. 建筑学报，2011，(3)：75-78.

[47] 费衍慧. 我国绿色建筑政策的制度分析[D]. 北京：北京林业大学，2011：3-6.

[48] 张海秀.农业环境中有机氯农药污染现状及危害[J]. 科技信息，2009(14)：184-185.

[49] 孟范平，亢小丹. 水环境中有机磷农药生物标志物的研究进展[J]. 农业生物技术学报，2008，16(2)：83-189.

[50] 万珊，张永丽，王君勤. 人工湿地处理农村生活污水效果研究[J]. 四川水利，2011，32(2)：29-31.

[51] 张红健，张健美. 绿色建筑的雨水收集和中水回用[J]. 污染防治技术，2011，24(1)：41-44.

[52] 程璞. 我国建筑中水回用工程的探讨[J]. 山西建筑，2003，29(14)：80-81.

[53] 耿安锋，王启山，王秀艳. 绿色建筑再生水回用可行性研究[J]. 山西建筑，2006，32(1)：3-4.

[54] 曾波，施青军，查凯. 城市污水处理与中水回用系统分析与优化[J]. 中国给水排水，2002，18(6)：82-84.

[55] 白卯娟，张焕云，娄性义. 某公司制鞋废料综合利用的初步研究[J] 青岛建筑工程学院学报，2001，22(4)：89-91.

[56] 刘会友. 房屋装修垃圾的危害与处置探究[J]. 中国资源综合利用，2005，22(3)：24-27.

[57] 徐洪波. 道路宽度及车速对交通噪声的影响[J]. 环境保护科学，2007，33(6)：127-128.

[58] 李健，孟亮. 道路交通噪声评价与控制防范分析[J]. 北方环境，2011，23(5)：74-75.

[59] 马永慧. 高层商务楼噪声的产生与控制[J]. 上海应用技术学院学报，2011，11(1)：81-84.

[60] 李萌颖，熊朝军，刘东. 给水排水对住宅建筑室内声环境的影响与控制[J]. 福建建筑，2012，167(5)：48-51.

[61] 韩金枝，付腾飞，王燕. 环评工作中常见噪声源的噪声控制措施[J]. 环境科学与管理，2011，36(7)：181-186.

[62] 梁德华. 建筑给排水系统中的噪声产生与防治[J]. 深圳土木与建筑，2008，5(2)：43-35.

[63] 张兴容. 我国民用建筑物噪声污染的对策研究[J]. 上海应用技术学院学报，2006，6(2)：79-82.

[64] 余慧娜. 浅谈在建筑设计中综合考虑建筑节能与建筑噪声控制[J]. 江西化工，2010，(3)：145-146.

[65] 储益萍. 道路交通噪声控制措施的技术、经济比较分析[J]. 环境污染与防治，2011，33(5)：106-110.

[66] 李健，孟亮. 道路交通噪声评价与控制防范分析[J]. 北方环境，2011，23(5)：74-75.

[67] 赵祥，梁爽. 生态住宅的声环境设计对策[J]. 华侨大学学报(自然科学版)，2008，29(4)：614-617.

[68] 刘坚. 住宅建筑给排水噪声的分析与控制[J]. 中国给水排水，2010，26(14)：142-144.

[69] 任永华. 住宅内给排水噪声的预防与控制[J]. 山西建筑，2009，35(24)：190-191.

[70] 赵祥，成斌. 住宅声环境设计措施探析[J]. 住宅科技，2007(10)：44-49.

[71] 王华，鲍安红，李志芳. 住宅噪声控制措施研究[J]. 山西建筑，2009，35(3)：341-342.

[72] 张庆国，杨书运，刘新，等. 城市热污染及其防治途径的研究[J]. 合肥工业大学学报(自然科学版)，2005，28(4)：360-363.

[73] 潘洁，刘传聚. 地表水源热泵应用中的热污染隐患[J]. 上海节能，2007(3)：27-31.

[74] 谭辉平. 对解决空调系统热污染问题的方法探讨[J]. 广州师院学报(自然科学版)，2000，21(8)：97-99.

[75] 阿斯古丽·麦麦提. 浅谈热污染及其防治[J]. 和田师范专科学校学报，2008，28(3)：241-241.

[76] 张淑琴，张彭. 浅议热污染[J]. 工业安全与环保，2008，34(7)：49-51.

[77] 王新兰. 热污染的危害及管理建议[J]. 环境保护科学，2006，32(6)：69-71.

[78] 王亚军. 热污染及其防治[J]. 安全与环境学报，2004，4(3)：85-87.

[79] 谢浩，刘晓帆. 玻璃幕墙的"光污染"问题及对策[J]. 城市管理与科技，2003，5(1)：31-34.

[80] 赵云云. 玻璃幕墙的光污染与防治措施[J]. 门窗，2008，(3)：9-13.

[81] 靳小俊. 浅谈玻璃幕墙光污染的危害与防治[J]. 广东建材，2008，(12)：92-93.

[82] 张淑琴，张彭. 浅议光污染的危害与防护[J]. 内蒙古环境科学，2008，20(1)：100-102.

[83] 住房城乡建设部. 城市黑臭水体整治工作指南[S/OL].
https://www.mohurd.gov.cn/gongkai/fdzdgknr/tzgg/201509/20150911_224828.html，2015-08-28.

[84] 刘晓玲，徐瑶瑶，宋晨，等. 城市黑臭水体治理技术及措施分析[J]. 环境工程学报. 2019，13(3)：519-529.

[85] 石晓亮，钱公望. 放射性污染的危害及防护措施[J]. 工业安全与环保，2004，30(1)：6-9.

[86] 韩丽华，杨文鹤. 建材陶瓷中的放射性危害与防护[J]. 环境保护科学，2005，31(6)：68-69.

[87] 韩丽，杨文鹤. 浅谈装修材料的放射性危害及其检测现状[J]. 山西建筑，2011，37(15)：192-194.

[88] 朱继永，倪晓荣. 深基坑边坡失稳实例分析[J]. 岩石力学与工程学报，2005，24(S2)：5410-5412.

[89] 胡洪营，孙艳，席劲瑛，等. 城市黑臭水体治理与水质长效改善保持技术分析[J]. 环境保护. 2015，43(13)：24-26

[90] 袁鹏，徐连奎，可宝玲，等. 南京市月牙湖黑臭水体整治与生态修复[J]. 环境工程技术学报. 2020，10(5)：696-701.

[91] 黄敦文，黄穗光. 城市地面"下沉"的原因新解及其治理方法[J]. 吉首大学学报(自然科学版)，2012，33(3)：55-56.

[92] 葛凌，刘毅. 浅谈阜阳市工程建设的地面沉降问题及防治措施[J]. 工程与建设，2012，26(2)：238-239.

[93] 王凡，潘钧，刘丹妮，等. 贵阳市七彩湖黑臭水体治理案例分析[J]. 环境工程技术学报，10(5)：727-732.

[94] 介玉新，高燕，李广信. 城市建设对地面沉降影响的原因分析[J]. 岩土工程技术，2007，21(2)：78-82.

[95] 凌建明，王伟，邬洪波. 行车荷载作用下湿软路基残余变形的研究[J]. 同济大学学报，2002，30(11)：1315-1320.

[96] 刘明，黄茂松，李进军. 地铁荷载作用下饱和软黏土的长期沉降分析[J]. 地下空间与工程学报，2006，2(5)：813-817.

[97] 徐佳，王巍，韦劲松，等. 天津市区地面沉降多因素分析[J]. 地下水，2012，34(4)：205-207.

[98] 许烨霜，马磊，沈水龙. 上海市城市化进程引起的地面沉降因素分析[J]. 岩土力学，2011，32(S1)：578-582.

[99] 龚士良，叶为民，陈洪胜，等. 上海市深基坑工程地面沉降评估理论与方法[J]. 中国地质灾害与防治学报，2008，19(4)：55-60.

[100] 何小林，王涛. 盾构法隧道施工引起的地面沉降机理与控制[J]. 科技资讯，2012(17)：71-72.

[101] 祝和意. 盾构隧道施工引起地表沉降分析与处置[J]. 中国安全生产科学技术，2011，7(4)：130-133.

[102] 汪名鹏，沈轩宏. 淮安城市化进程中的地质环境问题探讨[J]. 地质灾害与环境保护，2011，22(1)：67-71.

[103] 刘红卫，李忠明，吕雪漫. 西安城市建设中的工程地质问题探讨[J]. 山西建筑，2012，38(3)：72-73.

[104] 黄金荣. 浅析岩土工程地质灾害防治措施[J]. 科技与企业，2012(7)：153-154.

[105] 郭嘉幸. 土斜坡的稳定性及防治措施[J]. 陕西煤炭，2003(3)：30-31.

[106] 戚晓鸽. 深基坑开挖对周围环境的不良效应[J]. 河南建材，2011(2)：127-127.

[107] 王水珠. 不良地质条件下路堑边坡失稳原因分析及治理措施[J]. 科技创新导报，2012(6)：128-128.

[108] 李明华. 绿色节能建筑有赖于各方协同努力[J]. 建筑节能，2011，39(1)：34-37.

[109] 张霖. 绿色建筑的建筑节能技术[J]. 广西城镇建设，2011(1)：59-63.

[110] 肖磊，刘袁园. 浅析绿色节能建筑设计的主要方法[J]. 经营管理者，2011(5)：388-388.

[111] 李蔚. 在建筑电气设计中的节能技术措施[J]. 电气应用，2007，10(2)：12-16.

[112] 丘星宇. 电气节能技术在绿色建筑中的应用[D]. 广州：华南理工大学，2011，16-20.

[113] 蒋兴林. 深圳市节水型居住建筑评价体系研究[D]. 合肥：合肥工业大学，2007，10-14.

[114] 蒋兴林，卜增文，王莉芸，等. 节水型建筑初探[J]. 中国资源综合利用，2007，25(2)：34-36.

[115] 韦秋杰，李伟清. 节水型建筑建设的探讨与研究[J]. 西南农业大学学报(社会科学版)，2008，6(4)：16-18.

[116] 刘晓峰，郭斌. 关于绿色建筑及绿色建筑节水问题的研究[J]. 科技传播，2009(6)：40-43.

[117] 时燕. 绿色建筑节水措施[J]. 中国高新技术企业，2011(2)：92-93.

[118] 陈顺霞，陈永青. 浅谈绿色建筑雨水回收利用[J]. 广西城镇建设，2011(1)：64-67.

[119] 童飞. 节水型住宅建筑设计分析[J]. 重庆建筑，2010，9(8)：8-12.

[120] 师前进，何强，柴宏祥. 绿色建筑住宅小区节水与水资源利用设计探讨[J]. 给水排水，2008，34(1)：77-79.

[121] 李翔，綦爱虹. 浅谈建筑给排水设计中的节水、节能[J]. 科技信息，2010(15)：737-738.

[122] 李鹰，商保平. 节水措施在建筑给排水设计中的应用[J]. 给水排水，2008，34(S)：3-6.

[123] 周芬，申月红. 基于绿色施工的环境保护技术[J]. 工程质量，2011，29(1)：61-64.

[124] 周基. 基于绿色施工技术的城市可持续发展新途径[J]. 湖南科技学院学报，2010，31(8)：44-47.

[125] 耿延庭. 建设工程绿色施工浅述[J]. 山西建筑，2008，34(26)：336-337.

[126] 鲁荣利. 建筑工程项目绿色施工管理研究[J]. 建筑经济，2010(3)：104-107.

[127] 许桂森. 建筑绿色施工-四节一环保技术[J]. 广东建材，2010(10)：69-71.

[128] 张希黔，林琳，王军. 绿色建筑与绿色施工现状及展望[J]. 施工技术，2011，40(339)：1-7.

[129] 周小林. 绿色节能建筑施工技术应用分析[J]. 中外建筑，2010(10)：131-132.

[130] 李太权，魏菲. 绿色施工节材和材料资源利用技术[J]. 建筑技术，2012，43(7)：594-597.

[131] 何会东. 贯彻绿色施工导则加强用水管理[J]. 低温建筑技术，2008，124(4)：144-146.

[132] 张裕洁. 浅谈节水措施在绿色施工中的应用[J]. 建筑施工，2011，33(7)：604-606.

[133] 付奕，邹祖军，谢石连. 节约型工地的构建与评价[J]. 建筑节能，2009，38(3)：68-74.

[134] 张红波. 浅谈建筑工程施工节能降耗[J]. 建筑安全，2010(2)：49-51.

[135] 林杨光. 厦门市新阳主排洪渠黑臭水体的综合治理[J]. 净水技术，2018，37(2)：132-136.

[136] 叶晓东. 城市内涝成因分析及规划对策研究-以宁波市中心城为例[J]. 现代城市研究. 2015(10)：19-24.

[137] 张辰. 适当提高排水管网设计标准逐步建立城市内涝防治体系[J]. 给水排水. 2013，39(12)：1-3.

[138] 张永伟. 以控制城市内涝为导向的道路设计方案[J]. 城市建筑. 2019，16(30)：160-161.

[139] 车伍，杨正，赵杨，等. 中国城市内涝防治与大小排水系统分析[J]. 中国给水排水. 2013,29(16)：13-19.

[140] 张高嫄，高斌，庄宝玉. 河道调蓄在城市内涝防治中的应用研究[J]. 给水排水. 2015，41：105-108.

[141] 张书函，郑凡东，邱苏闽，等. 从郑州"2021.7.20"暴雨洪涝思考北京的城市内涝防治[J]. 中国防汛抗旱. 2021，31(9)：5-11.

[142] 鞠宁松，龚坤. 城市内涝的成因及破解方法探讨[J]. 江苏建筑. 2011(S1)：90-93.

[143] 周宏，刘俊，高成，等. 我国城市内涝防治现状及问题分析[J]. 灾害学. 2018，33(3)：147-151.

[144] 赵丰昌，章林伟，高伟. 海绵城市理念下城市内涝防治体系构建的探讨[J]. 给水排水. 2021，47(8)：37-44.

[145] 张永光. 基于城市内涝防治的海绵城市建设研究[J]. 工程技术研究. 2020，5(7)：230-231.

[146] 赵江. 海绵城市建设背景下的城市内涝防治探索_以镇江市为例[J]. 园林. 2015(7)：26-31.

[147] 住房城乡建设部. 室外排水设计标准：GB 50014—2021 [S/OL].
https://www.mohurd.gov.cn/gongkai/fdzdgknr/tzgg/202105/20210520_250183.html，2021-04-09.

[148] 刘爱珠. 源头削减措施在海绵城市建设中的应用[J]. 天津建设科技. 2019，29(5)：78-80.

[149] 尹学英，范一鸣，王凯，等. 城市黑臭河道治理协同海绵城市建设探究[J]. 浙江水利水电学院学报. 2020，32(6)：16-21.

[150] 海霞，王久振，李艳艳，等. 浅议构建海绵城市建设系统的技术要点[J]. 广东水利水电. 2020(6)：81-85.

[151] 郭竹玲. 北方市政道路海绵城市建设技术[J]. 山西建筑. 2021，47(9)106-108.

[152] 住房城乡建设部. 海绵城市建设技术指南——低影响开发雨水系统构建(试行). [EB/OL].
https://www.mohurd.gov.cn/gongkai/fdzdgknr/tzgg/201411/20141103_219465.html，2014-10-22.